不同加工条件对牛肉肌内胶原蛋白特性及肉品质影响研究

BUTONG JIAGONG TIAOJIAN DUI NIUROU JINEI JIAOYUAN DANBAI TEXING JI ROUPINZHI YINGXIANG YANJIU

常海军　著

西南交大出版社
·成　都·

图书在版编目（CIP）数据

不同加工条件对牛肉肌内胶原蛋白特性及肉品质影响研究 / 常海军著. —成都：西南交通大学出版社，2019.6

ISBN 978-7-5643-6919-4

Ⅰ. ①不… Ⅱ. ①常… Ⅲ. ①肉品加工－条件－影响－牛肉－研究 Ⅳ. ①TS251.5

中国版本图书馆 CIP 数据核字（2019）第 117034 号

不同加工条件对牛肉肌内胶原蛋白特性及肉品质影响研究

常海军　著

责任编辑	牛　君
封面设计	何东琳设计工作室
出版发行	西南交通大学出版社 （四川省成都市金牛区二环路北一段 111 号 西南交通大学创新大厦 21 楼）
发行部电话	028-87600564　028-87600533
邮政编码	610031
网　　址	http://www.xnjdcbs.com
印　　刷	成都勤德印务有限公司
成品尺寸	170 mm × 230 mm
印　　张	13.5
字　　数	214 千
版　　次	2019 年 6 月第 1 版
印　　次	2019 年 6 月第 1 次
书　　号	ISBN 978-7-5643-6919-4
定　　价	58.00 元

前　言

我国是肉类生产和消费大国，随着经济的发展和人民生活水平的提高，畜禽肉制品在人们日常膳食中所占的比例不断提高。我国肉食品市场的巨大潜力为肉食品产业提供了广阔的发展空间。

肉的可接受性是肉类生产者和消费者共同关注的一个属性，又称为肉的食用品质，其中，嫩度被认为是最重要的食用品质之一，是决定肉品质的重要指标。肉的嫩度由两大主要成分决定，即肌原纤维蛋白起作用的收缩组织和胶原蛋白构成的“背景嫩度”。胶原蛋白成分对肉嫩度等品质的影响受宰后不同加工条件影响。

近年来，国内外学者分别从宰前因素与宰后因素两方面对嫩度进行了研究，并提出了嫩度差异的机制。总体而言，它们主要是通过影响肌纤维的结构和特性、肌内结缔组织特性等内在因素来决定肉的嫩度。肉的嫩度与肌内结缔组织特性有关，肌内结缔组织在决定肉的嫩度和硬度中起重要作用。

胶原蛋白作为肌内结缔组织的主要成分，在肌原纤维形成肌束以及最终形成骨骼肌的过程中，并且在肌肉运动过程中对力的维持和传递起到极其重要的作用。在动物宰后，肌肉不同处理条件（成熟、加热、超声波、腌制和高压等）对其胶原蛋白含量、溶解性、热稳定性和交联程度以及胶原纤维的微观结构等都会产生很大的影响，进而影响到肉的嫩度及相关食用品质。

针对以上问题，结合我国牛肉加工和生产实际，本书从蒸煮与微波加热、超声波、弱有机酸结合 NaCl 腌制和高压处理四个方面研究宰后不同加工条件下牛肉肌内胶原蛋白特性变化对肉嫩度等食用品质的影响，分析并建立肌内胶原蛋白特性变化与肉品质之间的相关性，旨在从背景嫩度（结缔组织胶原蛋白）方面揭示这四种加工条件对肉类特性及其相关品质的影响机制，以达到理论指导实际生产的目的。

本书结合了科研实践和工作经验，内容全面具体，条理清楚。全书共有 8 章，内容包括绪论，肌内胶原蛋白与肉品质关系研究进展，胶原蛋白变化对肉品质影响及其因素研究进展，蒸煮与微波加热对牛肉肌内胶原蛋白及肉品质的影响，低频高强度超声处理对牛肉肌内胶原蛋白及肉品质的影响，弱有机酸结合 NaCl 腌制处理对牛肉肌内胶原蛋白及肉品质的影响，超高压处理对牛肉肌内胶原蛋白及肉品质的影响等。本书具有较强的实用性，知识内容紧密结合生产实践，贴近现代科学技术前沿。

本书在编写过程中得到了编写人员所在院校的关心和支持，编写过程中参考了大量国内外同仁、前辈们的著作和文献，西南交通大学出版社在本书的编写、出版过程中给予了极大的帮助，在此一并表示衷心的感谢。

本书的出版得到国家自然科学基金（31101313）、重庆市自然科学基金面上项目（cstc2019jcyj-msxmX0472）和重庆工商大学环境与资源学院科研平台开放基金（CQCM-2016-08）的研究项目资助。同时出版经费得到环境与资源化学重庆市特色学科专业群建设项目和重庆工商大学食品科学与工程专业国家卓越农林人才项目的支持，再次表示衷心的感谢。

由于作者的经验和知识有限，尽管在编写和统稿过程中尽了很大努力，但书中难免有不足之处，恳请读者批评指正。

著者

2019 年 3 月

于重庆工商大学

目　录

1 绪 论

近年来，我国肉牛生产已达到了一个新的发展阶段，肉牛发展的数量和经济效益逐年增加，肉牛业已成为畜牧业发展的主要力量，并逐步成为农业和农村经济发展的重要支柱。虽然我国肉牛业的发展仍处于从传统养牛业向现代养牛业过渡与转变的历史时期，但近几年来国家对肉牛业在宏观调控、政策和资金上给予了大力支持，肉牛业的总体发展趋势是存栏量稳中有升，牛肉产量趋向于逐年增加，牛肉质量和头均产肉量也在不断提高。

我国肉牛发展始终保持较高的速度，牛肉生产和消费保持稳步增长，牛饲养量、出栏率、头均胴体重①也不断提高。虽然自改革开放以来，我国肉牛业取得了巨大的发展，牛肉产量连续多年居世界第三位，但我国肉牛产业中存在着产业集中度低、生产技术水平不高、牛肉食用品质和卫生质量差、营销方式落后和品牌意识淡薄等问题。

如何提高和改善牛肉食用品质已成为肉牛行业生产者普遍关注的问题。肉的可接受性是肉类生产者和消费者共同关注的一个属性，又称为肉的食用品质，主要包括肉的嫩度、多汁性和风味三方面。嫩度是肉的重要食用品质之一，受很多外在因素（如动物年龄、性别、屠宰方式、宰后不同处理等）和内在因素（如肌肉成分的变化等）的影响。但外在因素对肉嫩度的作用是通过改变内在因素（肌原纤维、结缔组织和肌内脂肪等）的特性来实现的。其中结缔组织（胶原蛋白）对肉嫩度的影响，学术界争议很大，尚需进一步证实。

肌肉中的结缔组织主要以三种膜的结构形式存在：包裹在完整肌肉块外层的肌外膜、包裹在肌束外层的肌束膜以及存在于肌纤维之间

---

① 实为质量，包括后文的体重、干重、活重、称重等。因现阶段我国农村畜牧等行业的生产和科研实践中一直沿用，为使读者了解、熟悉行业实际情况，本书予以保留。——编者注

的肌内膜。肌内结缔组织在决定肉的硬度中起重要作用。组成肌内结缔组织的胶原纤维的机械和化学稳定性随动物年龄的增长而增加，主要是由于胶原蛋白分子间形成的稳定的非还原性交联的增加。肌内结缔组织的机械稳定性不仅取决于胶原蛋白分子间的交联，而且与胶原纤维的大小和排列有关，胶原纤维的排列随着动物年龄的增长而更为有序，这种有序的排列增强了肌内结缔组织的强度。

胶原蛋白是肌内结缔组织的主要组成部分，在动物宰后，肌肉不同处理条件（成熟、加热、超声波、腌制和高压等）对其胶原蛋白含量、溶解性、热稳定性和交联程度以及胶原纤维的微观结构等都会产生很大的影响，进而影响到肉的嫩度及相关食用品质。而以往对嫩度的研究大多是以肌原纤维蛋白对嫩度的影响为研究对象，研究主要集中于在成熟过程中肌原纤维蛋白的变化，而胶原蛋白特性变化对肉嫩度等品质的影响研究相对较少。很多学者从肌原纤维蛋白变化方面研究了宰后不同的嫩化因素及其相关嫩化机理，仅有部分研究也涉及胶原蛋白特性对嫩度的影响，如高压处理和超声波嫩化等，但研究结论存在分歧。对于肌内胶原蛋白如何影响肉的嫩度以及在宰后不同加工处理过程中的变化机理研究相对缺乏，是否影响肉的嫩度难以定论，未有胶原蛋白特性变化对肉其他食用品质的影响研究以及与之相关性的分析。

针对上述问题，结合我国牛肉生产和加工实际，本书拟从加热、超声波、弱有机酸结合 NaCl 腌制和高压处理四个方面研究宰后不同加工条件下牛肉肌内胶原蛋白特性变化对肉嫩度等食用品质的影响，分析并建立肌内胶原蛋白特性变化与肉品质之间的相关性，旨在从背景嫩度（结缔组织胶原蛋白）方面揭示这四种加工条件对其特性及其相关肉品质的影响机制，以达到理论指导实际生产的目的。

2 肌内胶原蛋白与肉品质关系研究进展

牛肉一直以来都受到我国消费者的青睐，消费者对牛肉的需求量呈逐年增加趋势。但不同牛肉之间品质差异较大，牛肉品质问题一直是左右牛肉消费的重要因素。牛肉的五个品质指标即嫩度、多汁性、风味、肉色和系水力中，嫩度是肉品质量的首要指标，也是影响消费者消费的决定性因素[1, 2]。

肉制品的食用物理特性一方面和家畜的种类、饲养条件、肌肉组织的部位有关；另一方面和肌肉中的蛋白质、脂肪在加工和贮藏过程中的物理化学性质变化有关。嫩度是评价肉制品食用物理特性的重要指标，其反映了肉中各种蛋白质的结构特性，肌肉中脂肪的分布状态及肌纤维中脂肪的数量等。畜禽肉嫩度的不一致性和可变性是当今肉类工业面临的两大主要问题，这种可变性主要源于骨骼肌间存在的生物多样性，特别是取决于肌肉中肌原纤维蛋白的状态（即肌球蛋白与肌动蛋白结合的紧密程度）、结缔组织的组成和含量、肌间脂肪的分布和含量以及肌肉持水性的大小等。肌肉组织的构成、新陈代谢和收缩的异质性是决定其功能可塑性和适应性的基础[3]。为了能提高肉的嫩度，国内外学者进行了许多研究，由于影响肉嫩度的因素繁多，肉的嫩度差别相当悬殊，如何才能保证肉嫩度的一致性，是国内外许多肉类科技工作者研究的课题之一。

2.1 肉的嫩度

肉的嫩度也称作肉的硬度，目前，肉类科学家认为肉的硬度主要由基础硬度（Background tough）和尸僵硬度（Rigor-induced tough）两个方面组成，尸僵硬度的改善是肉类工业提高肉类嫩度的主要途径[3, 4]。

2.1.1 基础硬度

研究者发现,在构成肌肉的主要成分中,结缔组织蛋白(Connective tissue protein)的硬度较大、不易分解，且结缔组织在生理条件下主要是对肌肉起到支持、连接和传递力的作用，推测肉的硬度可能是由肌肉中的结缔组织蛋白的含量和类型引起的。1937 年 Brady 通过实验提出了肉的嫩度与结缔组织的组成形式具有相关性的观点。此后，很多学者开始对肉的嫩度和结缔组织蛋白之间的关系进行了大量研究[5]，表明肉的基础硬度主要是由肌纤维的有序结构产生的，而结缔组织也起到重要作用[6]。结缔组织结构见图 2-1 [7]。

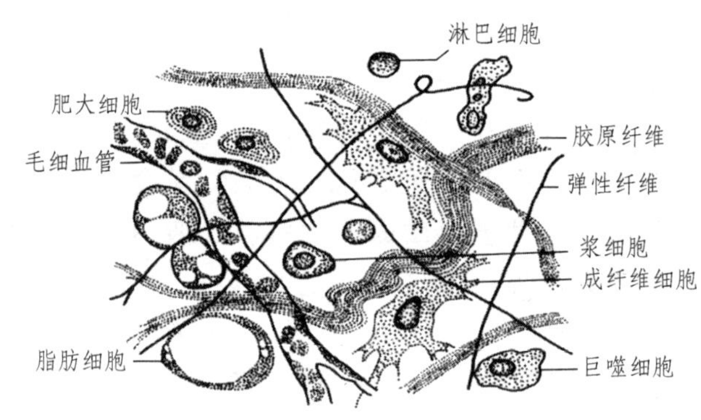

图 2-1 结缔组织结构示意图

完整肌肉外周包裹着一层结缔组织，称为肌外膜(Epimysium)；肌外膜向内延伸，把肌肉分成许多肌束，形成肌束膜(Perimysium)，其中含有大血管和神经。肌束膜进一步向内延伸，包裹单个肌纤维，形成肌内膜(Endomysium)(图 2-2)[8]。肌束膜和肌内膜存在明显不同,肌内膜为无定型的、非纤维状的结构，与结缔组织纤维相连；基膜(Basement membrane)连接着肌内膜的胶原纤维和

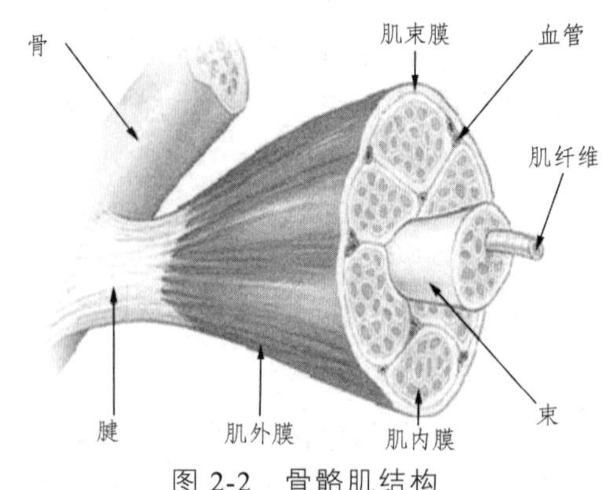

图 2-2 骨骼肌结构

肌纤维膜。基膜的主要成分为胶原蛋白（Collagen）和多糖（Proteoglycans，PGs），其中胶原蛋白占干重的40%，多糖（蛋白多糖和糖蛋白）占60%[9]。研究显示，肌束膜占肌肉干重的1.4%～7.0%，而肌内膜仅占0.1%～0.5%，因此影响肌肉嫩度变化的主要是肌束膜。与运动较少的肌肉相比，经常运动的肌肉中肌束膜由更多胶原纤维束组成且更发达，因此经常运动的肌肉（如股二头肌）含有较高的胶原、较厚的肌束，肉质较硬；而不经常运动的肌肉（如腰肌）胶原蛋白含量低，肌束较薄，肉质较嫩[3]。

肌束的大小决定肉的质地，不同肌肉间结缔组织相对含量和肌纤维数量差异很大，是造成硬度差异的重要原因。结缔组织构成肉的硬度主要是通过胶原蛋白组成的肌束膜、肌内膜将肌原纤维连接形成有序的肌肉来实现的。呈链状、无延展性和无分支的胶原纤维是构成基质的无定形成分[10]。胶原蛋白实际上是一个关系密切的蛋白质家族，是一种富含羟脯氨酸（Hydroxyproline）的蛋白质，含有重复的Gly-X-Y序列（Gly为甘氨酸，X一般为脯氨酸，Y为羟脯氨酸或羟赖氨酸）组成的三条多肽链围绕而成的三股螺旋结构（图2-3）[1]。胶原蛋白是三条蛋白链形成的三螺旋结构，每条蛋白链是由三个氨基酸重复序列构成，每第三个氨基酸是甘氨酸，另两个为随机排列的脯氨酸和羟脯氨酸，每条链共1400左右个氨基酸。羟脯氨酸含量相对稳定，占胶原蛋白的13%～14%，所以一般用羟脯氨酸的含量来反映胶原蛋白含量[11]。

胶原蛋白分为纤维状、非纤维状和纤丝状胶原蛋白三种，每一种又有多个基因型（图2-4）[1]。纤维状胶原蛋白有Ⅰ、Ⅱ、Ⅲ、Ⅴ和Ⅺ型五种基因型，Ⅰ型和Ⅲ型主要存在于肌外膜、肌束膜和肌内膜中，且肌外膜中以Ⅰ型为主。少量Ⅲ型存在于肌内膜中，肌束膜中Ⅲ型胶原蛋白含量高，非纤维状胶原蛋白只有Ⅳ型，存在于肌内膜的基质中；纤丝状胶原蛋白有Ⅵ和Ⅶ两种基因型，Ⅵ型存在于肌束膜中，Ⅶ型存在于肌内膜中，此外，肌内膜和肌束膜中还含有少量的Ⅴ型胶原蛋白[1, 12]。

脯氨酸和羟脯氨酸的含量决定了三股螺旋的热稳定性，对肉的食用品质有重要影响。α链的N-端和C-端非螺旋区长度为20～25个氨基酸残基，在N-端非螺旋区的第9个氨基酸为赖氨酸。Ⅲ型胶原蛋白α链的C-端只有半胱氨酸，不同类型胶原蛋白中羟赖氨酸含量差别很大，其中Ⅱ和Ⅳ型胶原蛋白中羟赖氨酸的含量比其他类型的胶原蛋白高（表 2-1）[9]。

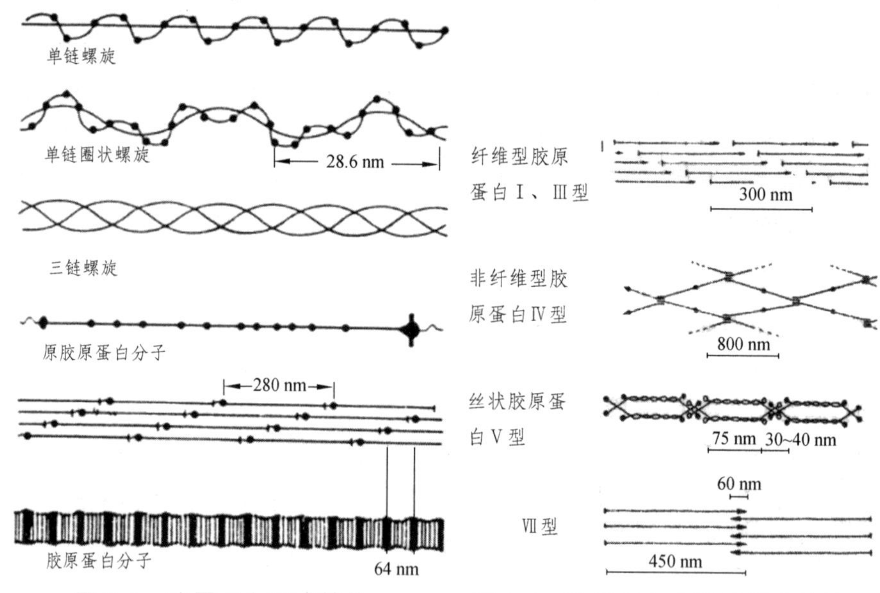

图 2-3　胶原蛋白组成结构　　图 2-4　胶原蛋白主要类型及结构

表 2-1　胶原蛋白类型及其特

类型	分子组成	分　布	3-羟脯氨酸含量（残基数/1000）	羟赖氨酸含量（残基数/1000）	羟赖氨酸的糖基化/%
Ⅰ	$[\alpha_1(\text{I})]_2\alpha_2$	肌腱、牙质、真皮、肌肉	1	6～8	20
Ⅱ	$[\alpha_1(\text{II})]_3$	软骨、玻璃体液、椎间盘	2	20～25	50
Ⅲ	$[\alpha_1(\text{III})]_3$	心血管系统、滑膜、脏器	1	6～8	15～20
Ⅳ	$\alpha_1(\text{IV})$ $[\alpha_2(\text{IV})]_2$	基膜、晶状体囊、肾小球	10	60～70	80
Ⅴ	$\alpha_1(\text{V})$ $[\alpha_2(\text{V})]_2$	胎膜、心血管、肺	2～3	6～8	—

胶原蛋白翻译合成后要进行修饰，该过程中主要形成分子内和分子间的交联（Cross-linking）。交联的形成使胶原蛋白具有很高的机械强度。交联以 3 种共价键形式存在：① 二硫键；② 两条 α 链中赖氨酸

和羟赖氨酸的醛基形成的二价键；③ 多条 α 链间形成的更为复杂的共价键。在特定的组织中，赖氨酰交联是由赖氨酰氧化酶催化多肽链 N-端和 C-端非螺旋区的赖氨酸和羟赖氨酸的醛基氧化形成的[9]。McCormick（1999）报道，在Ⅰ型和Ⅲ型胶原蛋白分子中，已发现有 4 个位置形成交联结构，两个在 N-端，另外两个在 C-端。胶原纤维聚集成束时，交联结构在由赖氨酰氧化酶氧化赖氨酸或羟赖氨酸形成的醛赖氨酸和醛羟赖氨酸残基处形成[13]。

由两个赖氨酸醛基形成的交联是醛醇（Aldol），为分子内交联，只存在于 N-端，当胶原蛋白分子内的两个 α 链并联排列时才能形成，不影响胶原蛋白的稳定性，而分子间的交联影响胶原纤维的稳定性[14]。另一种交联是胶原纤维中一条 α 链上的赖氨酸醛基与其临近的羟赖氨酸 ε-氨基反应生成稳定的醛胺类物质，使胶原纤维网状结构更加稳定：一个为羟赖氨酰吡啶盐，另一个为赖氨酸吡啶残基，后者在肌肉细胞外基质中含量甚少，但统称为吡啶交联（如下所示）[1]。动物骨骼肌胶原蛋白交联其形成途径如下所示[15]。对于肉的嫩度，正是由于羟赖氨酰吡啶盐交联具有热稳定性，通过肉内的胶原蛋白可以加强由变性皱缩引起的力度变化，从而使胶原明胶化所需要的时间延长，可以使肉的嫩度降低[16, 17]。因此，肌肉内胶原蛋白是影响肉品品质的一个基本和关键因素。

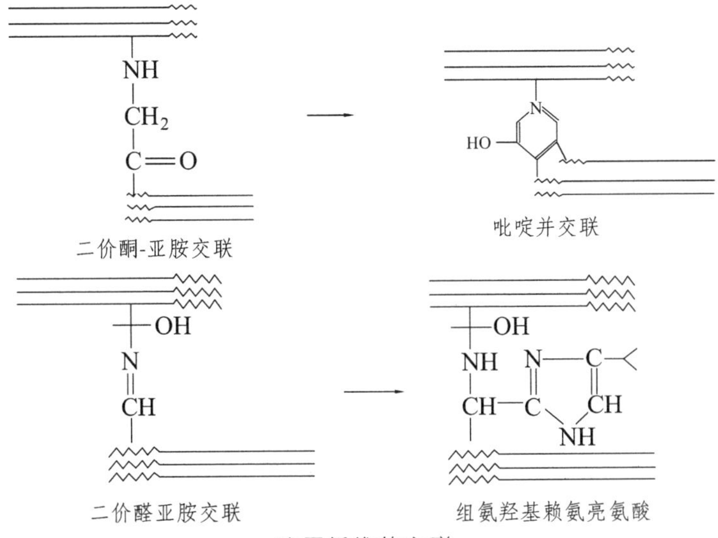

胶原纤维的交联

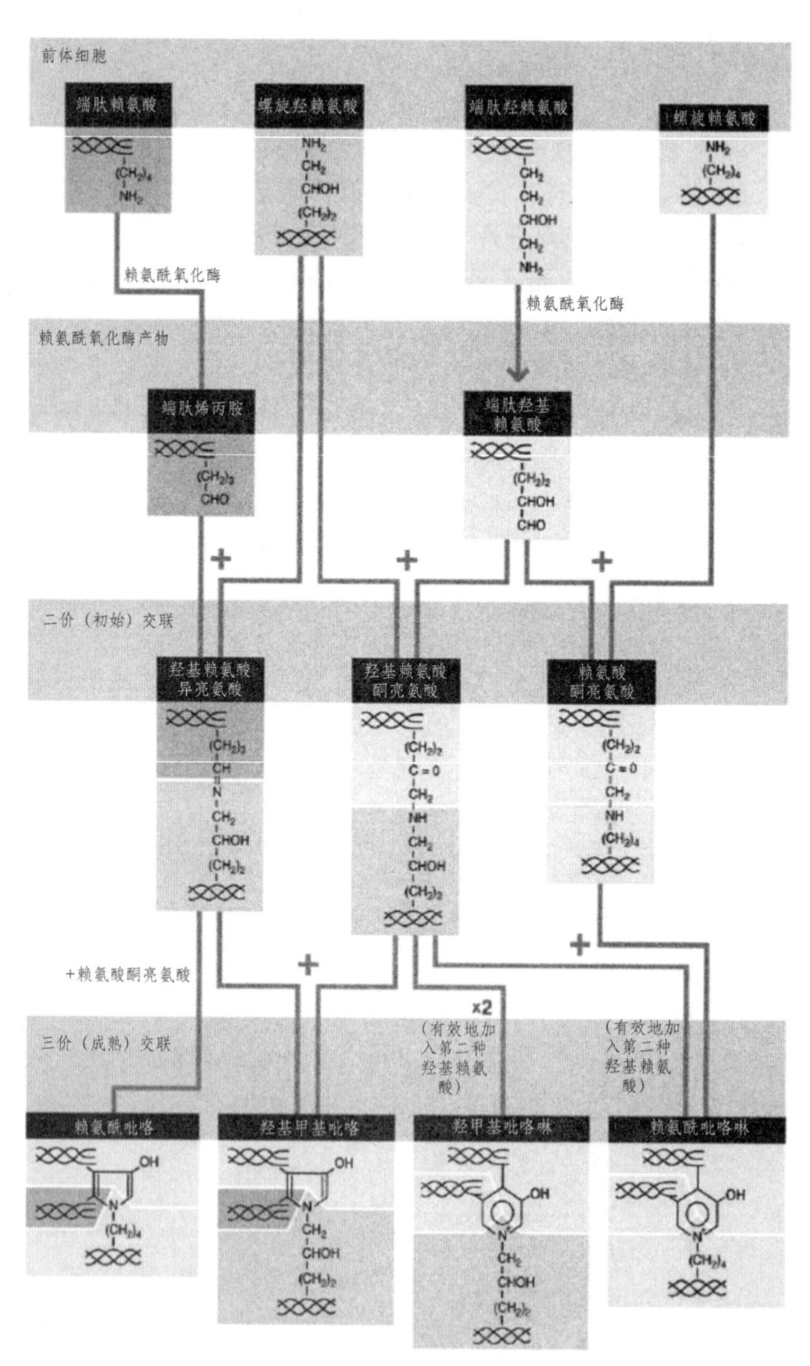

赖氨酰氧化酶起主导作用的骨骼肌胶原蛋白交联形成的化学途径[15]

不同组织中胶原蛋白的羟基化程度不同，有些组织中胶原蛋白分子羟基化程度小，其醛胺交联/氧胺交联分子比率高；反之则相反（表2-2）[18]。

表 2-2 牛肉胶原蛋白中醛胺交联和氧胺交联的含量（%）

肌肉类型	肌外膜		肌束膜		肌内膜	
	醛胺交联	氧胺交联	醛胺交联	氧胺交联	醛胺交联	氧胺交联
背最长肌	50	50	42	58	27	73
胸下颚肌	21	79	28	72	13	87

随着动物年龄的增加，肌肉中蛋白的交联程度加大，胶原蛋白的热稳定性增强，溶解性降低，使得肉的嫩度降低，但胶原蛋白总量没有明显变化[19]。随着动物年龄的增加，肉中热稳定性胶原含量增加，虽然会导致肉的硬度增加，但两者之间的关系很难解释相同年龄下相同部位肉硬度的差异。有研究表明，背最长肌的硬度与肌束膜中的未成熟交联和成熟交联的含量都无关[4]。交联是也是结缔组织蛋白中的一种组织形式。在不同类型的肌肉中，胶原的交联程度不同，人们推测交联度应与肉的嫩度呈负相关。腰大肌中胶原的交联程度高，但肉质较嫩，而股二头肌中交联程度低，嫩度较差。而 callipyge 羊肌肉中虽然含有较少的交联，肉质却较硬[20,21]。因此，交联度与肉嫩度间关系还有待于深入研究。

2.1.2 尸僵硬度

尸僵硬度是指动物屠宰后，由于死后僵直的发生而引起的硬度。动物屠宰后随着糖原酵解的进行，有机体内 ATP 的供应减少并最终中断，在活体中发生的肌肉的伸缩和舒张机能丧失，肉的弹性和伸展性消失，导致肌节处于收缩状态而无法舒张，肉变成紧张、僵硬的状态，胴体进入尸僵期。从进入尸僵期开始，肌肉的弹性开始降低，到最大僵直时肌肉组织达到最大硬度[3]。

2.2 结缔组织（胶原蛋白）特性与肉嫩度关系

2.2.1 结缔组织对嫩度的影响

结缔组织在决定肌肉品质方面起着重要作用，尤其是对嫩度的影响，其机械稳定性随动物生长而不断增强。胶原蛋白是构成肌内结缔组织（IMCT）的主要成分，虽然其在年轻和年老动物的肌肉中略有差异，但肌肉嫩度却相差甚远。随着动物年龄增加，胶原蛋白变得更加坚硬，溶解度下降，以及对酶反应的能力减弱。这主要是由于动物在生长过程中，胶原纤维的排列更加有序且有规则，胶原蛋白分子之间形成多重共价交联结构，在年轻动物体中，交联是还原性的，可以被还原，但在年老动物体中主要为非还原性的老化交联[22]。

肌肉中结缔组织的含量及分布与肉品品质关系密切，组织学研究表明，结缔组织在肌肉中以较厚的中隔及较薄的肌束膜的形式存在，在肌纤维间和肌束周围形成致密的膜鞘。曾勇庆等（1998）认为这种膜鞘结构在一定程度上可防止肌肉水分的蒸发和汁液的外渗损失，即肌肉组织结构中结缔组织含量越丰富，肌肉的持水能力就越强[23]。

结缔组织在动物宰后的贮藏过程中非常稳定，延长肉的贮存时间仅能引起结构的微小变化，在宰后至少两周内胶原蛋白和核心蛋白多糖没有发生降解，而此时肉的嫩度却发生很大改善[24]。结缔组织只有经过加热后，胶原蛋白发生热收缩才会对肉的硬度起作用。大量研究表明，动物宰后胶原蛋白性质较为稳定，只是肌原纤维骨架蛋白发生降解，结缔组织只是肌肉背景嫩度的来源[25, 26]。组成肌肉结缔组织的胶原纤维，随着动物年龄的增长，其机械和化学稳定性不断增加，这是由在胶原蛋白分子间形成稳定的非还原性交联结构增多引起的[24]。肌肉结缔组织的稳定性，不仅依赖于胶原蛋白的交联，还依赖于胶原纤维的尺寸和排列。随着动物的生长胶原纤维越来越粗，排列也越来越有规则。非还原性交联随着动物生长不断增多，使肌束膜、肌内膜中的胶原蛋白分子更加稳固，热溶解性胶原蛋白数量迅速下降，难以消化和水解，导致肌肉嫩度下降[27]。

2.2.2　胶原蛋白含量对嫩度的影响

胶原蛋白是一种重要的肌肉组织成分，在维持肌肉结构、柔韧性、强度、肌肉质地等方面起着重要作用[28-30]。有研究表明胶原蛋白含量与肉的嫩度呈现负相关，而热溶解胶原蛋白含量与肉的嫩度呈现正相关[15, 31-34]。Fang et al.（1999）认为，猪在生长过程中，热溶性胶原蛋白的含量会显著降低，表明胶原蛋白分子间的非还原性交联形成，导致肌束膜厚度增大，肉质嫩度降低[35]。

肌内结缔组织含量对于肉质硬度有一定的影响[36]。Strandine et al.（1949）根据肌束膜的组成将肌肉分为不同类型，也发现肌肉类型与嫩度有较好相关性[37]。Ramsbottom et al.（1945）研究认为不同肌肉类型在剪切力值上的不同主要是由胶原蛋白的含量决定[5]。运动型肌肉如股二头肌胶原含量较高，肌束较粗，肉质较硬；而部位肌肉如腰大肌胶原蛋白含量低，肌束较细，肉质较嫩[24]。这些经典的实验结果解释了胶原蛋白在肉品质量中的大部分功能——胶原蛋白含量和肌束厚度决定了不同肌肉类型的剪切力。也有许多研究表明不同部位肉的嫩度与胶原蛋白含量高度相关[38, 39]。一般来讲，对于特定的肌肉类型，胶原蛋白含量和嫩度之间的相关性较差。结缔组织对剪切力或感官评定的肉质构的贡献远远小于肌原纤维的构成对肉质的贡献。Cross et al.（1973）估计大约有12%的肉质构的变化是由结缔组织的含量不同产生的[40]。Brooks et al.（2004）报道，肌束膜的厚度对宰后3、7、14和21 d的牛肉剪切力变化的贡献率分别为4.5%、9.5%、20.0%和4.0%，其余变化是由肌原纤维降解产生的[41]。

张克英等（2002）研究表明，肌肉结缔组织中胶原蛋白含量高低与嫩度呈负相关，即降低胶原蛋白含量可以改善猪肉品质[42]。刘安军等（2001）研究了肉鸡在生长过程中肌内胶原蛋白及胶原纤维的性质、结构、剪切力等的变化规律。研究发现，肌肉中胶原蛋白的含量没有发生较大的变化，但是其热溶解性随年龄的增加而显著减少，同时胶原蛋白分子β链以上高分子成分增加，α链的比率减少，反映了分子间架桥结构的增加[43]。李晓波（2008）研究了苏尼特羊肉中胶原蛋白特性以及与屠宰性能、组织学特性的变化规律，结果发现：随着月龄的增加，总胶原蛋白、可溶性胶原蛋白和不溶性胶原蛋白的含量呈增加的趋势，而胶原蛋白的溶解度却随月龄的增加呈下降的趋势，肌肉的剪切力值与总胶原蛋白、可溶性胶原蛋白的含量为极显著正相关，胶原蛋白溶解度与剪切值为极显著负相关[44]。

已有部分研究报道关于不同动物种类、不同年龄和不同部位肌肉中胶原蛋白含量及溶解性见表 2-3。

表 2-3　不同动物胶原蛋白含量和溶解性

资料来源	动物种类	动物年龄	肌肉类型	胶原蛋白含量/（mg/g）或溶解性/%
Hill [45]	安格斯牛	15 年	半腱肌	21.9（mg/g）
Dikeman 等[46]	安格斯牛	15 月龄	背最长肌	13.4 %
Cross 等[40]	海福特牛	10 月龄至 14 年	背最长肌	6.1（mg/g） 8.3 %
Raes 等[47]	利木赞牛	商用（未知）	半膜肌	5.8（mg/g）
Cross 等[48]	夏洛来牛	6～18 月龄	背最长肌	5.7（mg/g）
Li 等[49]	西门塔尔×鲁西黄牛	17～19 月龄	半腱肌	7.0（mg/g）
Li 等[49]	西门塔尔×鲁西黄牛	17～19 月龄	背最长肌	4.4（mg/g） 19.0 %
Nishimura 等[50]	日本和牛	9 月龄	背最长肌	28.0 %
Nishimura 等[50]	日本和牛	18 月龄	背最长肌	19.0 %
Nishimura 等[50]	日本和牛	24 月龄	背最长肌	16.0 %
Correa 等[51]	杜洛克×（长白猪×约克夏）	胴体重 115 kg	背最长肌	4.0（mg/g） 12.3 %
Coro 等[52]	蛋鸡	42 日龄	胸大肌	5.2（mg/g） 25.7 %
Sakakibara 等[53]	白莱航鸡	1～2 年	胸大肌	6.5（mg/g）

2.2.3　胶原蛋白溶解性和共价交联对嫩度的影响

肉中胶原蛋白的溶解性影响肉的嫩度。很多研究表明随着家畜年龄的增加，胶原蛋白溶解性降低，嫩度变差，而胶原蛋白在总含量上却没有变化或变化很少[4, 19, 54, 55]。有研究还证实羟脯氨酸的含量对年龄相同、同种动物的同类型肌肉的机械测量的嫩度差异贡献不大[56-58]。因此，胶原蛋白的溶解性被认为是衡量年龄和嫩度之间关系的重要指标。Renand et al.（2001）研究认为肌肉的嫩度和强度与肌纤维截面积、胶原蛋白含量和溶解性以及能量代谢活力高度相关[59]。Campo et al.（1999）报道，双肌牛肌肉的嫩度改善时，可溶性胶原蛋白含量也同时增加[60]。Gerhardy（1995）研究发现肉色较深的奶牛肉可溶性胶原蛋白含量最低，剪切力值最大[61]。以上实验结果表明，肉的嫩度与可溶性胶原蛋白含量具有较大相关性,另有许多研究也支持这一观点[62, 63]。有研究表明肉在成熟过程中，虽然嫩度得到改善，但胶原蛋白的溶解性并没有发生显著变化。Silva et al.（1999）研究发现肌肉可溶性胶原蛋白含量随着成熟而没有发生显著变化，pH 5.5 时，总胶原蛋白和可溶性胶原蛋白含量与嫩度没有显著相关性[64]。

不同的品种、年龄、营养水平以及同一动物不同部位肉的嫩度以及结缔组织绝对含量不同，胶原蛋白溶解度和热稳定性也不同。Nakamura et al.（1975）研究了不同年龄鸡肌内胶原蛋白对肉嫩度的影响，研究表明胶原蛋白的溶解性影响鸡肉的嫩度 [65]。有研究报道了不同年龄牛肉胶原蛋白的热稳定性，实验研究结果表明：70 °C 时，胶原蛋白的溶解度由小牛的 42%下降到 10 岁牛的 2%,热收缩温度由 55 °C 上升至 70 °C，胶原蛋白的消化率由 21%下降至 10% [66-68]。以上结果表明随着年龄增加，胶原蛋白的热稳定性增强，溶解性下降，其主要原因是随着年龄增大，肌肉中胶原蛋白交联程度增大，即共价交联键数目增多。这些交联键是由赖氨酸或羟赖氨酸的残基及它们的醛类物质缩合形成的，在动物年龄小时它们可以被还原，但随着年龄的增大就变成了稳定的、不能被还原的成分。

加热到 65 °C 时胶原蛋白收缩成明胶，胶原蛋白中交联的性质决定其可溶性、收缩程度及韧性大小。随着动物年龄的增加，肌肉中的胶原蛋白分子中形成了纵向成熟交联，导致其韧性显著增加，即使加热温度超过 65 °C，韧性仍很大，而青年动物肌肉中胶原蛋白的韧性随着加热温度的升高逐渐消失[69]。Horgan et al.（1991）报道，牛背最长肌肌腱的等张拉力与动物年龄呈线性关系，但肌腱胶原蛋白的热变性温度个体差异较大，无法估计动物的年龄 [70]。Horgan et al.（1991）发现，羊肉中胶原蛋白的热变性温度随年龄的增加而升高，且吡啶啉含量也增加（吡啶啉是羟赖氨酸交联的主要存在形式）。与肌肉和肌腱中胶原蛋白的热稳定性差异相比，不同肌肉间胶原蛋白的热稳定差异很小，肌腱中胶原蛋白受热不稳定，主要是因为吡啶啉含量低[70]。目前同年龄动物中胶原蛋白共价交联对肉质构的影响还存在争议。不同肌肉和品种肌肉的稳定的胶原蛋白共价交联程度差别很大。但肉质最嫩的腰大肌，其胶原蛋白共价交联程度却很大。有许多试验研究了同一年龄动物共价交联程度与剪切力之间关系[70-72]。

2.2.4 动物宰后成熟过程中肌内胶原蛋白变化对肉嫩度的影响

成熟（Ageing）是肉的质地不断改善的过程，目前认为成熟过程主要是肌原纤维蛋白在内源酶的作用下发生降解和结缔组织弱化的过程，且肌原纤维蛋白降解是一个快速过程，发生在成熟阶段的早期，而结缔组织的弱化是一个慢速过程，发生在成熟阶段的后期（14 d 以后）[73, 74]。Liu et al.（1995）研究了宰后成熟过程中鸡半腱肌肌内结缔组织结构的变化，用扫描电镜（SEM）观察了半腱肌肌内结缔组织肌束膜和肌内膜结构在成熟过程中的变化，研究认为，4 °C 成熟 12 h，肌内膜和肌束膜分解成单个的胶原纤维，这种变化的发生至少需要成熟 6 h，但在成熟 12 h 之后变化更为明显，他们认为结缔组织的这种分解变化是肉在成熟过程中得到嫩化的主要原因 [75]。早期人们认为胶原蛋白的可溶性不受成熟时间和温度的影响，而 Stanton 和 Light（1988，1990）研究表明结缔组织（肌束膜和肌内膜）结构在成熟过程中（14 d）被破坏，胶原蛋白可溶性增加，从而使肉的嫩度得到改善[76, 77]。Nishimura et al.（1995，1996，1997，1998）的系列研究也表明结缔组织在宰后成熟过程中的变化，其变化主要表现在：肌束膜和肌内膜出现裂痕，肌内膜固有的蜂窝状结构发生形变，肌束膜内胶原纤维的排列变得较为松散，基质蛋白多糖发生降解，肌束膜机械性质指标的下降等，但这些变化都发生在成熟 14 d 以后[34, 73, 74, 78, 79]。Nishimura et al.（1995）认为牛肉宰后肌内结缔组织结构的变化最少需要 10 d，但在成熟 14 d 之后变化清晰可见，因此，该学者们研究指出，牛肉在 2 ~ 4 周的成熟过程中，肌内结缔组织的变化对肉嫩度起到积极的作用[73]。Nishimura et al.（1996）对牛肉宰后成熟过程中蛋白多糖（PGs）的降解与结缔组织结构的弱化关系进行了研究，研究指出，4 °C 成熟 28 d 后，肌束膜中的蛋白多糖发生很大程度的降解，蛋白多糖的降解是肌内结缔组织结构弱化的主要原因[74]。

王奎明等（2001）研究发现宰后成熟 7 d 牛肉中总胶原蛋白、不溶性胶原蛋白及胶原蛋白的可溶性均无显著变化[80]。而 Judge 和 Aberle（1982）却持相反的观点，他们研究发现宰后成熟过程中（成熟 45 min、24 h 和 7 d），牛背最长肌胶原蛋白热变性温度逐渐下降，说明宰后 24 h 内肌内结缔组织就已经开始发生了变化[81]。

参考文献

[1] 周光宏，徐幸莲. 肉品学[M]. 北京：中国农业科技出版社，1999.

[2] WARRISS P D. Meat science: an introductory text [M]. Oxford shine CABI Publishing, 2000: 109.

[3] 朱燕. 牛肉嫩度差异及 calpains 嫩化机制研究[D]. 南京：南京农业大学，2006: 2.

[4] YOUNG O A, BRAGGINS T J. Tenderness of ovine semimembranosus: is collagen concentration of solubility the critical factor [J]. Meat Science, 1993, 35(2): 213-222.

[5] RAMSBOTTOM J M, SRANDINE E J, KOONZ C H. Comparative tenderness of representative beef muscles [J]. Food Research, 1945, 10: 497.

[6] TAYLOR R G. Meat tenderness: theory and practice [C]. Proceedings of the 49th International Congress of Meat Science and Technology, 2003: 56-66.

[7] 周光宏. 肉品加工学 [M]. 北京: 中国农业出版社, 2008: 28.

[8] http: //images.google.cn/images?q=Structure%20of%20skeletal%20muscle&hl=zh-CN&sa=N&tab=si.

[9] LAWRIE R A. Lawrie's meat science [M]. 7th edition. Cambridge: Woodhead Publishing Limited 2006: 43-44.

[10] 南庆贤. 肉类工业手册[M]. 北京: 中国轻工业出版社, 2003: 53-54.

[11] 常海军, 徐幸莲, 周光宏. 肌内结缔组织与肉嫩度关系研究[J]. 肉类研究, 2009, 7: 9-14.

[12] BAILY A J. Connective tissue and meat quality [J]. Reciprocal Meat Conference Proceedings, 1990, 43: 152-160.

[13] MCCORMICK R J. Extracellular modification to muscle collagen: Implication for meat quality [J]. Poultry Science, 1999, 78: 785-791.

[14] BAILEY A J, LIGHT N D. The role of connective tissue in determining the textural quality of meat. In connective tissue in meat and meat products [M]. London: Elsevier Applied Science, 1989: 170-194.

[15] VOUTILA L. Properties of intramuscular connective tissue in pork and poultry with reference to weakening of structure [D]. Finland: University of Helsinki, 2009.

[16] SMITH S R, JUDGE M D. Relationship between pyridinoline concentration and thermal stability of bovine intramuscular collagen [J]. Journal of Animal Science, 1991, 69(5): 1989-1993.

[17] WEBER I T, HARRISON R W, IOZZO R V. Model structure of decorin and implications for collagen fibrillogenesis [J]. Journal of Biology Chemistry, 1996, 271: 31767-31770.

[18] LAWRIE R A. Lawrie's meat science [M]. 7th edition. Cambridge: Woodhead Publishing Limited 2006: 110.

[19] HARPER G S. Trends in skeletal muscle biology and the understanding of toughness in beef [J]. Australian Journal of Agriculture Research,

1999, 50: 1105-1129.

[20] DELGADO E F. Properties of myofibril-bound calpain activity in longissimus muscle of callipyge and normal sheep [J]. Journal of Animal Science, 2001, 79(8): 2097-2107.

[21] DELGADO E F. The calpain system in three muscles of normal and callipyge sheep [J]. Journal of Animal Science, 2001, 79: 398-412.

[22] DANIELSON K G, BARIBAULT H, HOLMES D F, et al. Targeted disruption of decorin leads to abnormal collagen fibril morphology and skin fragility [J]. Journal of Cell Biology, 1997, 136: 729-743.

[23] 曾勇庆，孙玉民，张万福，等. 莱芜猪肌肉组织学特性与肉质关系的研究[J]. 畜牧兽医学报, 1998, 29(6): 486-489.

[24] 汤晓艳. 黄牛肉品质量及外源钙离子对其嫩化机制研究[D]. 南京：南京农业大学, 2004, 5-7.

[25] MCCORMICK R J. The flexibility of the collagen compartment of muscle [J]. Meat Science, 1994, 36(1): 79-91.

[26] PURSLOW P P. The intramuscular connective tissue matrix and cell/matrix interactions in relation to meat toughness [C]. Proceedings of the 45th International Congress of Meat Science and Technology, 1999: 210-219.

[27] 孙丰梅，刘安军. 胶原蛋白与肉品品质[J]. 食品工业科技，2002, 23(4): 76-78.

[28] SATO K, YOSHINAKA R, SATO M, et al. Collagen content in the muscle of fishes with their swimming movement and meat texture [J]. Nippon Suisan Gakkaishi, 1986, 52(9): 1595-1600.

[29] SATO K, YOSHINAKA R, SATO M, et al. Isolation of native acid soluble collagen from fish muscle [J]. Nippon Suisan Gakkaishi, 1987, 53(8): 1431-1436.

[30] YOSHINAKA R, SATO K, ITOH Y, et al. Content and partial characterization of collagen in crustacean muscle [J]. Comparative Biochemistry and Physiology, 1989, 94(1): 219-223.

[31] FLINT F O, PICKERING K. Demonstration of collagen in meat

products by an improved picro-sirius red polarization method [J]. Analyst, 1984, 109: 1505-1506.

[32] OHTANI O, USHIKI T, TAGUCHI T, et al. Collagen fibrillar networks as skeletal frameworks: a demonstration by the cell maceration/scanning electron microscope method [J]. Archives of Histology and Cytology, 1988, 51: 249-261.

[33] LIU A, NISHMURA T, TAKAHASHI K. Structural changes in endomysium and perimysium during post-mortem ageing of chicken semitendinosus muscle [J]. Meat Science, 1994, 38(2): 315-328.

[34] NISHIMURA T, OJIMA K, LIU A, et al. Structural changes in intramuscular connective tissue during development of bovine semitendinosus muscle [J]. Tissue and Cell, 1996, 28(5): 527-536.

[35] FANG S H, NISHIMURA T, TAKAHASHI K. Relationship between development of intramuscular connective tissue and toughness of pork during growth of pigs [J]. Journal of Animal Science, 1999, 77(1): 120-130.

[36] BRADY D E. A study of the factors influencing tenderness and texture of beef [J]. Proceedings of the American Animal Production, 1937, 30: 246-250.

[37] STRANDINE E J, KOONZ C H, RAMSBOTTOM J M. A study of variation in muscle of beef and chicken [J]. Journal of Animal Science, 1949, 8(3): 483-494.

[38] JEREMIAH L E, DUGAN M E R, AALHUS J L, et al. Assessment of the relationship between chemical components and palatability of major beef muscles and muscle groups [J]. Meat Science, 2003, 65(3): 1013-1019.

[39] RHEE M S, WHEELER T L, SHACKELFORD S D, et al. Variation in palatability and biochemical traits within and among eleven beef muscles [J]. Journal of Animal Science, 2004, 82(4): 534-550.

[40] CROSS H R, CARPENTER Z L, SMITH G C. Effects of intramuscular collagen and elastin on bovine muscle tenderness [J].

Journal of Food Science, 1973, 38(6): 998-1003.

[41] BROOKS J C, SAVELL J W. Perimysium thickness as an indicator of beef tenderness [J]. Meat Science, 2004, 67(2): 329-334.

[42] 张克英，陈代文，胡祖禹，等. 次黄腺嘌呤和胶原蛋白与猪肉品质的关系研究[J]. 四川农业大学学报, 2002, 20(1): :56-59.

[43] 刘安军，赵征，曹小红，等. 来航鸡生长过程中肌肉内胶原纤维结构与性质的变化[J]. 肉类工业, 2001, 245: 53-56.

[44] 李晓波. 肌肉胶原蛋白特性及其对肉食用品质的影响研究[D]. 呼和浩特: 内蒙古农业大学, 2008, 39.

[45] HILL F. The solubility of intramuscular collagen in meat animals of various ages [J]. Journal of Food Science, 1966, 31(2): 161-166.

[46] DIKEMAN M E, REDDY G B, ARTHAUD V H. Longissimus muscle quality, palatability and connective tissue histological characteristics of bulls and steers fed different energy levels and slaughtered at four ages [J]. Journal of Animal Science, 1986, 63(1): 92-101.

[47] RAES K, BALCAEN A, DIRINCK P, et al. Meat quality, fatty acid composition and flavour analysis in Belgian retail beef [J]. Meat Science, 2003, 65(4): 1237-1246.

[48] CROSS H R, SCHANBACHER B D, CROUSE J D. Sex, age and breed related changes in bovine testosterone and intramuscular collagen [J]. Meat Science, 1984, 10(3): 187-195.

[49] LI C B, ZHOU G H, XU X L. Comparisons of meat quality characteristics and intramuscular connective tissue between beef longissimus dorsi and semitendinosus muscles from Chinese yellow bulls [J]. Journal of Muscle Foods, 2007, 18(2): 143-161.

[50] NISHIMURA T, HATTORI A, TAKAHASHI K. Structural changes in intramuscular connective tissue during the fattening of Japanese black cattle: effect of marbling on beef tenderization [J]. Journal of Animal Science, 1999, 77(1): 93-104.

[51] CORREA J A, FAUCITANO L, LAFOREST J P, et al. Effects of

slaughter weight on carcass composition and meat quality in pigs of two different growth rates [J]. Meat Science, 2006, 72(1): 91-99.
[52] CORO F A, YOUSSEF E Y, SHIMOKOMAKI M. Age related changes in breast poultry meat collagen crosslink, hydroxylysylpyridinium [C]. Proceedings of 46th International Congress of Meat Science and Technology, 2000: 432-433.
[53] SAKAKIBARA K, TABATA S, SHIBA N, et al. Myofibre composition and total collagen content in M. iliotibialis lateralis and M. pectoralis of Silkie and White Leghorn chickens [J]. British Poultry Science, 2000, 41(5): 570-574.
[54] BOCCARD R L, NAUDE R T, CRONJE D E, et al. The influence of age, sex and breed of cattle on their muscle characteristics [J]. Meat Science, 1979, 3(4): 261-280.
[55] BERGE P, SANCHEZ A, SEBASTIAN I, et al. Lamb meat texture as influenced by animal age and collagen characteristics [C]. Proceedings of the 44th International Congress of Meat Science and Technology, 1998: 304-305.
[56] CULLER R D, PARRISH F C, SMITH G C, et al. Relationship of myofibril fragmentation index to certain chemical, physical and sensory characteristics of bovine longissimus muscle [J]. Journal of Food Science, 1978, 43(4): 1177-1180.
[57] SIEDMAN S C, KOOHMARAIE M, CROUSE J D. Factors associated with tenderness in young beef [J]. Meat Science, 1987, 20(4): 281-291.
[58] SHORTHOUSE W R, HARRIS P V. Effect of animal age on the tenderness of selected beef muscles [J]. Journal of Food Science, 1990, 55(1): 1-8.
[59] RENAND G, PICARD B, TOURAILLE C, et al. Relationships between muscle characteristics and meat quality traits of young Charolais bulls [J]. Meat Science, 2001, 59(1): 49-60.
[60] CAMPO M M, SAÑUDO C, PANEA B, et al. Breed type and ageing

time effects on sensory characteristics of beef strip loin steaks [J]. Meat Science, 1999, 51(4): 383-390.

[61] GERHARDY H. Quality of beef from commercial fattening systems in Northern Germany [J]. Meat Science, 1995, 40(1): 103-120.

[62] POWELL T H, HUNT M C, DIKEMAN M E. Enzymatic assay to determine collagen thermal denaturation and solubilization [J]. Meat Science, 2000, 54(4): 307-311.

[63] BURKE R M, MONAHAN F J. The tenderization of shin beef using a citrus juice marinade [J]. Meat Science, 2003, 63(2): 161-168.

[64] SILVA J A, PATARATA L, MARTINS C. Influence of ultimate pH on bovine meat tenderness during ageing [J]. Meat Science, 1999, 52(4): 453-459.

[65] NAKAMURA R, SEKOGUCHI S, SATO Y. The contribution of intramuscular collagen to the tenderness of meat from chicken with different ages [J]. Poultry Science, 1975, 54: 1604-1612.

[66] GOLL D E, HOEKSTRA W G, BRAY R W. Age-associated changes in bovine muscle connective tissue. Ⅰ. Rate of hydrolysis by collagenase [J]. Journal of Food Science, 1964, 29(5): 608-614.

[67] GOLL D E, HOEKSTRA W G, BRAY R W. Age-associated changes in bovine muscle connective tissue. Ⅱ. Exposure to increasing temperature [J]. Journal of Food Science, 1964, 29(5): 615-621.

[68] GOLL D E, HOEKSTRA W G, BRAY R W. Age-associated changes in bovine muscle connective tissue. Ⅲ. Rate of solubilization at 100 °C [J]. Journal of Food Science, 1964, 29(5): 622-628.

[69] LAWRIE R A. Lawrie's meat science [M]. 7th Edition. Cambridge: Woodhead Publishing Limited 2006, 110.

[70] HORGAN D J, JONES P N, KING N L, et al. The relationship between animal age and the thermal stability and cross-link content of collagen from five goat muscles [J]. Meat Science, 1991, 29(3): 251-262.

[71] AVERY N C, SIM T J, WARKUP C, et al. Collagen crosslinking in

porcine M. longissimus lumborum: Absence of a relationship with variation in texture at pork weight [J]. Meat Science, 1996, 42(3): 355-369.

[72] NGAPO T M, BERGE P, CULIOLI J, et al. Perimysial collagen crosslinking in Belgian Blue double-muscled cattle [J]. Food Chemistry, 2002, 77(1): 15-26.

[73] NISHIMURA T, HATTORI A, TAKAHASHI K. Structural weakening of intramuscular connective tissue during conditioning of beef [J]. Meat Science, 1995, 39(1): 127-133.

[74] NISHIMURA T, HATTORI A, TAKAHASHI K. Relationship between degradation of proteoglycans and weakening of the intramuscular connective tissue during post-mortem ageing of beef [J]. Meat Science, 1996, 42(3): 251-260.

[75] LIU A, NISHIMURA T, TAKAHASHI K. Structural weakening of intramuscular connective tissue during post mortem ageing of chicken semitendinosus [J]. Meat Science, 1995, 39(1): 135-142.

[76] STANTON C, LIGHT A. The effects of conditioning on meat collagen: part 2-direct biochemical evidence for proteolytic damage in insoluble perimysial collagen after conditioning [J]. Meat Science, 1988, 23(3): 179-199.

[77] STANTON C, LIGHT A. The effects of conditioning on meat collagen: part 3-evidence for proteolytic damage to insoluble perimysial collagen after conditioning [J]. Meat Science, 1990, 27 (1): 41-54.

[78] NISHIMURA T, OJIMA K, HATTORI A, et al. Developmental expression of extracellular matrix components in intramuscular connective tissue of bovine semitendinosus muscle [J]. Histochem Cell Biology, 1997, 107: 215-221.

[79] NISHIMURA T, LIU A, HATTORI A, et al. Changes in mechanical strength of intramuscular connective tissue during postmortem ageing of beef [J]. Journal of Animal Science, 1998, 76(4): 528-532.

[80] 王奎明，张春艳．宰后成熟对牛肉品质的影响[J]. 肉类工业，2001, (4): 21-24.

[81] JUDGE M D, ABERLE E D. Effect of chronological and postmortem ageing on thermal shrinkage temperature of bovine intramuscular collagen [J]. Journal of Animal Science, 1982, 54(1): 68-71.

3 胶原蛋白变化对肉品质影响及其因素研究进展

3.1 加热对胶原蛋白特性及肉品质的影响

嫩度是肉的重要食用品质之一，受很多因素的影响，其中宰前因素如品种、性别、年龄、饲养模式等，宰后因素如胴体吊挂方式、电刺激、冷却方式、成熟以及加热（烹调）方法和时间等。加热是不可食肉变为可食肉的最终环节，肉的最终嫩度取决于加热方式和加热时间。

3.1.1 不同加热方式对肉嫩度等品质的影响

在肉类工业中，加热（烹调）方法主要有微波加热（Microwaving）、炉烤（Roasting or convection heating）和水浴煮制（Braising or water-bath heating）等，据此，通常可把加热（烹调）方法分为常见的三种：干加热、湿加热和电加热[1]。电加热技术如微波加热被证明具有高功效和低能耗的特点[2]。尽管微波加热等电加热技术较一般其他加热技术具有加热速度快的特点，但肉的食用品质却表现较差。有报道称微波加热（烹调）的肉存在嫩度差，剪切力值较大，多汁性和风味差，蒸煮损失严重等问题[3]。而 Drew et al.（1980）报道，与传统炉烤加热的肉相比，微波加热的牛排肉在风味、嫩度、多汁性、剪切力值和总体可接受性方面没有显著性差异[4]。

由此可见，不同的加热（烹调）方法对肉的食用品质产生较大的影响，主要表现为嫩度、多汁性和风味等的差异，因此，针对不同的加热方法对肉嫩度等品质影响的对比研究具有极其重要的实际生产意义。

3.1.2　不同加热温度和时间对肉嫩度的影响

肉的嫩度还受加热内部终点温度和加热时间长短的影响，有学者认为随着加热时间的延长，剪切力值会逐渐降低，这是由于加热时间越长，肌肉胶原蛋白将发生溶解和凝胶化现象，可溶性胶原蛋白形成凝胶，对肉起到嫩化效果[5]。Bouton 和 Harris（1981）研究发现牛肉加热到 60 °C 较 50 °C 肉嫩，牛肉在 50 °C 加热 1 ~ 24 h，对剪切力值无影响，而在 60 °C 加热 1 ~ 24 h 可显著降低剪切力值，当肉加热到 60 °C 或加热时间较长时，肌内胶原蛋白会发生溶解和凝胶化变化，导致肉结构的嫩化[6]。Batcher 和 Deary（1975）研究发现，牛排当烤制到内部温度为 60 °C 时，与温度 70 °C 相比，多汁性、嫩度和风味都较好，加热到 70 °C 可降低可压出水分的含量[7]。

在加热过程中，肉嫩度随加热温度的变化如图 3-1 所示：

（1）当加热终点温度在 50 °C 以下时，随着加热温度的升高，肉硬度不断增加，这主要是由于在此加热温度范围内，肌纤维蛋白中的肌动蛋白和肌球蛋白发生变性，肌节和纤维组织收缩，汁液排出[8, 9]。

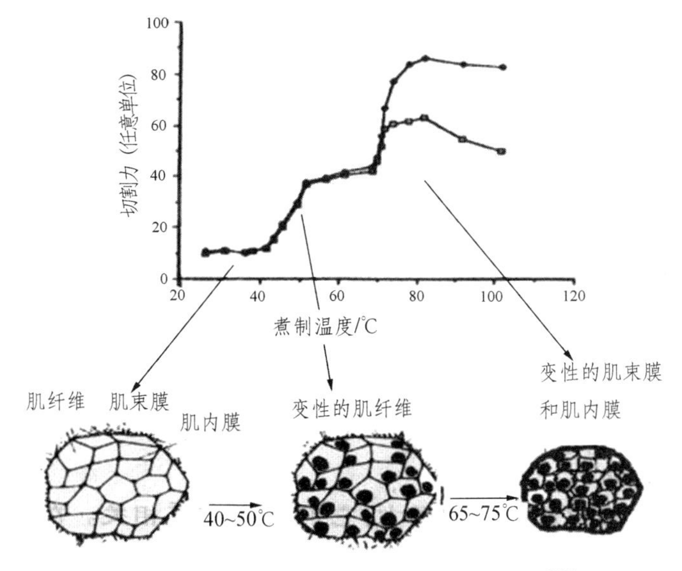

图 3-1　不同加热温度对剪切力值的影响[13]

（2）在加热温度为 50 ~ 70 °C，由胶原蛋白组成的肌内膜和肌束膜结缔组织发生热变性而引起的收缩，导致肉剪切力的再次增加。第二次收缩所产生的张力大小取决于肌束膜的热稳定性，主要表现为肌内胶原蛋白的热稳定性，后者是由交联的质和量所决定[10]。

（3）温度在 70 ~ 80 °C，温度升高时，其硬度也开始不断增加，有学者认为是由胶原蛋白的热变性引起肌纤维收缩，进而增加肌肉的硬度，并且肌纤维的收缩程度由胶原间成熟而耐热的稳定性交联决定[11, 12]。

（4）温度超过 90 °C 时，随着加热温度的升高，肌肉的剪切力逐步下降，这是由于胶原蛋白在高温下发生凝胶化现象，加热过程中胶原纤维溶解度提高，可溶性增加，在肌肉纤维里起着润滑脂的作用，改善肌肉的剪切力和咀嚼力，可提高肉的嫩度[10]。

很多学者对加热过程中肉嫩度的变化机制进行了研究，归纳起来，有两种不同的观点：一种观点认为 65 °C 以下剪切力值的增加是肌原纤维蛋白（主要是肌球蛋白）热变性造成的，65 °C 以上剪切力值的增加是结缔组织中胶原蛋白热变性所致[6]；而另一观点与此正好相反，65 °C 以下剪切力值的增加是胶原蛋白热变性造成的，65 °C 以上剪切力值的增加是肌原纤维蛋白热变性所致[14, 15]。无论何种观点，总体上说是肌原纤维蛋白和胶原蛋白在受热变性时表现出不同的性质所导致，前者聚集收缩，变的坚硬，后者则变成较松散的弹性聚合物，肉变嫩或变硬关键决定于两者中哪一个占主导地位。

肌束膜由结缔组织组成，蛋白质的热变性主要表现在微观空间结构，这种微观结构上的变化可能导致肌束膜发生纵向（平行于胶原纤维走向）收缩，但对化学性质（胶原蛋白可溶性）和肌束膜厚度影响不大。

李春保（2006）在研究了加热对牛肉嫩度的影响后指出，加热过程中（40 ~ 90 °C），牛肉水分含量和肌纤维直径下降，结缔组织残渣和剪切力值增加；65 °C 是影响牛肉嫩度的关键加热温度；肌原纤维和肌内结缔组织的性质和状态决定着牛肉嫩度，两者所起作用的大小因加热温度的变化而改变，65 °C 以下肌原纤维起主要作用，75 °C 以上结缔组织起主要作用，65 ~ 75 °C 两者共同起主要作用[16]。藏大存（2007）研究了加热和盐腌对鸭肉嫩度的影响，发现 60 °C 和 65 °C 分别是鸭胸肉和腿肉的关键加热温度，剪切力值呈现出先升后降的趋势，肌原纤维和肌内结缔组织的性质和状态决定着鸭肉嫩度[17]。

3.1.3 加热对肉微观结构的影响

肉在加热过程中会发生微观结构的变化，如肌内胶原蛋白在加热温度为 58 ~ 60 °C 时开始收缩，导致肌肉硬化；随着加热温度的进一步增加，肌纤维蛋白在 65 ~ 75 °C 温度范围变性硬化；在后续的加热过程中，肌原纤维蛋白和胶原蛋白继续变性硬化，而当温度超过 80 ~ 90 °C 时，由于胶原蛋白的部分溶解导致肉的稍许嫩化[10, 11, 14]。加热会导致肌原纤维蛋白和肌内胶原蛋白发生严重的收缩现象，以及肌原纤维的部分断裂[18, 19]。加热可影响肌纤维的常规排列方式以及肌内膜和肉的整体结构。Leander et al.（1980）报道当牛背最长肌和半腱肌加热到 63 °C 时，肌纤维排列不受影响，结构完整；但当加热到 73 °C 时，肌纤维结构发生变化，相比 63 °C 时的情况，A 带收缩，M 线膨胀，肌节缩短，肌内膜的结构发生变性和聚集现象[20]。Schmidt 和 Parrish（1971）研究发现肌内膜结缔组织在 50 °C 开始发生收缩，70 °C 收缩加剧，50 °C 肌节开始缩短，60℃粗丝和细丝发生分解以及 M 线开始消失[21]。

不同加热方式对肉微观结构的影响程度不同。Hsieh et al.（1980）报道传统加热和微波加热可以导致牛半腱肌肌原纤维蛋白的聚集和收缩，加热后只有 Z 线清晰可见，并且微波加热对肉结构的影响小于蒸煮和烤制加热，蒸煮和烤制加热导致肌原纤维溶解，而微波加热后用扫描电镜可观察到部分的肌原纤维的存在 [22]。

加热对不同类型的肌肉其微观结构的影响程度也不一致。有研究发现对结缔组织含量较高的半腱肌肉，与结缔组织含量较少的背最长肌肉相比，加热到内部温度 63 °C、68 °C 和 73 °C 对肌原纤维的结构影响较小[20]。该学者们还发现，未经加热处理的半腱肌肉结缔组织含量高，其肌节较背最长肌肉肌节长，加热处理后，与背最长肌肉相比，透射电镜观察到半腱肌肉收缩较小，当加热到内部终点温度 73 °C 时，与同温度的半腱肌肉相比，背最长肌肉 Z 线、M 线和肌原纤维降解变化较为严重[20]。

总之，加热会对肉造成一系列的结构和肉质特性方面的理化变化，这些所发生的理化变化最终会影响到肉的嫩度和感官等食用品质。在较低的加热温度下，肌原纤维蛋白和胶原蛋白变性程度较小，水分损失少，肉嫩度和多汁性较好。随着加热温度的增加，蛋白变性和胶原收缩导致肉嫩度降低，而在长时间的加热过程中，由于肌内胶原蛋白的凝胶化溶解变化，反而会致使肉的嫩度增加，质构改善，风味和多汁性增强。在加热过程中，加热方式、温度和时间以及肌肉类型对肉品质会造成不同的影响。

加热过程中肌内胶原蛋白特性变化对肉品质产生很大的影响，尤其是肉的嫩度，以往所报道的研究中涉及此方面的研究，但大部分研究主要体现在运用单独的某一种加热方法，或加热时间恒定，或加热温度恒定，因此不能实际动态反映不同加热温度和不同加热时间内肉品质的变化，另外，未见有胶原蛋白特性变化与肉品质之间的相关性分析以及不同加热方法之间的对比研究。

3.2 超声波处理对胶原蛋白特性及肉品质的影响

3.2.1 超声波在肉类工业中的应用

超声波是频率高于 20 kHz，并且不引起听觉的弹性波，它主要具有“机械效应”“热效应”和“空化效应”，其中“空化效应”是最为重要的。超声波在食品工业研究应用中有多年的发展历史，高频（2～10 MHz）和低强度（10 W）超声波可以作为一种非破坏性检测广泛用于食品加工过程及产品的检测中[23-25]。另外，低频（20～100 kHz）和高强度（100～10 000 W）超声波由于能够改变材料的结构特性（如可破坏整体结构和加速化学反应等），可在实验研究中用于细胞破碎、酶和蛋白的辅助提取等[26, 27]。超声波具有“空化效应”“力学效应”和“微流效应”等[28]。在肉类工业中应用前景广阔，超声波的“力学效应”赋予溶剂对细胞膜更大的渗透力，并强化细胞内外的质量传输；超声波“微流效应”也能促进物质的运动，此外超声波能刺激活细胞和酶，影响物质的分解[28]。超声波在液体中传播时，使液体介质不断受到拉伸和压缩，而液体耐压不耐拉，当液体不能承受这种拉力，就会断裂而形成暂时的近似真空的空洞，到压缩阶段，这些空洞发生崩溃，崩溃时空洞内部最高瞬间可达几万个大气压，同时还将产生局部高温以及放电现象等，就这是“空化作用”[26]；超声波还能促进溶液的传质，促进溶液的快速渗透等。Reynolds et al.（1978）报道超声波处理可以改善和提高干腌火腿的质构，且经过超声处理后，蒸煮得率提高，与未经超声处理的样品相比，由于超声波的作用，微观结构发生变化而使得肌原纤维蛋白易于从组织中溶出[29]。Vimini et al.（1983）研究发现重组牛肉经超声波处理后，与未经处理组相比，其黏结性、质构和蒸煮得率均有所提高[30]。

超声波以其独特的作用在肉类工业中有着越来越广泛的应用。国外对于超声波嫩化，提取肌肉蛋白，促进凝胶化以及肌肉蛋白质的重组等的研究和应用较多，特别是高强度超声波由于能够引起肉及其制品物理化学特性的变化，对于肉质的改善作用研究较广。

3.2.2 超声波处理对肉嫩度的影响

肉的嫩度是影响消费者满意度和可接受性的最重要品质指标之一。牛肉嫩度的差异是肉类工业面临的重大问题[31]。肉的嫩度由骨骼肌的两大主要成分决定，即收缩组织（主要是肌原纤维组分）和结缔组织（决定肉的基础硬度）[32]。

肉的嫩化方法主要有物理方法、化学方法和机械方法等。这些方法用于肉的嫩化时，各有优缺点。传统的成熟嫩化主要依靠于内源蛋白酶，然而这种方法费时且其有效性在不同的动物间有所不同[33]。电刺激主要是用来防止肉由冷收缩而造成的硬化[34]。用外源酶嫩化可引起过分的嫩化，并且当用针注射酶液时可破坏肉的结构。当肉中注射含有氯化钠、氯化钙和磷酸盐的腌制液和有机酸时会影响肉的风味，并且注射针会破坏肉的结构[35-37]。机械嫩化法如刀刃切割嫩化，由于机械破坏，可影响肉的质构和表面[38]。

用超声波处理可对肉进行一定程度的嫩化处理，其可能原因是超声波对溶酶体、肌原纤维蛋白和结缔组织的破坏，超声波产生的这种作用也可提高和改善肉的质构特性。超声波对肉嫩度的影响程度与超声波的频率、强度、处理时间以及处理温度有关。

有许多学者对低频超声波用于肉的嫩化处理进行了研究[39-44]。如表 3-1 所示，超声波对肉嫩度的影响结论存在分歧。有学者认为低频高强度超声（24 kHz，12 W/cm^2）[44]和高频高强度超声（2.6 MHz，10 W/cm^2）[43] 处理可对肉起到嫩化效果。Smith et al.（1991）研究认为 25.9 kHz 超声处理 4 min 可以提高肉的嫩度，而当处理时间达 8 ~ 16 min 反而会降低肉的嫩度 [45]。有研究认为超声处理不会使肉的嫩度提高，这或许是由于使用相对低强度的超声水浴（0.29 ~ 1.55 W/cm^2）[39, 46]，或高强度超声（62 W/cm^2）短时间（15 s）作用于某些单个的区域，对肉无嫩化效应[41]。强度为 1.55 W/cm^2 的超声处理不足以破坏肌原纤维和细胞结构。有研究表明，原料肉用超声（20 kHz）处理后，用对流加热炉加热其肉的嫩度与不经超声波处理直接用对流加热炉加热，或在沸水浴中蒸煮肉嫩度相差不大[39, 47]。

表 3-1 超声波处理对肉嫩度的影响

资料来源	肌肉类型	超声频率/kHz	超声强度/（W/cm^2）	超声时间	研究结论
Jayasooriya 等[44]	牛腰背最长肌和半腱肌	24	12	4 min	显著降低所处理肉的剪切力值和硬度
Got 等[43]	牛半膜肌	2.6 MHz	10	2×15 s	对肉的嫩度无改善作用
Lyng 等[42]	牛背最长肌和半膜肌	20	62	15 s	对蛋白降解和嫩度无显著作用
Lyng 等[41]	羔羊肉背最长肌	20	62	15 s	对肉的嫩度无显著效果
Pohlman 等[39]	牛胸大肌	20	22	5, 10 min	超声对成熟、感官、剪切力值和蒸煮特性影响较小
Pohlman 等[40]	牛半膜肌和股二头肌	20	1.55	8, 16, 24 min	对剪切力值无显著影响

续表

资料来源	肌肉类型	超声频率/kHz	超声强度/(W/cm^2)	超声时间	研究结论
Smith 等[45]	半腱肌	25.9	—	2, 4, 8, 16 min	处理 2 和 4 min 时剪切力值降低，8 min 时增加
Lyng 等[46]	牛背最长肌和股二头肌	30 ~ 47	0.29 ~ 0.62	0-90 min	对蛋白降解和剪切力值无显著影响
Roberts 等[49]	腰肉牛排	40	2	120 min	显著减小胶原蛋白的含量、提高嫩度
李兰会等[56]	羊肉	40	1.33	1, 3, 5, 7, 10, 15 min	显著提高羊肉嫩度
钟赛意等[57]	牛肉	24	—	15 min	显著降低硬度

综上所述研究，关于超声波处理是否对肉起到嫩化作用，众说纷纭，有些认为超声波对肉不起嫩化作用，有些认为可以降低或增加肉的嫩度，其作用有待于进一步的研究和探讨。

3.2.3 超声波处理对肉肌内结缔组织和胶原蛋白特性的影响

高强度超声波作为一种物理破坏作用，由于其“空化效应”，可对肉的结构产生一定的整体性破坏。另有研究报道，超声波处理可选择性地对胶原蛋白起到热效应作用[40]。

Nishihara 和 Doty（1958）研究了超声对可溶性小牛皮中所提取高分子胶原蛋白的破碎性影响，可溶性小牛皮胶原蛋白经 9 kHz 超声在低温下处理后，其分子结构虽然保持了完整的三螺旋结构，但长链大分子部分发生了断裂现象[48]。可见原胶原的三股螺旋结构是相对较为稳定的，该研究者研究发现超声时间的长短会影响超声对胶原蛋白结构的破坏程度。

Lyng et al.（1997，1998）用高强度超声对完整的肉块进行了处理，研究了牛背最长肌、半膜肌和股二头肌在不同强度超声波水浴处理后的嫩度和胶原蛋白的溶解性，研究表明超声处理未能降低肉的“背景嫩度”，因为超声波对结缔组织的作用因完整的肌肉而受到限制。研究指出，胶原的溶解性在背最长肌和股二头肌中无显著差异，超声波处理对肉的嫩度无影响[42, 46]。Lyng et al.（1998）对僵直前后的羊肉进行超声波处理（20 kHz，62 W/cm^2，15 s），研究发现超声波处理对胶原蛋白溶解性无显著影响[41]。Got et al.（1999）研究发现肉僵直前后经超声处理（2.6 MHz，10 W/cm^2）对不溶性胶原蛋白的含量无显著影响[43]。Roberts（1991）报道了牛背最长肌经过超声处理后（40 kHz，2 W/cm^2，2 h）可显著降低其结缔组织的含量，研究得出超声处理可改善肉的质构[49]。

3.2.4 超声波处理对肉超微结构的影响

超声波的“空化作用”，尤其是瞬间空化效应，可以产生自由基而引起生化作用。细胞中的蛋白和核酸等为大分子物质，在极端的温度或氧化环境下易于变性，而超声波处理可迅速和完全的破坏细胞成分和完整的线粒体结构[50]。Roncales et al.（1992）研究发现羊骨骼肌经超声波处理后，细胞膜的结构被破坏，由于溶酶体酶的释放促进了蛋白的降解变化[51]。Reynolds et al.（1978）和 Vimini et al.（1983）报道肉超声处理后，肌纤维可发生断裂和分离现象[29, 30]。Zayas（1986）研究了高强度超声对细胞结构和胞外成分等组织结构的影响，在超声波处理过程中，超声波能量通过增强介质边缘层的溶散性，而增加了组织与可提取成分的界面性[52]。Got et al.（1999）通过研究超声处理对肉半膜肌超微结构的影响时发现，超声处理可增加肌节的长度，结果导致肌节伸长，肌原纤维内部空间扩大，并且 Z 线发生了变化，然而超声处理并未能产生明显超微结构的变化，可能原因是超声频率太高（2.6 MHz）而未能发生“空化效应”[43]。而有研究通过对鸡胸肉经超声处理后组织学观察，发现超声处理过程中未发生纤维结构的分离和破坏，但纤维结构明显产生了一些“波纹式”扭结状结构，可能是宰后 2 h 内的僵直收缩所致[53]。超声波对肉超微结构的影响程度与超声波的频率、强度、处理时间以及处理温度有关。Zayatas（1971）报道低强度超声处理（2 W/cm^2）对肉的组织学结构无显著影响[54]。也有研究表明强度为 1.55 W/cm^2 的超声波处理对肉无嫩化效果，主要原因是该低强度超声不足以破坏肌原纤维和细胞结构，因而对肉的嫩度无改善作用[40]。

超声波在肉类工业中的应用除了具有上述的功能之外，超声波辅助腌制可以大大缩短肉类腌制时间、加速腌制过程和提高腌制效率，超声波主要通过增加毛细管现象和增强渗透扩散来加速腌制过程，有研究称超声波可以提高盐的腌制渗透速率 2.5 ~ 3 倍[1]。陈银基（2007）通过 NaCl 盐渍结合超声波处理对牛肉脂肪酸组成的影响研究得出，NaCl 盐渍结合超声波处理可以增强腌制效果，提高牛肉营养价值[55]。

超声波处理对肉嫩度的影响存在分歧，结论分歧主要体现在超声处理时所用频率、强度、处理时间等参数以及肌肉类型的选择。从影响肉嫩度的“背景因素”，即肌内胶原蛋白方面分析研究不同超声处理时间内其特性的动态变化，以及建立与肉品质之间的相关性分析，具有重要的实际意义。

3.3 弱有机酸结合 NaCl 腌制对胶原蛋白特性及肉品质的影响

3.3.1 腌制对肉品质的影响

有研究者认为肉的腌制通常是提高肉的食用品质尤其是改善风味的主要途径，肉的腌制过程可以在一定程度上提高肉的嫩度，但有研究表明腌制对肉的嫩度改善是次要的作用[58]。盐腌是我国传统特色肉制品加工中的关键环节，NaCl 是肉制品中必不可少的添加剂，盐的嫩化机制可能涉及以下几方面：① 使用一定离子强度的食盐时，由于增加了肌肉中肌球蛋白的溶解性，提高肉的保水性；② 降低胶原蛋白热稳定性；③ 离子强度对蛋白质-蛋白质、蛋白质-水之间相互作用的影响；④ 加速了蛋白水解酶的激活[59-63]。

肉经盐腌后在加热过程中超微结构会发生变化。刘静明（2003）研究认为，NaCl 腌制对加热过程中肌原纤维的崩解起到促进作用，并可避免肌原纤维发生强烈收缩，其中 3% ~ 5% NaCl 溶液的作用尤为明显[64]。Graiver et al.（2006）研究发现，在猪肉腌制时，低浓度的盐（5 g/L）能促进肌纤维胀大，系水力增加，而极高浓度（330 g/L）的盐使肌纤维大量收缩，失去系水力，蛋白质变性分裂 [65]。

Lee et al.（2000）研究了肌肉注射磷酸盐和 NaCl 对钙激活蛋白酶活性以及热剔骨牛肉嫩度的影响。结果表明，盐溶液处理提高了肉的 pH，加速了钙激活蛋白酶的激活，导致了肉的嫩化。另外，在盐溶液处理的样品中，肌联蛋白和肌钙蛋白-T 的降解加快，95 kDa 和 35 kDa 肽的增多，这一现象有效的证明了注射盐溶液对肉的嫩化作用[66]。

藏大存（2007）在鸭肉嫩度影响因素及变化机制的研究中指出，经过盐腌加热后，无论胸肉还是腿肉，其剪切力值均不同程度的下降，使用适当浓度的 NaCl（2% ~ 4%）进行盐腌能够促进肌原纤维的小片化，并使肌原纤维的水分不会被大量的排出，避免肌原纤维发生强烈收缩，随着 NaCl 浓度的提高，胶原蛋白和肌动蛋白的热稳定性降低，增加了肌肉中肌球蛋白的溶解性，从而提高了肉的嫩度，试验得出 2% ~ 4% NaCl 溶液腌制，有助于改善鸭肉嫩度[17]。

3.3.2 有机酸结合 NaCl 腌制对胶原蛋白特性及肉嫩度的影响

肉的腌制过程可对肉起到一定程度的嫩化效果[67]。肉的酸渍腌制过程可将肉浸泡在醋酸和果汁酸等一些酸液中进行[68]。酸腌制对肉的嫩化机理被认为可能是肉在腌制过程中的膨胀导致肌肉结构的弱化，组织蛋白酶对蛋白的降解变化以及在结合蒸煮过程中，在较低的 pH 下，胶原蛋白的凝胶化变化所致[36]。Han et al.（2009）将羔羊肉在僵直前采用注射新鲜猕猴桃汁处理，与未处理组相比，在处理后的 6 d 内显著降低了肌肉剪切力值，嫩度得以提高 [69]。Berge et al.（2001）对牛肉僵直前后进行了乳酸注射处理（0.5 mol/L，10% *W*/*W*），研究发现：① 乳酸处理加速了肌肉溶酶体酶的释放；② 肌球蛋白重链发生了较大程度的降解变化；③ 肌原纤维超微结构发生了显著变化，主要表现为 M 线和 I 带的弱化和裂解；④ 肌束膜胶原蛋白的热稳定性降低等。乳酸注射处理可以显著地改善肉质构特性，降低剪切力值和提高嫩度[36]。一般来讲，肉经酸化处理后可以改善质构，但有报道认为被酸渍处理后肉中脂肪易于氧化[70]，牛半腱肌经柠檬酸处理后（pH 3.52），肉的保水性和嫩度均显著提高，报道称柠檬酸可作为牛肉酸渍处理的最佳酸处理剂，因为可提高肉的嫩度，另外，研究发现，通过柠檬酸与磷酸盐结合处理可以抑制脂肪的氧化[70]。

在腌制过程中，腌制剂的选择对提高肉的嫩度，尤其对含结缔组织较多的肉的嫩度改善尤为重要。目前，有研究报道有机酸（醋酸、乳酸和柠檬酸等）盐渍对牛肉嫩度的影响[67, 68, 71]。有机酸腌制被证明对肉具有潜在的嫩化效果，有研究表明用醋酸溶液作为腌制液可对肉起一定的嫩化作用[67]。Arganosa 和 Marriott（1989）研究发现用有机酸腌制可以降低重组牛排的剪切力值，降低胶原蛋白的热稳定性，增加胶原蛋白的溶解性和总胶原蛋白的含量[72]。

Aktas 和 Kaya（2001）研究了弱有机酸和盐腌结合处理对肌内结缔组织热稳定的影响，用差示扫描量热法（DSC）对经腌制处理的结缔组织进行了测定，其变性起始温度（T_o）和变性峰温度（T_p）都比对照显著降低[73]。另一研究发现腌制过程中腌制液离子强度的大小也会影响结缔组织的热变性温度和胶原蛋白的热稳定性[74]。

Horgan et al.（1991）研究了腌制 pH 对胶原蛋白热变性温度的影响。研究发现，胶原蛋白的热变性温度受许多因素的影响，包括离子环境（离子强度）、胞外基质黏多糖、加热过程中的物理抑制剂、亚氨酸含量和分子内交联的结构等，当 pH 在 4.25 ~ 7.40 范围内，随着 pH 的增加，胶原蛋白的热变性温度降低[75]。Kijowski（1993）用 DSC 研究了腌制对老母鸡鸡腿肉结缔组织热变性温度的影响，实验表明，在

2%的 NaCl，1.5%的醋酸或乳酸中腌制 72 h 可显著降低胶原蛋白的热变性温度[76]。Kijowski et al.（1993）另一研究发现，鸡腿肉在 1.5%的醋酸或乳酸溶液中浸泡或滚揉腌制可对肉起到有效的嫩化作用[77]。

Ruantrakool et al.（1986）通过对不同加热方法对鸡胸肉和鸡胃组织中酸溶性胶原和盐溶性胶原含量的影响研究，发现在含有醋酸溶液的沸水中对鸡胃进行蒸煮可显著降低其硬度[78]。Hastings et al.（1985）利用 DSC 技术研究了在 7%的醋酸溶液中腌制青鱼（低含量胶原组织）的热变性温度的变化[79]。Lim（1976）发现碘化钠、溴化钠、氯化钙和氯化镁可引起胶原热变性温度的降低，降低程度与其盐的浓度成反比[80]。

3.4 高压处理对胶原蛋白特性及肉品质的影响

3.4.1 高压处理对僵直前后肉嫩度的影响

由于高压处理能延长制品的货架期，因此，高压技术是肉类研究领域的一个热点。然而，高压处理也能使肉的结构发生变化，从而影响其功能和品质特性，如颜色、组织结构、脂肪氧化和风味等[81, 82]。高压在肉类加工中的应用研究主要集中于两个方面，一是改善制品的嫩度，因为嫩度是肉品质最重要的指标，到目前为止，对肉嫩度的研究仍是提高肉品质方面一个重要的课题。其次是在保持制品品质的基础上延长制品的贮藏期。大量研究表明，对僵直前期的肌肉进行压力处理能取得较好的嫩化效果，而僵直后肌肉则需与一定的热处理相结合[83]。

高压处理技术是肉嫩化的常用方法之一，高压对肌肉的嫩化是由 Macfarlane（1973）学者最早提出的，之后，相继有许多研究者对压力对僵直前肌肉嫩度的影响进行了研究[84]。高压对僵直前肌肉的处理应用起来比较困难，因为它要求热剔骨和处理的肌肉的 pH 仍然很高时进行，也就是说这一段时间很短，且不同肌肉开始僵直的时间也各有所异，这就是为什么研究者的注意力转向僵直后肌肉的压力处理（宰后24 ~ 48 h）。然而，有研究认为在低于 30 °C 下的压力处理对牛肉嫩度没有良好的效果[83]。

许多研究报道了高压作用引起的肌原纤维蛋白的变化而导致肉的嫩化或加速肉的成熟[85-89]。研究认为，肉僵直前后随着处理压力的递增，由于肌原纤维蛋白中 I 带、A 带和 M 线蛋白等的降解变化，肌肉整体结构被破坏。Bouton et al.（1977）建议将热与压力结合处理以使组织结构发生不可逆变化，当压力（150 MPa，1 h）与热结合处理后的冷缩牛肉半腱肌，然后经 80 °C 熟制 90 min，剪切力值降低。压力处理时的最佳温度为 55 ~ 60 °C，冷缩样品与伸展的或正常肉样的机械抵抗力经高压和热结合处理后非常相似，与对照组相比剪切力值都比较低。当肉样压力处理前先经 45 ~ 55 °C 热处理 1 h，压力处理的效率明显提高，处理时间可以从 1 h 降低到 2.5 min [85]。

Ma et al.（2004）研究了高压（0.1 ~ 800 MPa）和热（20 ~ 70 °C）结合处理对牛肉质构的影响，研究发现：室温下压力处理时，肌肉的硬度随压力的升高而增加，40 °C 压力处理，肌肉组织结构的变化与室温下相似。然而，当在 60 °C 和 70 °C 温度下压力处理时，200 MPa 的压力导致肌肉的硬度显著下降，另外，通过对胶原蛋白热变性温度分析表明，胶原蛋白对压力十分稳定，只有在 60 ~ 70 °C 的压力处理下才部分发生变性，而相比之下，肌球蛋白对热和压力都较为敏感[90]。

Suzuki et al.（1993）认为，高压处理的肉肌内胶原蛋白和未经高压处理的相比，其超微结构、电泳特性、热溶解性和温谱图都无显著差异[88]。Ueno et al.（1999）研究了高压处理（100 ~ 400 MPa）结合成熟对肌内结缔组织形态结构以及蛋白多糖变化的影响，研究发现高压处理破坏了肌内膜的蜂窝状结构，而对蛋白多糖的变化基本无影响，但高压处理后结合后续的成熟过程发现，蛋白多糖发生了降解变化[91]。Ratcliff et al.（1977）认为高压和热结合处理可以有效地降低肌原纤维蛋白的硬度，而处理样的嫩度受结缔组织（背景嫩度）的限制[92]。Beilken et al.（1990）在热处理过程中结合高压对牛肉剪切力值（WBSF）的影响研究中发现，当温度范围在 40 ~ 80 °C 时，高压处理对肌肉背景嫩度几乎没有影响，而相比之下，在单独的热处理中升高温度可以降低背景嫩度的剪切力值[93]。

Suzuki et al.（1993）研究了高压处理对牛肉肌内胶原蛋白超微结构和热力性质的影响，研究认为高压处理对结缔组织无影响，高压引起的肉的嫩度变化主要是对肌动球蛋白和肌原纤维蛋白的影响[88]。该学者研究结果表明，单独的高压处理（无热处理），对肌内胶原无显著影响，高压引起的尸僵后肌肉嫩度的提高主要是对肌动球蛋白的作用，他们在研究中高压处理后立即提取肌肉胶原蛋白，其超微结构和热力学性质和未经高压处理组相比均未发生变化，如果肌肉高压处理后贮藏数天，再提取胶原蛋白，和未经高压处理的对照组相比，可能会发生超微结构和热力学性质的变化，由于高压对肌肉细胞膜的破坏，肌肉中的溶胶原酶（如组织蛋白酶 B 和 L）会从溶酶体中释放，因而会对胶原蛋白产生一定的作用。

Beilken et al.（1990）通过实验研究了牛肉僵直后在 40 ~ 80 °C 加热并结合 150 MPa 高压处理和不经高压处理时剪切力值的变化[93]。研究发现，对于拉伸的肌肉，经高压处理和不经高压处理相比，在较高的温度下，发生明显的由结缔组织的变化而导致的剪切力值的降低。对于收缩的肌肉，高压处理抑制了剪切力值随着加热温度的增加而增加的现象（由于肌原纤维蛋白的变硬）。该研究指出：① 在热处理过程中用 150 MPa 高压处理抑制了由肌原纤维而导致的肉的变硬；② 在 40 ~ 80 °C 内高压处理对结缔组织的变硬几乎没有影响，而单独用热处理会降低这种成分以及降低肉的剪切力；③ 当温度在 50 ~ 60 °C 时，结缔组织作用的肉的硬度降低，但这种现象在收缩的肉中由于肌原纤维的作用而表现不明显。

3.4.2 高压处理对肉其他品质的影响

3.4.2.1 高压处理对肉 pH 的影响

热鲜肉在僵直前经高压处理后，通常会引起肌肉的强烈收缩和 pH 的显著下降，而这些变化与高压处理的时间、温度以及所处理肌肉的类型有关。Macfarlane（1973）研究发现，绵羊肉和牛肉经 100～150 MPa，在 35 °C 下处理 1～5 min，pH 下降 0.6～0.8 个单位[84]。Horgan（1980）报道，对于白肌，压力处理 10 min 后，pH 下降更多，而红肌则只下降了 0.18 个单位[94]。由此可知，高压处理对肉 pH 的影响与高压处理的时间、温度以及肌肉的类型密切相关。

3.4.2.2 高压处理对肉色泽的影响

研究表明高压处理会对肉色泽产生一定的影响[95, 96]。有研究发现，即使在较低的温度下（5～10 °C）进行压力处理，也能导致红肉类色泽的变化[97, 98]。Jung et al.（2003）研究发现，牛肉在 200 MPa 压力下处理时 L^*值（亮度）会增加，当压力在 300～400 MPa 时 L^*值变得相对较为稳定 [98]。Cheah 和 Ledward（1996，1997）研究发现，猪肉经 80～100 MPa，室温 25 °C 下处理 20 min，在其后的贮藏过程中（20 d），a^*值（红度）明显增加[99, 100]，另外，他们还研究发现高压处理能加速脂肪的氧化。

3.4.2.3 高压处理对脂肪氧化的影响

Ma et al.（2007）研究了高压（0.1～800 MPa）和热（20～70 °C）结合处理 20 min 对牛肉和鸡肉脂肪氧化的影响，研究发现：室温下压力的增加导致脂肪氧化程度的加剧，尤其是在 400 MPa 及其以上压力。40 °C 和 60 °C 下的压力处理，TBARS 值的变化规律与室温下极为相似，然而，70 °C 下 200 MPa 的压力处理使肌肉的 TBARS 值急剧上升，尔后随处理压力的增加而下降[101]。Orlien et al.（2000）的研究认为，500 MPa 的压力对鸡胸肉的脂肪氧化和腐败产生是一个关键压力值，该研究者们认为更高的压力与色素铁离子的释放和高铁肌红蛋白的形成没有直接关系，而可能与膜的破坏有关[102]。Cheah 和 Ledward（1995）发现分离的猪脂肪在新鲜组织的 Aw 下对压力十分稳定[103]，然而，在肌肉存在下高压处理能加速脂肪的氧化[99]。因此，高压处理对肌肉中脂肪氧化程度及氧化稳定性的影响不仅与氧的存在与否有关，而且与肌肉中其他组成成分的存在状态和处理温度等都有关。

3.4.2.4 高压处理对肉微观结构的影响

研究表明，高压处理会影响肉的微观结构[104, 105]。肌肉在僵直初期进行高压处理时会发生严重的收缩现象，长度缩短 35%～50%，肉的结构受到严重的破坏[84-86]。压力处理后，在光学显微镜下可以明显看到收缩区域涉及几个肌节，以及发生临近 Z 盘的相互重叠[85]。Kennick et al.（1980）研究报道了牛冈上肌在 35 °C，103.5 MPa 下处理 2 min，收缩的肌肉纤维的纤维膜发生较大范围且有规律的盘绕[86]。僵直后的肌肉经高压处理后，虽未发生明显的收缩现象，但肌节的结构受到很大程度的影响，主要表现为 A 带中间区域的 M 线消失，I 带的纤维完整性被破坏，另外 Z 盘出现了明显的纤维状结构变化[106]。

不同的处理压力、处理时间和温度以及肌肉类型都会对肉品质产生不同的影响，肌肉 pH、色泽、脂肪氧化程度以及肌肉微观结构的变化等都受上述因素的影响，在品质调控研究中可采取相应的技术与方法进行适当的控制。

综上所述研究报道可知，高压处理过程对肉嫩度的影响研究主要是僵直前后采用高压和热结合处理（或单独高压处理），很多研究者认为高压处理对肉嫩度的效果主要是对肉中肌原纤维蛋白成分的作用，而对肌内结缔组织以及胶原蛋白的影响研究结论存在分歧，未见有关胶原蛋白特性变化与肉品质之间的相关性的分析，其影响机理仍需更进一步的研究和探讨。

3.4.3 存在的问题和本研究的意义

嫩度是肉的重要食用品质之一，是影响消费者满意度最重要的因素。肉的嫩度与结缔组织胶原蛋白和肌原纤维蛋白有关，而这些成分对肉嫩度的贡献还与胴体肉部位、肌原纤维的收缩和加热方法等因素有关。肉的嫩度受很多因素的影响，其中宰前因素如品种、性别、年龄、饲养模式等，宰后因素如胴体吊挂方式、电刺激、冷却方式、宰后成熟以及加热（烹调）方法和时间等。

胶原蛋白是一种重要的肌肉组织成分，是构成肌内结缔组织的主要成分，在维持肌肉结构、柔韧性、强度、肌肉质地等方面起着重要作用。胶原蛋白影响肉的嫩度被称作是背景嫩度（或基础嫩度），胶原蛋白对肉品质的影响主要取决于其含量、热溶性、交联度及其热稳定性程度等。而以往对嫩度的研究大多是以肌原纤维蛋白对嫩度的影响为研究对象，研究主要集中于在成熟过程中肌原纤维蛋白的变化，而对胶原蛋白特性变化对肉品质的影响研究相对较少。

加热是肉类工业常见的加工方法，是不可食肉变为可食肉的最终环节，也是决定肉嫩度的最终环节，由于在加热过程中肌肉蛋白等成分发生变化对肉的食用品质产生很大的影响，加热过程中牛肉肌内结缔组织以及胶原蛋白如何变化，这些变化对肉的嫩度等品质有何影响，尤其是采用不同的加热方法和加热终点温度以及不同的加热时间等可变因素的影响，众说纷纭。在肉类工业中，超声波和高压处理是肉常见的物理嫩化方法，在此过程中，肌原纤维结构发生明显的变化，对嫩度的改善起到重要作用，但肌内结缔组织和胶原蛋白是否变化，特别是胶原蛋白热稳定性是否受影响，对嫩度是否有改善作用，仍难以定论。弱有机酸结合 NaCl 腌制是肉品加工常见方法，在肉的风味形成以及货架期延长方面起到极其重要的作用，但这种加工处理是否对肉的“背景嫩度”有改善作用，尤其是对肌内结缔组织胶原蛋白有何影响，需要进一步的研究。

针对上述问题，本书拟从加热、超声波、弱有机酸结合 NaCl 腌制和高压处理四个方面研究不同加工条件下牛肉肌内胶原蛋白特性变化对肉嫩度等食用品质的影响，分析并建立肌内胶原蛋白特性变化与肉品质之间的相关性，旨在从“背景嫩度”（胶原蛋白）方面揭示这四种不同加工条件对其特性及其相关肉品质的影响机制。

本研究思路和具体技术路线如图 3-2 所示：

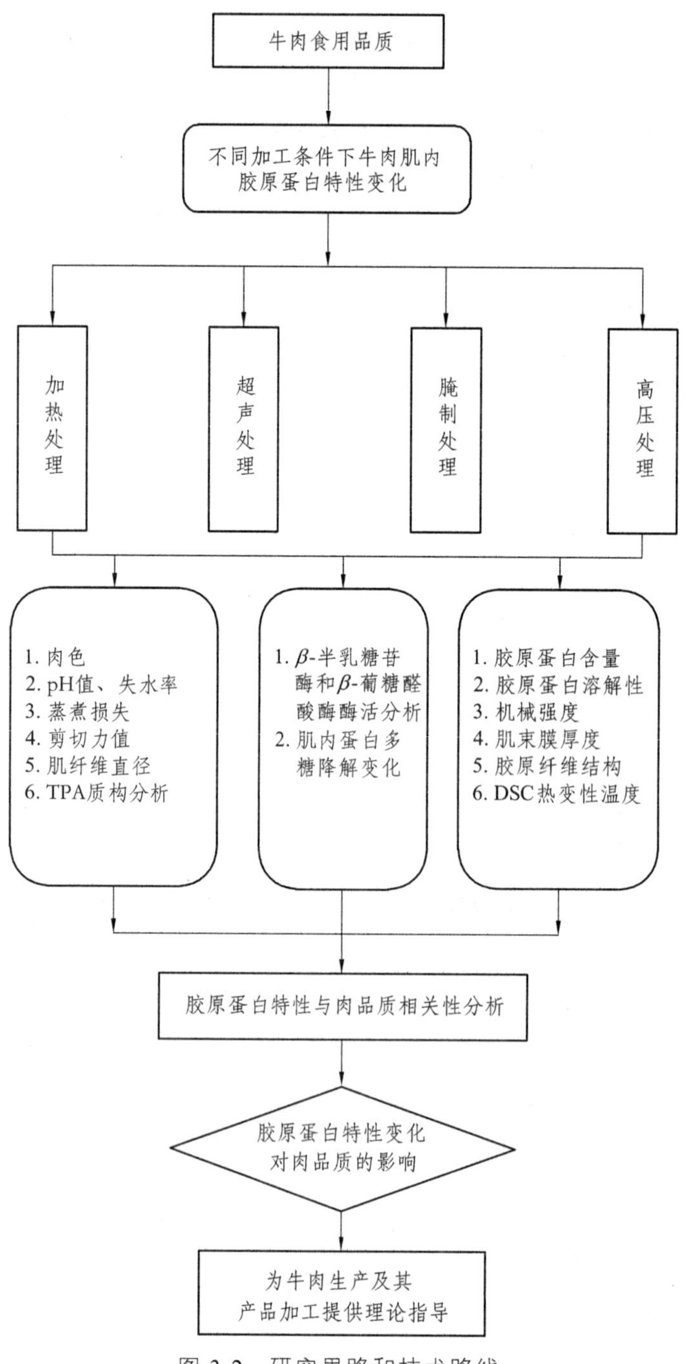

图 3-2　研究思路和技术路线

参考文献

[1] POHLMAN F W. Ultrasound uses for cookery, and to improve cooking, textural, sensory and shelf-life stability properties of beef muscle [D]. Manhattan: Kansas State University, 1994: 11-12.

[2] BAKANOWSKI S M, ZOLLER J M. Endpoint temperature distributions in microwave and conventionally cooked pork [J]. Food Control, 1984, 38(1): 45-47.

[3] El-SHIMI N M. Influence of microwave and conventional cooking and reheating on sensory and chemical characteristics of roast beef [J]. Food Chemistry, 1992, 45(1): 11-14.

[4] DREW F, RHEE K S, CARPENTER Z L. Cooking at variable microwave power levels [J]. Journal of the American Dietetic Association, 1980, 77: 455-458.

[5] BOUTON P E, HARRIS P V. The effects of cooking temperature and time on some mechanical properties of meat [J]. Journal of Food Science, 1972, 37(1): 140-143.

[6] BOUTON P E, HARRIS P V. Changes in the tenderness of meat cooked at 50 ~ 65 °C [J]. Journal of Food Science, 1981, 46(2): 474-479.

[7] BATCHER O M, DEARY P A. Quality characteristics of broiled and roasted beef steaks [J]. Journal of Food Science, 1975, 40(3): 645-648.

[8] 周光宏. 畜产品加工学[M]. 北京: 中国农业出版社, 2002.

[9] 藏大存. 鸭肉嫩度影响因素及变化机制的研究 [D]. 南京: 南京农业大学, 2007: 18.

[10] MCCORMICK R J. The flexibility of the collagen compartment of muscle [J]. Meat Science, 1994, 36(1-2): 79-91.

[11] POWELL T H, HUNT M C, DIKEMAN M E. Enzymatic assay to determine collagen thermal denaturation and solubilization [J].

Meat Science, 2000, 54(4): 307-311.

[12] 南庆贤. 肉类工业手册 [M]. 北京: 中国轻工业出版社, 2003: 252.

[13] 周光宏, 徐幸莲. 肉品学 [M]. 北京: 中国农业科技出版社, 1999: 242.

[14] DAVEY C L, GILBERT K V. Temperature dependent cooking toughness in beef [J]. Journal of the Science of Food and Agriculture, 1974, 25(8): 931-938.

[15] CHRISTENSEN M, PURSLOW P P, LARSEN L M. The effect of cooking temperature on mechanical properties of whole meat, single muscle fibers and perimysial connective tissue [J]. Meat Science, 2000, 55(3): 301-307.

[16] 李春保. 牛肉肌内结缔组织变化对其嫩度影响的研究 [D]. 南京: 南京农业大学, 2006: 51-53.

[17] 藏大存. 鸭肉嫩度影响因素及变化机制的研究 [D]. 南京: 南京农业大学, 2007: 87.

[18] CHENG C S, Parrish F C. Scanning electron microscopy of bovine muscle: effects of heating on ultrastructure [J]. Journal of Food Science, 1976, 41(6): 1449-1451.

[19] JONES S B, CARROLL R J, CAVANAUGH J R. Structural changes in heated bovine muscle: a scanning electron microscopy study [J]. Journal of Food Science, 1977, 42(1): 125-128.

[20] LEANDER R C, HEDRICK H B, BROWN M F, et al. Comparison of structural changes in bovine longissimus and semitendinosus muscles during cooking [J]. Journal of Food Science, 1980, 45(1): 1-4.

[21] SCHMIDT J G, Jr PARRISH F C. Molecular properties of postmortem muscle. Effect of internal temperature and carcass maturity on structure of bovine longissimus [J]. Journal of Food Science, 1971, 36(1): 110-113.

[22] HSIEH Y P C, CORNFORTH D P, PEARSON A M, et al.

Ultrastructural changes in pre- and post-rigor beef muscle caused by conventional and microwave cookery [J]. Meat Science, 1980, 4(4): 299-311.

[23] POVEY M J W, MCCLEMENTS D J. Ultrasonics in food engineering. Part 1: introduction and experimental methods [J]. Journal of Food Engineering, 1988, 8(4): 217-245.

[24] POVEY M J W. Ultrasonics in food engineering. Part II: applications [J]. Journal of Food Engineering, 1989, 9(1): 1-20.

[25] MASON T J, PANIWNYK L, LORIMER J P. The uses of ultrasound in food technology [J]. Ultrasonics Sonochemistry, 1996, 3(3): S253-S260.

[26] MCCLEMENTS D J. Advances in the application of ultrasound in food analysis and processing [J]. Trends in Food Science and Technology, 1995, 6(3): 293-299.

[27] JAYASOORIYA S D, BHANDARI B R, TORLEY P, et al. Effect of high power ultrasound waves on properties of meat: a review [J]. International Journal of Food Properties, 2004, 7(2): 301-319.

[28] 王威, 张绍志, 陈光明. 功率超声波在食品工艺中的应用 [J]. 包装与食品机械, 2001, 19(5): 12-16.

[29] REYNOLDS J B, ANDERSON D B, SCHMIDT G R, et al. Effects of ultrasonic treatment on binding strength in cured ham rolls [J]. Journal of Food Science, 1978, 43(3): 866-868.

[30] VIMINI R J, KEMP J D, FOX J D. Effects of low frequency ultrasound on properties of restructured beef rolls [J]. Journal of Food Science, 1983, 48(5): 1572-1574.

[31] KOOHMARAIE M. Biochemical factors regulating the toughening and tenderization processes of meat [J]. Meat Science, 1996, 43(Supplement 1): S193-S201.

[32] TARRANT P V. Some recent advances and future priorities in research for the meat industry [J]. Meat Science, 1998, 49 (Supplement 1): S1-S16.

[33] KOOHMARAIE M. Muscle proteinases and meat aging [J]. Meat Science, 1994, 36(1-2): 93-104.

[34] HWANG I H, DEVINE C E, HOPKINS D L. The biochemical and physical effects of electrical stimulation on beef and sheep meat tenderness [J]. Meat Science, 2003, 65(2): 677-691.

[35] EILERS J D, MORGAN J B, MARTIN A M, et al. Evaluation of calcium chloride and lactic acid injection on chemical, microbiological and descriptive attributes of mature cow beef [J]. Meat Science, 1994, 38(3): 443-451.

[36] BERGE P, ERTBJERG P, LARSEN L M, et al. Tenderization of beef by lactic acid injected at different times post mortem [J]. Meat Science, 2001, 57(4): 347-357.

[37] LAWRENCE T E, DIKEMAN M E, HUNT M G, et al. Effects of enhancing beef longissimus with phosphate plus salt, or calcium lactate plus non-phosphate water binders plus rosemary extracts [J]. Meat Science, 2004, 67(1): 129-137.

[38] HAYWARD L H, HUNT M C, KASTNER C L, et al. Blade tenderization effects on beef longissimus sensory and instron textural measurements [J]. Journal of Food Science, 1980, 45(4): 925-930, 935.

[39] POHLMAN F W, DIKEMAN M E, KROPF D H. Effects of high intensity ultrasound treatment, storage time and cooking method on shear, sensory, instrumental color and cooking properties of packaged and unpackaged beef pectoralis muscle [J]. Meat Science, 1997, 46(1): 89-100.

[40] POHLMAN F W, DIKEMAN M E, ZAYAS J F. The effect of low-intensity ultrasound treatment on shear properties, color stability and shelf-life of vacuum-packaged beef semitendinosus and biceps femoris muscles [J]. Meat Science, 1997, 45(3): 329-337.

[41] LYNG J G, ALLEN P, MCKENNA B M. The effects of pre-and post-rigor high-intensity ultrasound treatment on aspects of lamb

tenderness [J]. Lebensmittel Wissenschaft und Technology, 1998, 31(3): 334-338.

[42] LYNG J G, ALLEN P, MCKENNA B M. The effect on aspects of beef tenderness of pre-and post-rigor exposure to a high intensity ultrasound probe [J]. Journal of the Science of Food and Agriculture, 1998, 78(3): 308-314.

[43] GOT F, CULIOLI J, BERGE P, et al. Effects of high-intensity high-frequency ultrasound on ageing rate, ultrastructure and some physicochemical properties of beef [J]. Meat Science, 1999, 51(1): 35-42.

[44] JAYASOORIYA S D, TORLEY P J, D' ARCY B R, et al. Effect of high power ultrasound and ageing on the physical properties of bovine semitendinosus and longissimus muscles [J]. Meat Science, 2007, 75(4): 628-639.

[45] SMITH N B, CANNON J E, NOVAKOFSKI J E, et al. Tenderisation of semitendinosus muscle using high intensity ultrasound [C]. Proceedings of the IEEE Ultrasonics Symposium, Orlando, 1991: 1371-1373..

[46] LYNG J G, ALLEN P, MCKENNA B M. The influence of high intensity ultrasound baths on aspects of beef tenderness [J]. Journal of Muscle Foods, 1997, 8(3): 237-249.

[47] POHLMAN F W, DIKEMAN M E, ZAYAS J F, et al. Effects of ultrasound and convection cooking to different end point temperatures on cooking characteristics, shear force and sensory properties, composition, and microscopic morphology of beef longissimus and pectoralis muscles [J]. Journal of Animal Science, 1997, 75(2): 386-401.

[48] NISHIHARA T, DOTY P. The sonic fragmentation of collagen macromolecules [J]. Proceedings of the National Academy of Sciences of the United States of America, 1958, 44: 411-417.

[49] ROBERTS T. Sound for processing food [J]. Nutrition and Food

Science, 1991, 130(1): 17-18.

[50] FRIZZELL L A. Biological effects of acoustic cavitation [M]// Suslick ed. Ultrasound: it' s chemical, physical, and biological effects. New York: VCH Publishers, 1988: 287-301.

[51] RONCALES P, CENA P, BELTRAN J A, et al. Ultrasonication of lamb skeletal muscle fibers enhances postmortem proteolysis [C]. Proceedings of the 38th International Congress of Meat Science and Technology, 1992: 411-414.

[52] ZAYAS J F. Effect of ultrasonic treatment on the extraction of chymosin [J]. Journal of Dairy Science, 1986, 69: 1767-1775.

[53] DICKENS J A, LYON C E, WILSON R L. Effects of ultrasonic radiation on some physical characteristics of broiler breat muscle and cooked meat [J]. Poultry Science, 1991, 70: 389-396.

[54] ZAYATAS Y. Effect of ultrasound on animal tisses [J]. Myasnaya-Industriya SSSR, 1971, 42(3): 33-35.

[55] 陈银基. 不同影响因素条件下牛肉脂肪酸组成变化研究 [D]. 南京: 南京农业大学, 2007, 108-109.

[56] 李兰会, 张志胜, 李艳琴, 等. 超声波在羊肉嫩化中的应用研究 [J]. 食品科学, 2005, 26(4): 107-111.

[57] 钟赛意, 姜梅, 王善荣, 等. 超声波与氯化钙结合处理对牛肉品质的影响 [J]. 食品科学, 2007, 28(11): 142-146.

[58] RAO M V. Studies on the structural and mechanical characteristics of acid marinated beef muscles [D]. Belfast: Queen' s University of Belfast, 1989.

[59] 藏大存. 鸭肉嫩度影响因素及变化机制的研究 [D]. 南京: 南京农业大学, 2007, 19.

[60] 赵立艳, 彭增起. 盐和有机酸对肉品嫩度的影响 [J]. 肉类工业, 2002, 258(10): 13-15.

[61] WU F Y, SMITH S B. Ionic strength and myobrillar protein solubilization [J]. Journal of Animal Science, 1987, 65: 597-608.

[62] KOOHMARAIE M, CROUSE J D, MERSMANN H J. Acceleration

of post mortem tenderization in ovine carcasses through infusion of calcium chloride: effect of concentration and ionic strength [J]. Journal of Animal Science, 1989, 67: 934-942.

[63] OUALI A. Meat tenderization: possible causes and mechanisms [J]. Journal of Muscle Foods, 1990, 1(2): 129-165.

[64] 刘静明. 新鲜猪肉和经盐腌后在加热过程中超微细结构变化的研究 [J]. 食品科学, 2003, 24(10): 67-72.

[65] GRAIVER N, PINOTTI A, CALIFANO A, et al. Diffusion of sodium chloride in pork tissue [J]. Journal of Food Engineering, 2006, 77(4): 910-918.

[66] LEE S, STEVENSON-BARRY J M, KUAFFMAN R G, et al. Effect of ionfuid injection on beef tenderness in association with calpain activity [J]. Meat Science, 2000, 56(3): 301-310.

[67] GAULT N F S. The relationship between water-holding capacity and cooked meat tenderness in some beef muscles as influenced by acidic conditions below the ultimate pH [J]. Meat Science, 1985, 15(1): 15-30.

[68] LEWIS G J, PURSLOW P P. The effect of marination and cooking on the mechanical properties of intramuscular connective tissue [J]. Journal of Muscle Foods, 1991, 2(3): 177-195.

[69] HAN J, MORTON J D, BEKHIT A E D, et al. Pre-rigor infusion with kiwifruit juice improves lamb tenderness [J]. Meat Science, 2009, 82(3): 324-330.

[70] KE S, HUANG Y, DECKER E A, et al. Impact of citric acid on the tenderness, microstructure and oxidative stability of beef muscle [J]. Meat Science, 2009, 82(1): 113-118.

[71] STANTON C, LIGHT N. The effects of conditioning on meat collagen: Part 4-the use of pre-rigor lactic acid injection to accelerate conditioning in bovine meat [J]. Meat Science, 1990, 27(1): 141-159.

[72] ARGANOSA G C, MARRIOTT N G. Organic acids as tenderizers of

collagen in restructured beef [J]. Journal of Food Science, 1989, 54(5): 1173-1176.

[73] AKATAS N, KAYA M. Influence of weak organic acids and salts on the denaturation charactenrustici of intramuscular connective tissue: a differential scanning calorimetry study [J]. Meat Science, 2001, 58(4): 413-419.

[74] AKATAS N. The effects of pH, NaCl and $CaCl_2$ on thermal denaturation characteristics of intramuscular connective tissue [J]. Thermochimica acta, 2003, 407(1-2): 105-112.

[75] HORGAN D J, KURTH L B, KUYPERS R. pH effect on thermal transition temperature of collagen [J]. Journal of Food Science, 1991, 56(5): 1203-1204, 1208.

[76] KIJOWSKI J. Thermal transition temperature of connective tissues from marinated spent hen drumsticks [J]. International Journal of Food Science and Technology, 1993, 28(6): 587-594.

[77] KIJOWSKI J, MAST G. Tenderization of spent fowl drumsticks by marination in weak organic solutions [J]. International Journal of Food Science and Technology, 1993, 28(4): 337-342.

[78] RUANTRAKOOL B, CHEN T C. Collagen contents of chicken gizzard and breast meat as affected by cooking methods [J]. Journal of Food Science, 1986, 51(2): 301-304.

[79] HASTINGS R J, RODGER G W, PARK R, et al. Differential scanning calorimetry of fish muscle: The effect of processing and species variation [J]. Journal of Food Science, 1985, 50(2): 503-506, 510.

[80] LIM J J. Transition temperature and enthalpy change dependence of stabilizing and destabilizing ions in the helix-coli transition in native tendon collagen [J]. Biopolymers, 1976, 15: 2371-2378.

[81] NORTON T, SUN D -W. Recent advances in the use of high pressure as an effective processing technique in the food industry [J]. Food and Bioprocess Technology, 2008, 1(1): 2-34.

[82] 马汉军. 高压和热结合处理对僵直后牛肉品质的影响 [D]. 南京: 南京农业大学, 2004, 1-4.

[83] SIKES A, TORNBERG E, TUME R. A proposed mechanism of tenderising post-rigor beef using high pressure-heat treatment [J]. Meat Science, 2010, 84(3): 390-399.

[84] MACFARLANE J J. Pre-rigor pressurization of muscle: effects on pH, shear value and taste panel assessment [J]. Journal of Food Science, 1973, 38(2): 294-298.

[85] BOUTON P E, FORD A L, HARRIS P V, et al. Pressure-heat treatment of post-rigor muscle: effect on tenderness [J]. Journal of Food Science, 1977, 42(1): 132-135.

[86] KENNICK W H, ELGASIM E A, HOLMES Z A, et al. The effect of pressurization of pre-rigor muscle on post-rigor meat characteristics [J]. Meat Science, 1980, 40(1): 33-40.

[87] LOCKER R H, WILD D J C. Tenderization of meat by pressure-heat involves weakening of the gap filaments in myofibrils [J]. Meat Science, 1984, 10(2): 207-233.

[88] SUZUKI A, WATANABE M, IKEUCHI Y, et al. Effects of high pressure treatment on the ultrastructure and thermal behaviour of beef intramuscular collagen [J]. Meat Science, 1993, 35(1): 17-25.

[89] CHEFTEL J C, CULIOLI J. Effects of high pressure on meat: a review [J]. Meat Science, 1997, 46(2): 211-236.

[90] MA H J, LEDWARD D A. High pressure/thermal treatment effects on the texture of beef muscle [J]. Meat Science, 2004, 68(3): 347-355.

[91] UENO Y, IKEUCHI Y, SUZUKI A. Effects of high pressure treatments on intramuscular connective tissue [J]. Meat Science, 1999, 52(1): 143-150.

[92] RATCLIFF D, BOUTON P E, FORD A L, et al. Pressure-heat treatment of post-rigor muscle: objective-subjective measurements [J]. Journal of Food Science, 1977, 42(4): 857-859, 865.

[93] BEILKEN S L, MACFARLANE J J, JONES P N. Effect of high pressure during heat treatment on the Warner-Blatzler shear force values of selected beef muscles [J]. Journal of Food Science, 1990, 55(1): 15-18, 42.

[94] HORGAN D J. Effect of pressure treatment on the sarcoplasmic reticulum of red and white muscles [J]. Meat Science, 1980, 5(2): 297-305.

[95] CAMPUS M, FLORES M, MARTINEZ A, et al. Effect of high pressure treatment on color, microbial and chemical characteristics of dry cured loin [J]. Meat Science, 2008, 80(4): 1174-1181.

[96] YAGIZ Y, KRISTINSSON H G, BALABAN M O, et al. Effect of high pressure processing and cooking treatment on the quality of Atlantic salmon [J]. Food Chemistry, 2009, 116(4): 828-835.

[97] CARLEZ A, VECIANA-NOGUES T, CHEFTEL J C. Changs in colour and myoglobin of minced beef meat due to high pressure processing [J]. Lebensmittel Wissenschaft und Technology, 1995, 28(4): 528-538.

[98] JUNG S, GHOUL M, LAMBALLERIE-ANTON M. Influence of high pressure on the color and microbial quality of beef meat [J]. Lebensmittel Wissenschaft und Technology, 2003, 36(6): 625-631.

[99] CHEAH P B, LEDWARD D A. High pressure effects on lipid oxidation in minced pork [J]. Meat Science, 1996, 43(2): 123-134.

[100] CHEAH P B, LEDWARD D A. Catalytic mechanism of lipid oxidation following high pressure treatment in pork fat and meat [J]. Journal of Food Science, 1997, 62(6): 1135-1138.

[101] MA H J, LEDWARD D A, ZAMRI A I, et al. Effects of high pressure/thermal treatment on lipid oxidation in beef and chicken muscle [J]. Food Chemistry, 2007, 104(4): 1575-1579.

[102] ORLIEN V, HANSEN E, SKIBSTED L H. Lipid oxidation in high pressure processed chieken breast musele during chill storage: critical working pressure in relation to oxidation mechanism [J].

European Food Research and Technology, 2000, 211(1): 99-104.

[103] CHEAH P B, LEDWARD D A. High pressure effects on lipid oxidation [J]. Journal of American Oil Chemists Society, 1995, 72(9): 1059-1063.

[104] GUDBJORNSDOTTIR B, JONSSON A, HAFSTEINSSON H, et al. Effect of high-pressure processing on *Listeria* spp. and on the textural and microstructural properties of cold smoked salmon [J]. LWT-Food Science and Technology, 2010, 43(2): 366-374.

[105] CAMPUS M, ADDIS M F, CAPPUCCINELLI R, et al. Stress relaxation behavior and structural changes of muscle tissues from Gilthead Sea Bream(*Sparus aurata* L.)following high pressure treatment [J]. Journal of Food Engineering, 2010, 96(2): 192-198.

[106] MACFARLANE J J, MORTON D J. Effects pressure treatment on the ultrastructure of striated muscle [J]. Meat Science, 1978, 2(4): 281-288.

4　蒸煮与微波加热对牛肉肌内胶原蛋白及肉品质的影响

肉的食用品质中，嫩度被认为是最重要的感官特征之一，是决定肉品质的重要指标。肉的嫩度是指肌肉内各种蛋白质结构特性的总体概括，它反映了肉对舌头感觉的柔软性、对牙齿压力的抵抗力，咬断肌纤维的难易程度和嚼碎程度[1]。近年来，国内外学者分别从宰前因素（如品种、年龄、性别以及解剖部位、营养、应激等）与宰后因素（如冷却方式、胴体吊挂方式、成熟、烹调方式和时间等）对嫩度进行了研究，并提出了嫩度差异的机制。总体而言，它们主要是通过影响肌纤维的结构和特性（如肌纤维直径、肌节长度和保水性等）、肌内结缔组织特性（肌束膜厚度、胶原蛋白含量及溶解性、热变性温度和机械强度等）等内在因素来决定肉的嫩度[2-6]。有许多研究报道肉的嫩度与肌内结缔组织（IMCT）特性有关[7-9]。

胶原蛋白作为肌内结缔组织的主要成分，在肌原纤维形成肌束以及最终形成骨骼肌的过程中，并且在肌肉运动过程中对力的维持和传递起到极其重要的作用[10, 11]。动物在生长过程中，胶原蛋白结构的变化使肉嫩度降低[12-14]，在动物体内，每一肌肉都有其独特的胶原蛋白结构和含量[15]，有研究表明胶原蛋白含量与肉的嫩度密切相关[16]。在肌内膜中，胶原纤维束包裹在单个的肌原纤维周围形成网状结构，而在肌束膜中，胶原纤维纵向形成环状或倾斜状更大的网状结构包裹在肌束周围[15, 17]。

加热是不可食肉变为可食肉的最终环节，也是决定肉嫩度的最终环节，会影响肉的食用和感官品质，特别是对肉质构特性的影响[1]。加热对肉质构的影响主要是由于在加热过程中发生肌原纤维蛋白的变性，肌纤维收缩，肌浆蛋白凝集和凝胶化以及结缔组织胶原蛋白的溶解等变化[18-22]。加热对肉品质的影响与肉中结缔组织胶原蛋白特性有关，主要是由于热诱导的胶原蛋白特性的变化，包括胶原蛋白的热变性温度、结构及其含量的变化[23, 24]；另外，其影响还与加热方法以及加热温度和时间有关[25, 26]。

在以往有关加热对肉品质的影响研究中，加热方法存在很大差异[27-32]。除此之外，在以往的研究报道中，肉块加热到某一温度时保留的时间较长（1 h 左右），并不能真正反映肉品质的动态变化。

本实验通过比较水浴和微波两种不同的加热方法，以及不同加热温度和时间对牛肉肌内胶原蛋白特性及肉品质的影响，以期从结缔组织特性变化方面揭示不同加热方法和温度对牛肉品质的影响。

4.1 研究材料与方法概论

4.1.1 试验材料和仪器

4.1.1.1 试验材料

本研究试验材料为牛半腱肌（*Semitendinosus*）。选择来自同一育肥场、品种和饲养管理相同的土种黄牛的改良后代（西门塔尔×南阳黄牛）公牛 5 头，年龄相近（30 月龄左右），活重（400 ± 50）kg 左右，在河南绿旗肥牛有限公司商业化屠宰，跟腱吊挂，牛半胴体在 4 °C 冷库中成熟 48 h 后（胴体表面覆盖有一定厚度的皮下脂肪，避免发生冷收缩），从半胴体上取下整条半腱肌，所选胴体的大理石花纹、生理成熟度和背膘厚度等指标基本相似，然后分割成 2.54 cm 厚肉块若干个（pH 在 5.6 ~ 5.8），真空包装，−20 °C 贮运。按试验设计进行不同的加热处理，并设置对照组（未处理），进行各项指标的测定和嫩度等品质的研究。

4.1.1.2 仪器设备与试剂

BX41 相差光学显微镜（配套 DP12 照相机）（日本 Olympus）；Image-Pro Plus 5.1 图形分析系统（Media Cybernetics Inc., USA）；Pyris

1 DSC 差示扫描量热仪（Perkin Elmer，USA）；Pyris Manager Series 分析软件（Perkin Elmer，USA）；S-3000N 型扫描电镜（日本 Hitachi High-Technologies Corporation）；TA-XT2i 物性测试仪（英国 Stable Micro Systems）；Alpha2-1.2 冷冻干燥机（德国 Christ）；CM1850 冷冻切片机（德国 Leica）；Avanti® J-E 落地式高速冷冻离心机（美国 Beckman-Coulter）；723 型可见分光光度计（上海光谱仪器有限公司）；M6801A 型数显温度计（深圳）；HANNA211 型台式数显酸度计（意大利 HANNA 公司）；HH-42 型快速恒温数显水箱（常州国华电器有限公司）；EM-2008MS1 微波炉（输出功率 600 W，频率 2 450 MHz，合肥荣事达三洋电器股份有限公司）；消化炉（丹麦 FOSS 公司）；C-LM3 数显式肌肉嫩度仪（东北农业大学工程学院）；BS233 型电子分析天平（北京赛多利斯计量仪器有限公司）；Ultra-Turrax T25 BASIC 高速匀浆器（德国 IKA-WERKE）；CJ-3 磁力搅拌器（南京大学普阳科学仪器研究所）；MUL9000（B）-H-30 型超纯水系统（南京总馨纯水设备有限公司）；SANYO 制冰机（SIM-F124）（日本三洋公司）。

L（-）-羟脯氨酸（L-4-hydroxyproline）（$C_5H_9NO_3$，MW：31.13）购于法国 Sigma-Aldrich（Fluka Analytical）公司，其他所用化学试剂均为分析纯。

4.1.2 试验设计及加热处理

水浴加热：取冻存肉样，在室温条件下自然解冻 24 h，去除肉块表面的皮下脂肪和肌外膜，切割成大小为 2.5 cm×5.0 cm×5.0 cm 的肉块若干，称重、分组，用蒸煮袋包装，其中不经加热的作为对照组，其余各组在恒温水浴锅（水量相一致）中加热至中心终点温度分别 40、50、60、70、80 和 90 °C（水浴温度为 95 °C），用数显温度计记录加热过程中温度的变化，当达到终点温度后，立即取出，流水冷却至室温，用吸水纸吸干肉块表面汁液，称重、待分析。

微波加热：肉样解冻和分割同上述水浴加热，用微波炉（输出功率 600 W，频率 2 450 MHz）（低档功率 250 W）加热，加热过程中关闭微波炉每隔加热 10 s 后取出用数显温度计测定肉块中心温度，继续上述步骤，直到中心温度达到设定温度后（同水浴加热终点温度），立即取出，冷却后称重、待分析。

水浴和微波加热过程中肉块中心温度与加热时间记录见表 4-1。

表 4-1 水浴与微波加热试验参数

加热终点温度/°C	Raw[a]	40	50	60	70	80	90
水浴加热时间/min[b]	—	5.0±0.5	8.0±0.5	12.0±0.5	16.0±0.5	22.0±0.5	28.0±0.5
微波加热时间/min[b]	—	3.0±0.5	6.0±0.5	9.0±0.5	11.0±0.5	14.0±0.5	19.0±0.5
每个温度点样本数 N	4	4	4	4	4	4	4

注：所有加热试验肉块大小为 2.5 cm×5.0 cm×5.0 cm，重（100 ± 5）g，加热前肉块中心温度均为 20 °C。

[a] 表示未经加热，作为试验对照；[b] 指平均加热所需时间。

4.1.3 研究方法

4.1.3.1 蒸煮损失测定

参照 Li et al.（2006）方法[33]。用蒸煮前后的肉重，分别为 W_1 和 W_2 计算蒸煮损失（%）。

$$蒸煮损失（\%）=\frac{W_1-W_2}{W_1}\times 100$$

4.1.3.2 剪切力值测定

沿肌纤维方向修剪宽度为 1.27 cm、厚 1.0 cm 长条肉样（无筋腱、肌膜、明显脂肪），用直径为 1.27 cm 的圆柱形空心取样器沿肌纤维方向取 5 个直径 1.27 cm 肉柱，用肌肉嫩度仪沿肌纤维垂直方向剪切肉柱，记录剪切力值，每个肉样剪切 5 次，记录读数，最终结果取 5 个测定值的平均值为一个肉样的嫩度[34]。

$$剪切力值(\mathrm{kg})=\frac{5个测定值之和}{5}$$

4.1.3.3 肉样质构分析

样品切成 1.5 cm^3 的方块状，每个处理至少重复测定 3 次。应用 TA-XT2i 质构分析仪，并在电脑上应用 Texture Expert V1.0 软件加以控制。采用质构剖面分析方法（Texture Profile Analysis，TPA）测定样品的硬度（Hardness）、黏着性（Adhesiveness）、弹性（Springiness）、凝聚性（Cohesiveness）、胶黏性（Gumminess）、咀嚼性（Chewiness）和回弹性（Resilience），测试完成后，用仪器自带软件内部宏 TPA. MAC 对测试结果进行处理。

质构分析参数设定如下：

Pre-test speed: 2.00 mm/s

Test speed: 1.00 mm/s

Post-test speed: 1.00 mm/s

Compressions ratio: 50%

Time between two compressions: 5.0 s

Trigger force: 0.98 N

Piston: P/50

Temperature: 20 °C

Data acquisition rate: 200 PPS（point per second）

4.1.3.4 胶原蛋白含量及溶解性分析

由于胶原蛋白在硝化时分解为各种氨基酸，羟脯氨酸含量相对稳定，占胶原蛋白的 13%～14%，所以一般用羟脯氨酸的含量来反映胶原蛋白的含量，将测得的羟脯氨酸含量乘以系数 7.25 换算为胶原蛋白含量。

1. 样品硝化处理

可溶性胶原蛋白和不溶性胶原蛋白的分离采用 Ringer's 试剂溶解法，参照 Hill（1966）[35] 和 Bergman et al.（1963）[36] 的方法，并做了部分修改。

精确称取样品 5 g（精确至 0.000 1 g），加入 8 mL 1/4Ringer's 试剂（1.8 g NaCl、0.25 g KCl、0.06 g $CaCl_2 \cdot 6H_2O$、0.05 g $NaHCO_3$、0.186 g 碘乙酸，溶于 1 L 蒸馏水中），用高速分散器将肉样打碎，混匀溶胀 1 h 后，77 °C 水浴中加热 60 min。加热后冷却至室温，3300×g 离心 20 min，收集上清液（此过程重复操作两次），分离沉淀。沉淀（测定不溶性胶原蛋白含量）加 30 mL 6 mol/L 盐酸，上清液（测定可溶性胶原蛋白含量）加 25 mL 浓盐酸，两者于 110 °C 硝化炉硝化 18 h，硝化时硝化管口用铝箔封紧。沉淀和上清液硝化完毕后，酸解液中若有大量色素，则可加入少量活性炭过滤脱色。趁热将水解溶液过滤于 200 mL 容量瓶中，用 6 mol/L 热盐酸 10 mL 反复冲洗三角瓶和滤纸 3 次，冷却，用蒸馏水定容至刻度，混匀。吸取 20 mL 水解液于 100 mL 烧杯中，用 10 mol/L、1 mol/L 氢氧化钠溶液中和除酸，调节 pH 为 8 ± 0.2，过滤于 250 mL 容量瓶中，用 30 mL 蒸馏水冲洗烧杯和滤纸，反复 3 次，把洗液并入滤液中，以水洗定容至刻度，摇匀，备用。从 250 mL 容量瓶中吸取已制备好的样液 4.00 mL 于 20 mL 具塞试管中，测定羟脯氨酸的含量。

2. 羟脯氨酸含量测定

羟脯氨酸含量测定按照 GB 9695.23—90 的方法测定[37]。

3. 胶原蛋白含量及溶解度计算

将测得的羟脯氨酸含量乘以系数 7.25 换算为胶原蛋白含量。沉淀样液中羟脯氨酸换算为不溶性胶原蛋白量，上清液中羟脯氨酸换算为可溶性胶原蛋白量，两者之和为总胶原蛋白含量。

胶原蛋白的溶解度（%）=可溶性胶原蛋白含量/总胶原蛋白含量×100

4.1.3.5 肌内结缔组织机械强度测定

结缔组织机械强度测定参照 Nishimura et al.（1999）方法[38]。取 1.0 cm×1.0 cm×1.5 cm 肉柱，用 2.5%戊二醛固定 3 d，之后在 10% NaOH 溶液中浸泡 5 d（每天换 NaOH 溶液 2 次），再在蒸馏水中浸泡 5 d（每天换水 2 次），用乙醇除去肌束膜中的脂肪，用蒸馏水清洗除去乙醇，最后将样品浸入 7.5%丙烯酰胺溶液（含过硫酸铵 1.5 mg/mL），立即加入 TEMED（0.75 μL/mL）聚合 3 h。用质构仪测定丙烯酰胺包埋的结缔组织的机械强度。

质构分析参数设定如下：

Pre-test speed: 2.00 mm/s　　Test speed: 1.00 mm/s

Post-test speed: 2.00 mm/s　　Distance: 30.00 mm

Time between two compressions: 5.0 s　　Trigger force: 5.0 g

Piston: HDP/BSW（Blade set with Warner Bratzler） Temperature: 20 °C
Data acquisition rate: 200 PPS（point per second）

4.1.3.6 肌内膜和肌束膜提取及差示扫描量热分析

肌肉中肌内膜和肌束膜的提取参考 Light 和 Champion（1984）[39]，Li et al.（2008）[40]方法，并做了部分修改，提取流程详见图 4-1。

分离纯化后的肌内膜和肌束膜用差示扫描量热仪（DSC）分析其热量变化。用铟作为内标，精确称量 10 mg 样品，放入铝盒中，压盖后进行温度扫描（温度范围 20 ~ 100 °C，升温速率 10 °C/min），氮气作为载气，流速为 20 mL/min。用 Pyris Manager Series 软件对热流变化曲线进行分析，计算样品热变性温度。

4.1.3.7 组织学观察及肌纤维直径和肌束膜厚度测定

从每个肉样中取 0.5 cm×0.5 cm×1.0 cm 肉样，放入液氮中冻结 4 ~ 5 h，沿垂直肌纤维方向冷冻切片，切片厚度为 10 μm。切片后染色参照 Flint 和 Pickering（1984）[41]，Li et al.（2007）[42] 方法进行，染色步骤为：丙酮（浸泡 4 ~ 6 h）→苦味酸-甲醛固定液（5 min）→流水（10 min）→苦味酸-天狼星红染色液（60 min）→0.01 mol/L 盐酸（5 min）→蒸馏水（1 min）→无水乙醇（3 次，每次 1 min）→二甲苯（2 次，每次 3 min）→封片→观察。

染色后的切片用相差显微镜在 10 倍物镜下进行观察、拍照，每个切片在明场不同视野下拍 10 张照片。用 Image-pro plus 软件测定肌纤维直径、初级肌束膜和次级肌束膜厚度。测量时，每张照片随机选择 10 个测量点。最终，每个样品的肌纤维直径和肌束膜厚度为 100 个测量值（10×10）的平均值。

4.1.3.8 扫描电镜观察

扫描电镜观察样品制备参考 Nishimura et al.（1999）方法[38]，并做了修改。

将所制备好的肉样切成 0.5 cm×0.5 cm×0.3 cm 的肉柱，于 2.5%戊二醛中 4 °C 固定 3 d，然后用磷酸缓冲液（PBS）（pH 7.4）清洗 3 次，

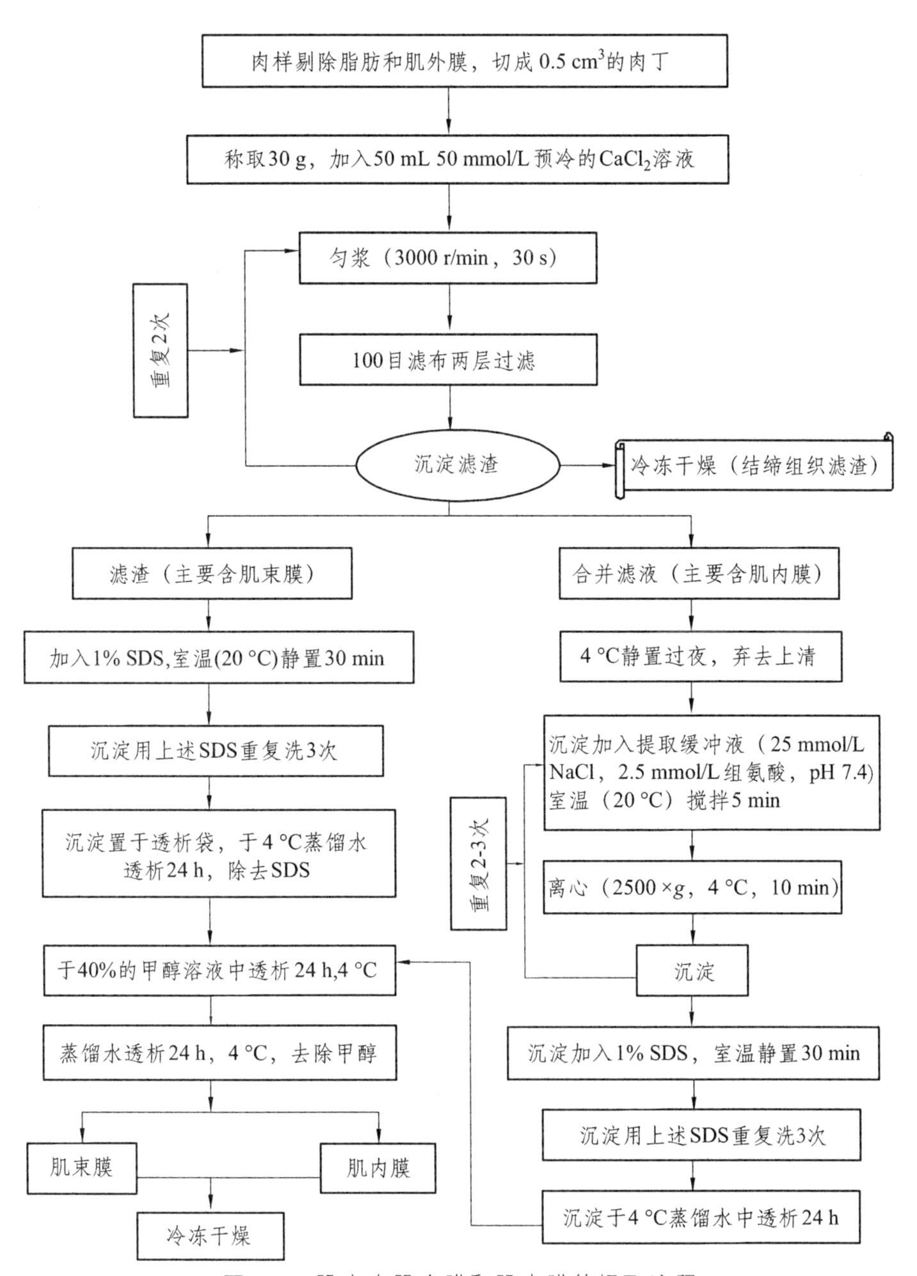

图 4-1 肌肉中肌内膜和肌束膜的提取流程

每次 30 min；用 50%、70%、80%和 90%的乙醇梯度脱水各 15 min，100%乙醇脱水 3 次，每次 30 min；样品脱水后，用叔丁醇置换 3 次，每次 30 min；置换后的样品直接移到样品台上，冷冻干燥，随后用离子溅射仪给样品表面镀一层金属膜（10 nm），扫描电子显微镜（SEM）在电压为 15.0 kV 下放大 500 倍观察肌束膜和肌内膜结构的变化。

肌内胶原纤维的观察样品制备时，于 2.5%戊二醛中 4 °C 固定 3 d 之后，置 10% NaOH 溶液中浸泡 5 d，再在蒸馏水中浸泡 5 d（每天换水 2 次），完毕用 2.5%戊二醛固定 3 d，之后操作同上。

4.1.3.9 统计分析

运用 SPSS16.0 一般线性模型（GLM）对试验所得数据进行单因素方差（ANOVA）分析、LSD 多重比较以及相关性分析。

4.2 蒸煮与微波加热对牛肉肌内胶原蛋白及肉品质的影响

4.2.1 蒸煮损失变化

水浴和微波加热过程中牛半腱肌肉蒸煮损失变化见图 4-2。

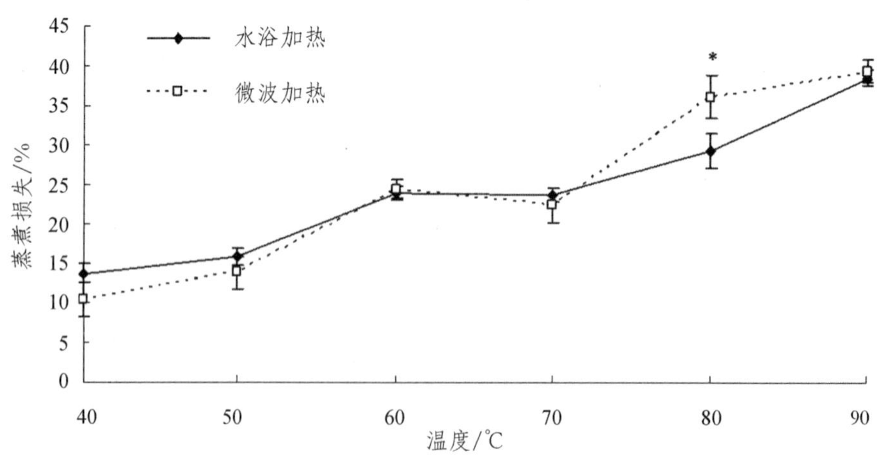

图 4-2 水浴和微波加热过程中牛半腱肌肉蒸煮损失的变化

（平均值±标准差，n=3）

注：* 表示差异显著（P<0.05），下同。

由图 4-2 可见，在两种不同的加热方式中，随着加热终点温度的升高，牛半腱肌肉蒸煮损失呈逐渐增加趋势。当加热终点温度为 80 °C 时，微波加热中牛肉蒸煮损失显著大于水浴加热（$P<0.05$），而在其他加热终点温度，两种加热方法之间其蒸煮损失无显著差异（$P>0.05$）。Kong et al.（2008）也报道了鸡胸肉在加热过程中随加热时间的延长，其蒸煮损失增加[22]。

4.2.2 剪切力值变化

水浴和微波加热过程中牛半腱肌肉剪切力值变化见图 4-3。

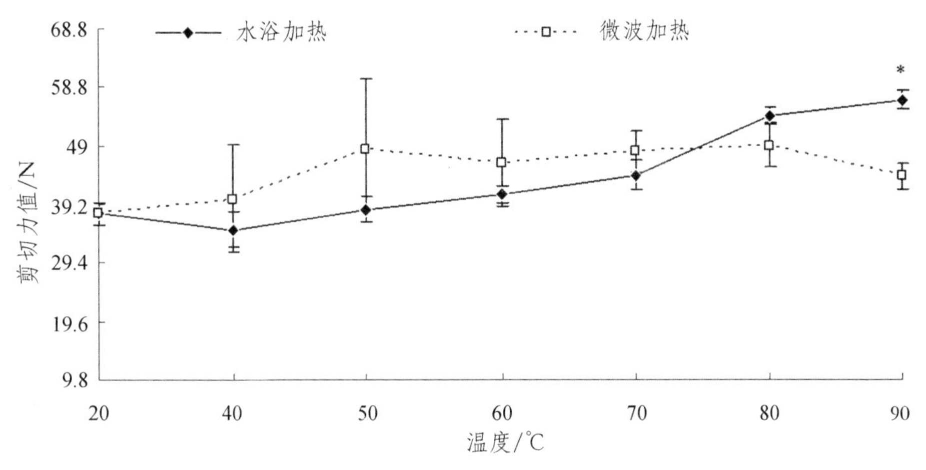

图 4-3 水浴和微波加热过程中牛半腱肌肉剪切力值的变化（平均值±标准差，$n=5$）

如图 4-3 所示，在水浴加热过程中，随加热终点温度的升高，牛半腱肌肉剪切力值逐渐增大，这与 Li et al.（2008）所报道的相一致[40]。而微波加热过程中，剪切力值呈无规则变化，但总体趋势增加。在 50 °C 时，剪切力达到最大值。在加热终点温度达到 75 °C 之前，微波加热牛肉剪切力值大于水浴加热，而 75 °C 之后，呈相反趋势。当加热终点温度为 50 °C 和 90 °C 时，两种加热方法之间，牛肉剪切力值存在显著差异（$P<0.05$）。

4.2.3 肉样质构分析

图 4-4 反映了水浴和微波加热过程中牛半腱肌肉质构特性的变化情况。

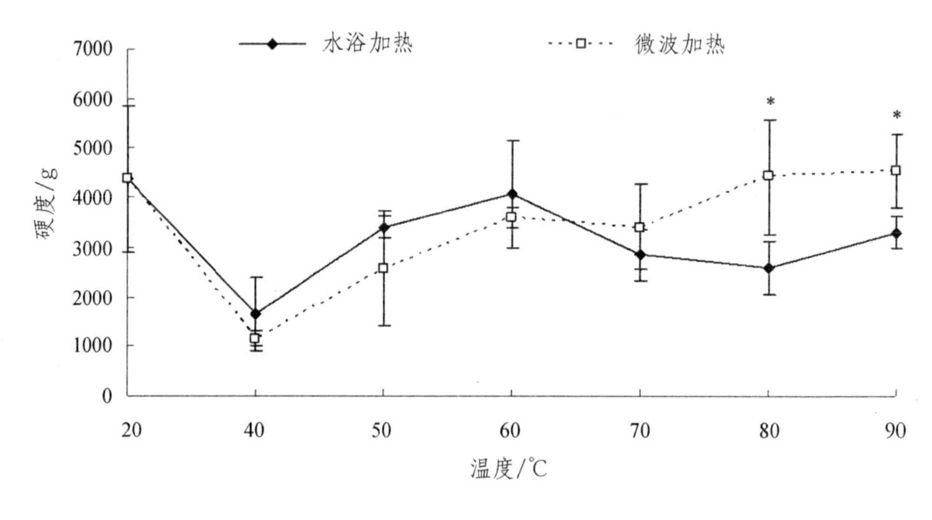

（a）硬度

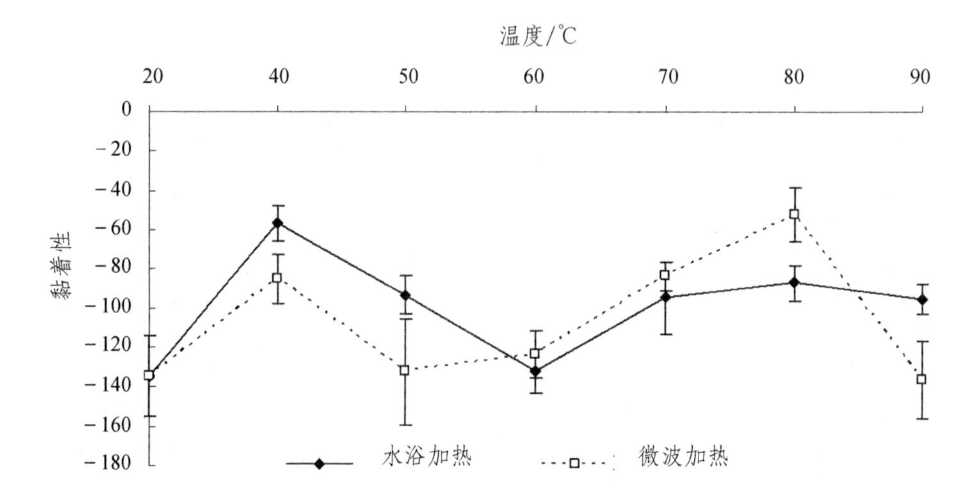

（b）黏着性

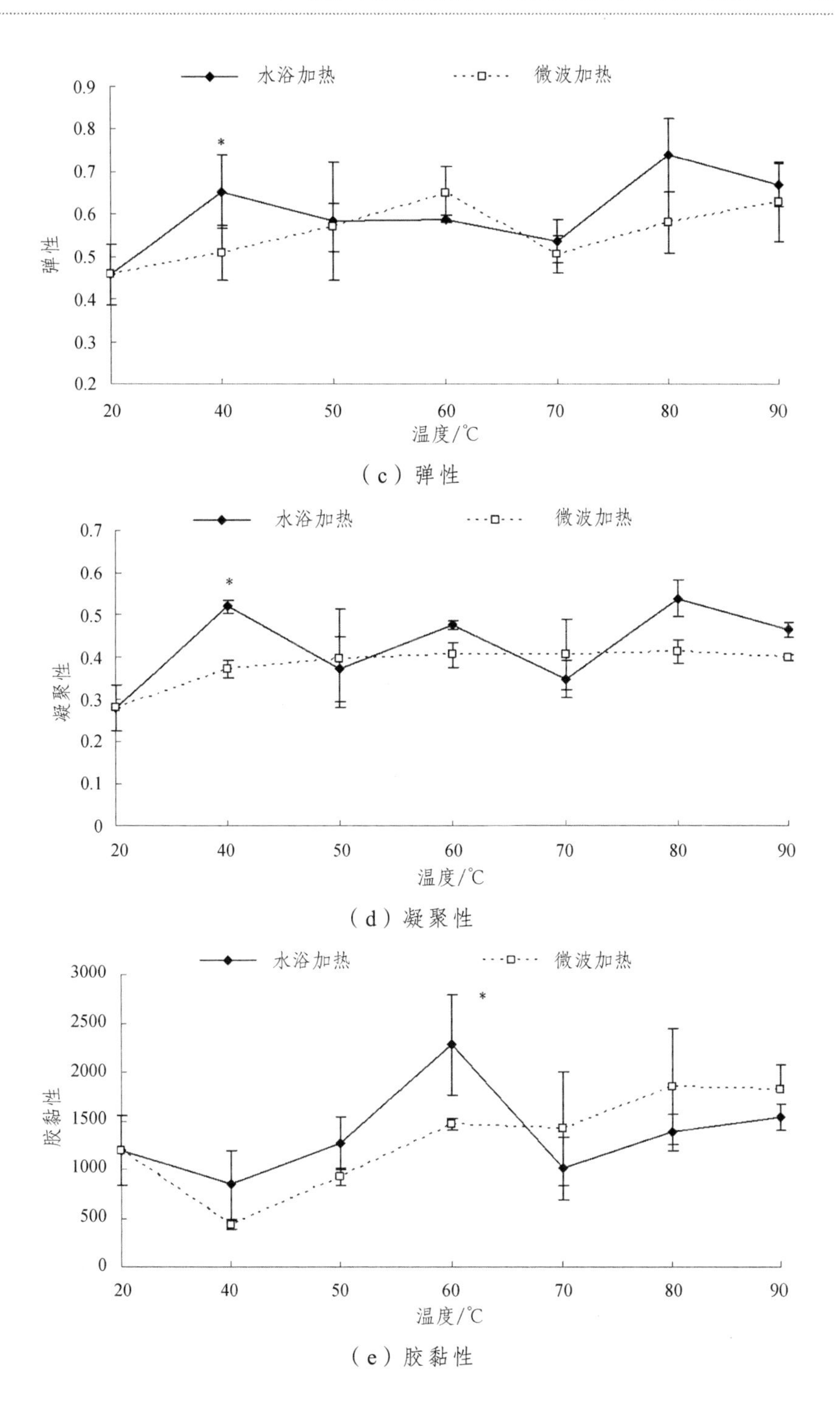

（c）弹性

（d）凝聚性

（e）胶黏性

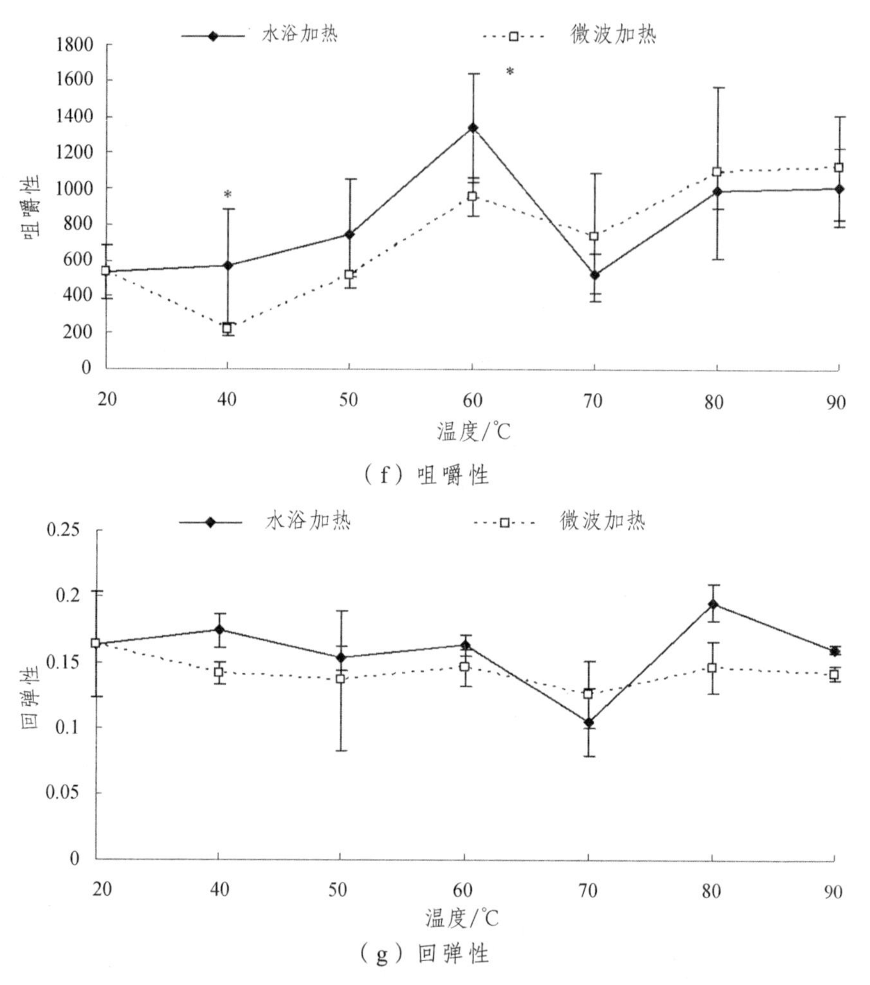

（f）咀嚼性

（g）回弹性

图 4-4 水浴和微波加热过程中牛半腱肌肉质构特性变化（平均值±标准差，n=3）

TPA 分析法是反映肉在加热过程中质构特性变化的重要方法和手段，由图 4-4 可见，除黏着性和回弹性外，不同加热终点温度和加热方式对肉的质构特性都存在显著影响。

在加热终点温度达到 65 °C 之前，水浴加热牛肉硬度大于微波加热，而在 65 °C 之后呈相反趋势，并且当加热温度为 80 °C 和 90 °C，牛肉硬度在两种加热方法之间存在显著差异（P<0.05）。水浴加热当温度为 60 °C 时，牛肉硬度最大。牛肉黏着性随加热温度呈无规则变化，黏着性和回弹性在两种加热方法间无显著差异（P>0.05）。当加热温度为 40 °C 时，牛肉弹性和凝聚性在两种加热方法间存在显著差异（$P<0.05$）。在两种加热方法中，牛肉胶黏性和咀嚼性的变化趋势一致，当加热温度为 60 °C 时，水浴加热牛肉胶黏性和咀嚼性达到最大值，且与微波加热存在显著差异（$P<0.05$）。

综合上述 TPA 参数分析可见，加热终点温度 60 °C 和 65 °C 分别是影响水浴和微波加热牛肉质构特性的关键加热温度。

4.2.4 胶原蛋白含量及溶解性变化分析

水浴和微波加热过程中牛半腱肌肉中总胶原蛋白、可溶性胶原蛋白和不溶性胶原蛋白含量的变化见图 4-5。

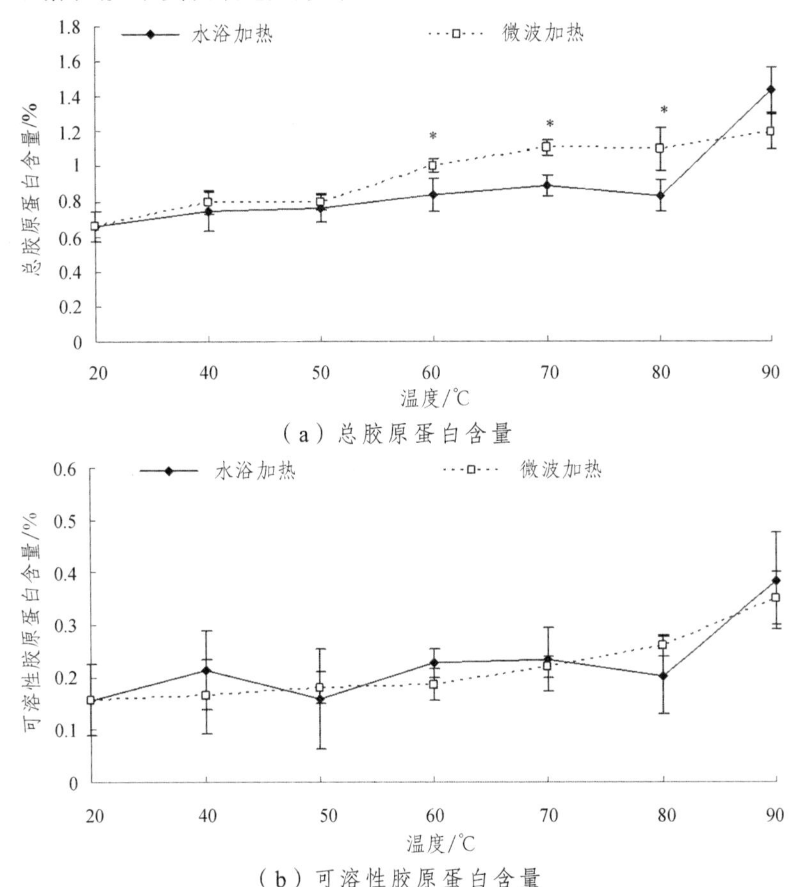

（a）总胶原蛋白含量

（b）可溶性胶原蛋白含量

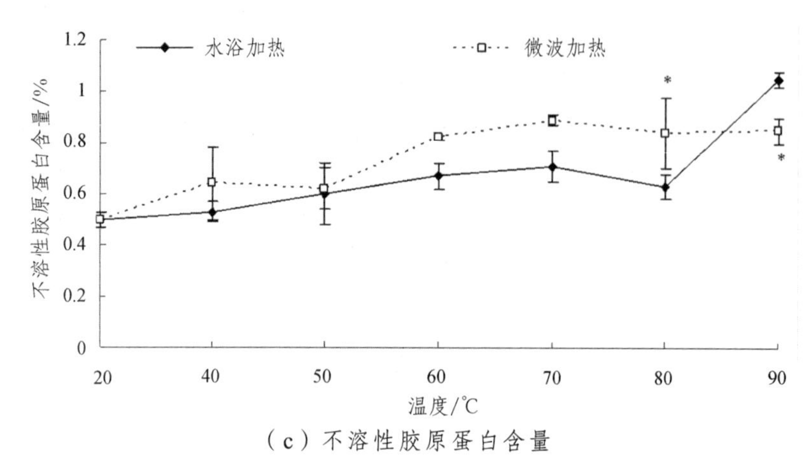

（c）不溶性胶原蛋白含量

图 4-5　水浴和微波加热过程中牛半腱肌肉胶原蛋白含量的变化
（占样品湿重的百分比，平均值±标准差，n=3）

胶原蛋白的含量随着加热终点温度的升高呈递增趋势，胶原蛋白含量的这种变化与在加热过程中肉蒸煮损失的增加有关。当加热温度为 60 °C、70 °C 和 80 °C 时，微波加热牛肉总胶原蛋白含量显著高于水浴加热（P<0.05）。当加热温度为 80 °C 和 90 °C 时，两种加热方法之间牛肉不溶性胶原蛋白含量存在显著差异（P<0.05），而可溶性胶原蛋白含量在两种加热方法间无显著差异（P>0.05）。在两种不同的加热方法中，牛半腱肌肉中总胶原蛋白和不溶性胶原蛋白含量变化相一致[图 4-5（a）和（c）]。

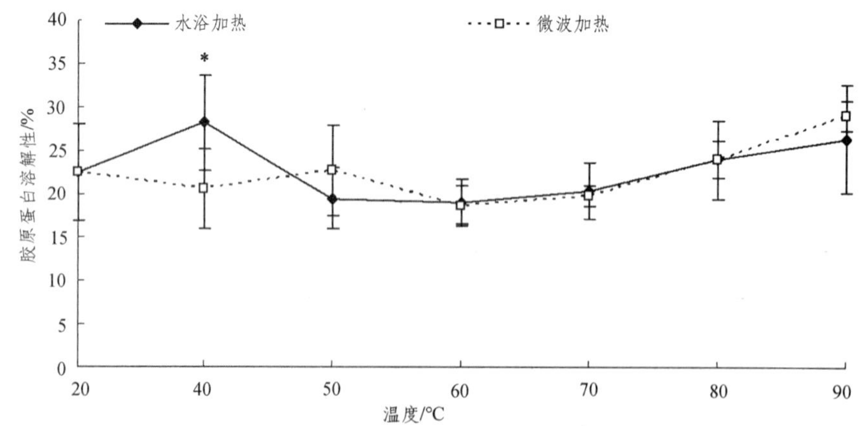

图 4-6　水浴和微波加热过程中牛半腱肌胶原蛋白溶解性的变化
（平均值±标准差，n=3）

由图 4-6 可见，加热温度为 40 °C 时，水浴加热牛肉胶原蛋白溶解性显著高于微波加热（$P<0.05$），其他加热终点温度处，牛半腱肌肉胶原蛋白溶解性在两种加热方法间无显著差异（$P>0.05$）。

4.2.5 肌内结缔组织机械强度变化

加热过程中，肌内结缔组织机械强度呈三阶段变化（图 4-7）。

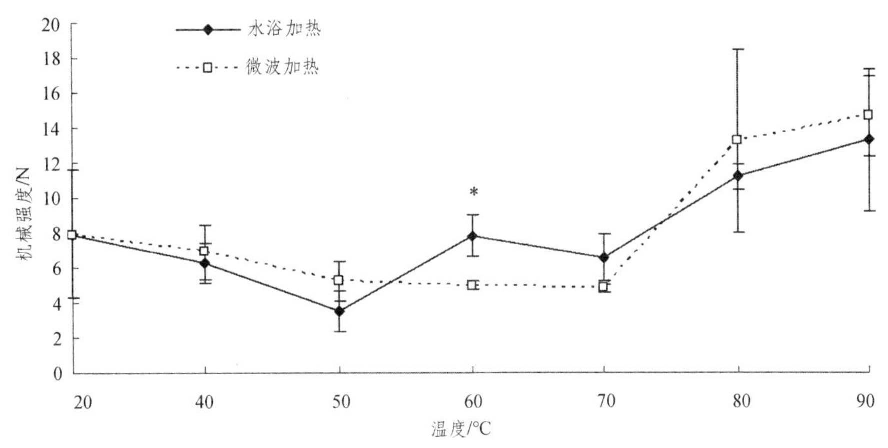

图 4-7 水浴和微波加热过程中牛半腱肌结缔组织机械强度的变化（平均值±标准差，$n=3$）

在加热终点温度达到 50 °C 之前，两种加热方法中，牛半腱肌结缔组织机械强度降低；在 50 ~ 70 °C，水浴加热牛肉结缔组织机械强度呈先增后降趋势，而微波加热中无明显变化；当加热终点温度达到 70 °C 之后，结缔组织机械强度在两种加热方法中均随温度升高而增加。并且当温度为 60 °C 时，肌内结缔组织机械强度在两种加热方法间存在显著差异（$P<0.05$）。肉在加热过程中，结缔组织机械强度的变化与肉中蛋白质的结构以及溶解性变化有关，特别是骨架蛋白等一些结构性蛋白的变化。

4.2.6 肌束膜和肌内膜含量变化及差示扫描量热分析

由图 4-8（a）可见，微波加热过程中肌束膜含量随加热终点温度的升高而递增，而水浴加热过程中肌束膜含量无明显变化。微波加热过程中，牛半腱肌肌束膜含量在每个加热温度点均高于水浴加热，且当加热终点温度为 60、70、80 和 90 °C 时，两种加热方法间肌束膜含量存在显著（$P<0.05$）或极显著（$P<0.01$）差异。

在水浴和微波加热过程中，牛肉肌内膜含量随加热温度的升高而降低[图 4-8（b）]，当温度达到 60 °C 之后，变化趋势较为平缓，且当温度为 40 °C 和 50 °C 时，两种加热方法间，肌内膜含量呈极显著（$P<0.01$）和显著（$P<0.05$）差异。

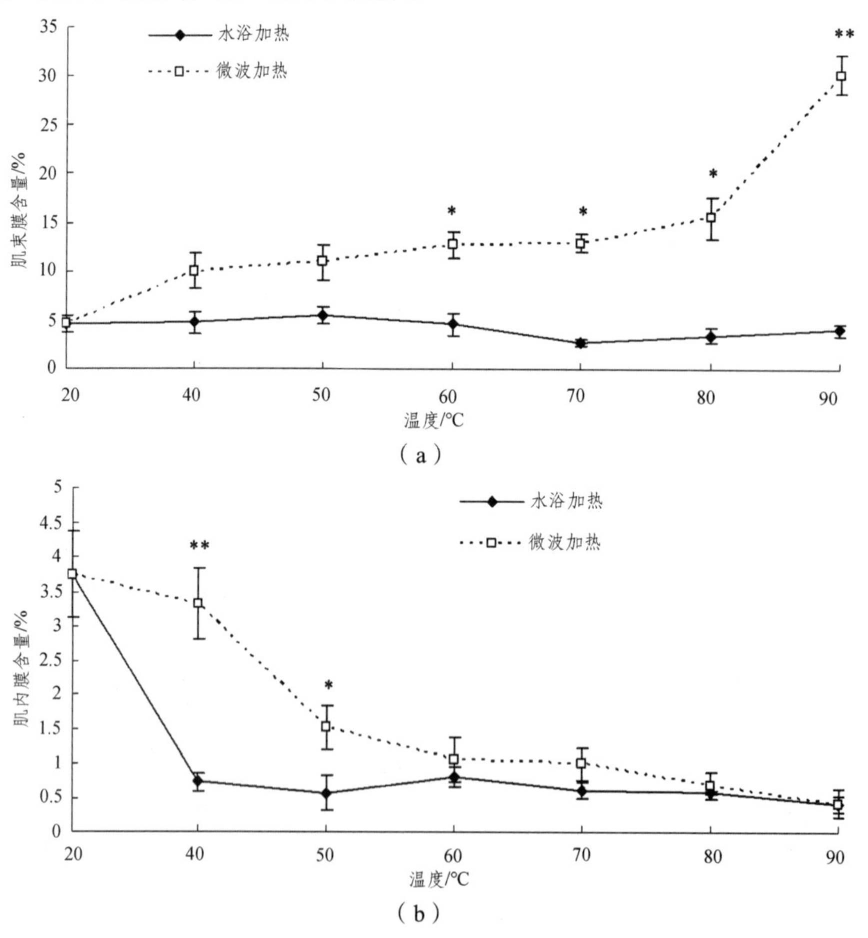

图 4-8 水浴和微波加热过程中牛半腱肌肌束膜（a）和肌内膜（b）含量的变化（占样品湿重的百分比，平均值±标准差，$n=3$）

注：*表示差异显著（$P<0.05$），**表示差异极显著（$P<0.01$），下同

水浴和微波加热过程中，牛半腱肌肌束膜和肌内膜最大热变性温度分别如图 4-9 所示。肌束膜的最大热变性温度高于肌内膜的最大热变性温度，分别为 65 °C 和 55 °C 左右。在两种加热过程中，随加热终点温度的升高，肌束膜的最大热变性温度呈下降趋势，在加热终点温度达到 70 °C 之前，微波加热过程中肌束膜的最大热变性温度显著高于水浴加热（$P<0.05$）。而微波加热中，在各加热终点温度，肌内膜的最大热变性温度均高于水浴加热过程，说明微波加热对牛半腱肌肌内膜的热稳定影响小于水浴加热；且在 70 °C 呈显著差异（$P<0.05$）。

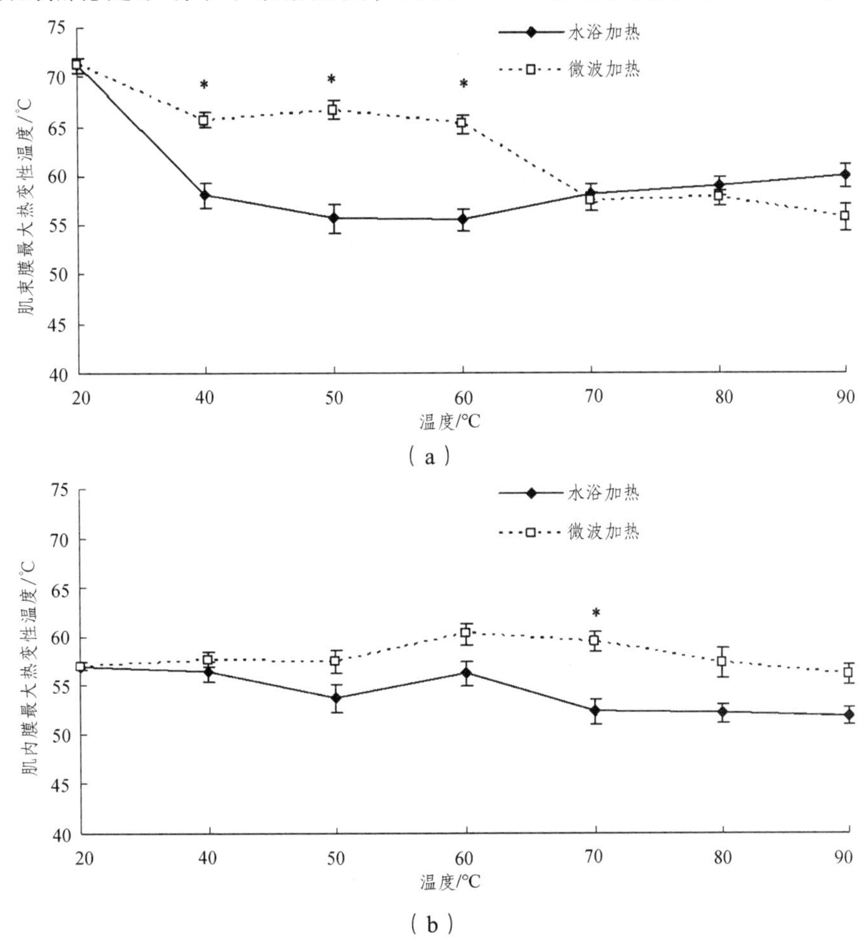

图 4-9　水浴和微波加热过程中牛半腱肌肌束膜（a）和肌内膜（b）最大热变性温度的变化（平均值±标准差，$n=3$）

结合图 4-9 曲线的变化趋势可得出，水浴和微波加热过程中，加热终点温度 60 °C 是影响牛半腱肌肌束膜和肌内膜最大热变性温度的关键加热温度。

4.2.7 组织学观察及肌纤维直径和肌束膜厚度变化

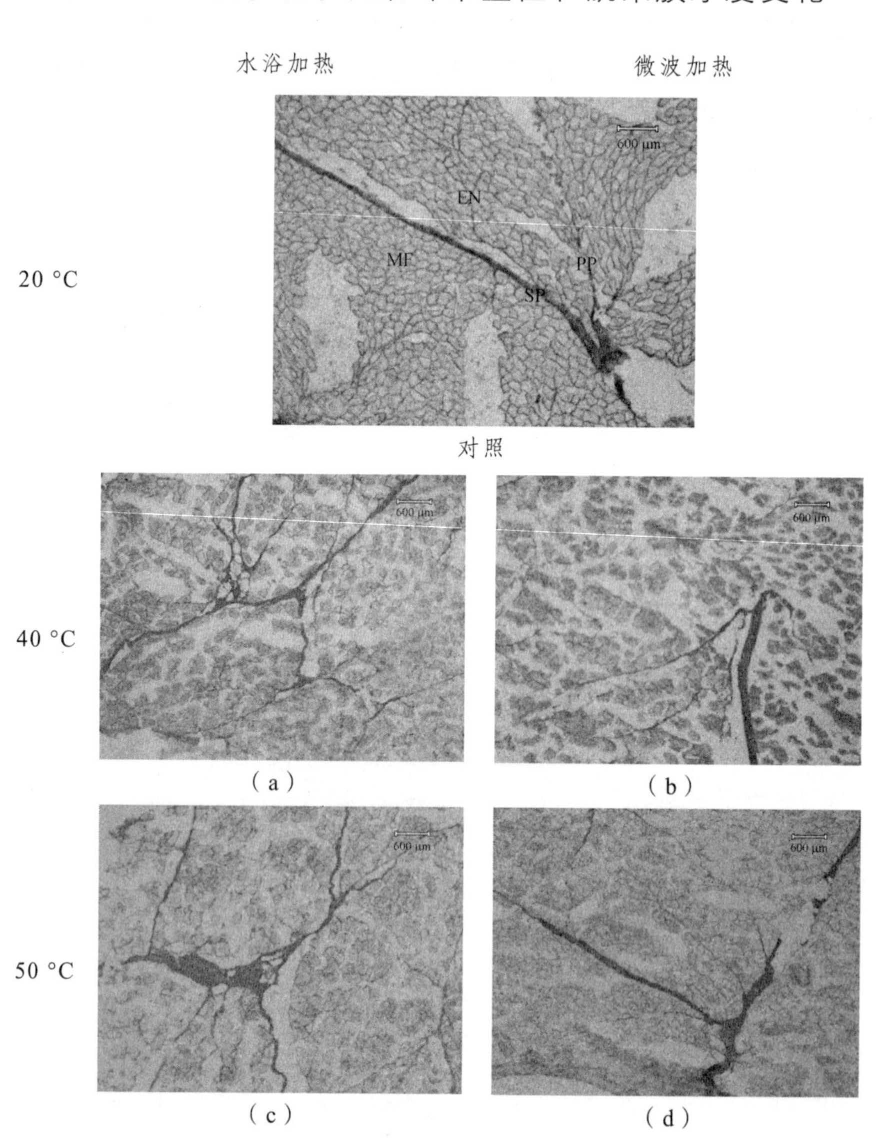

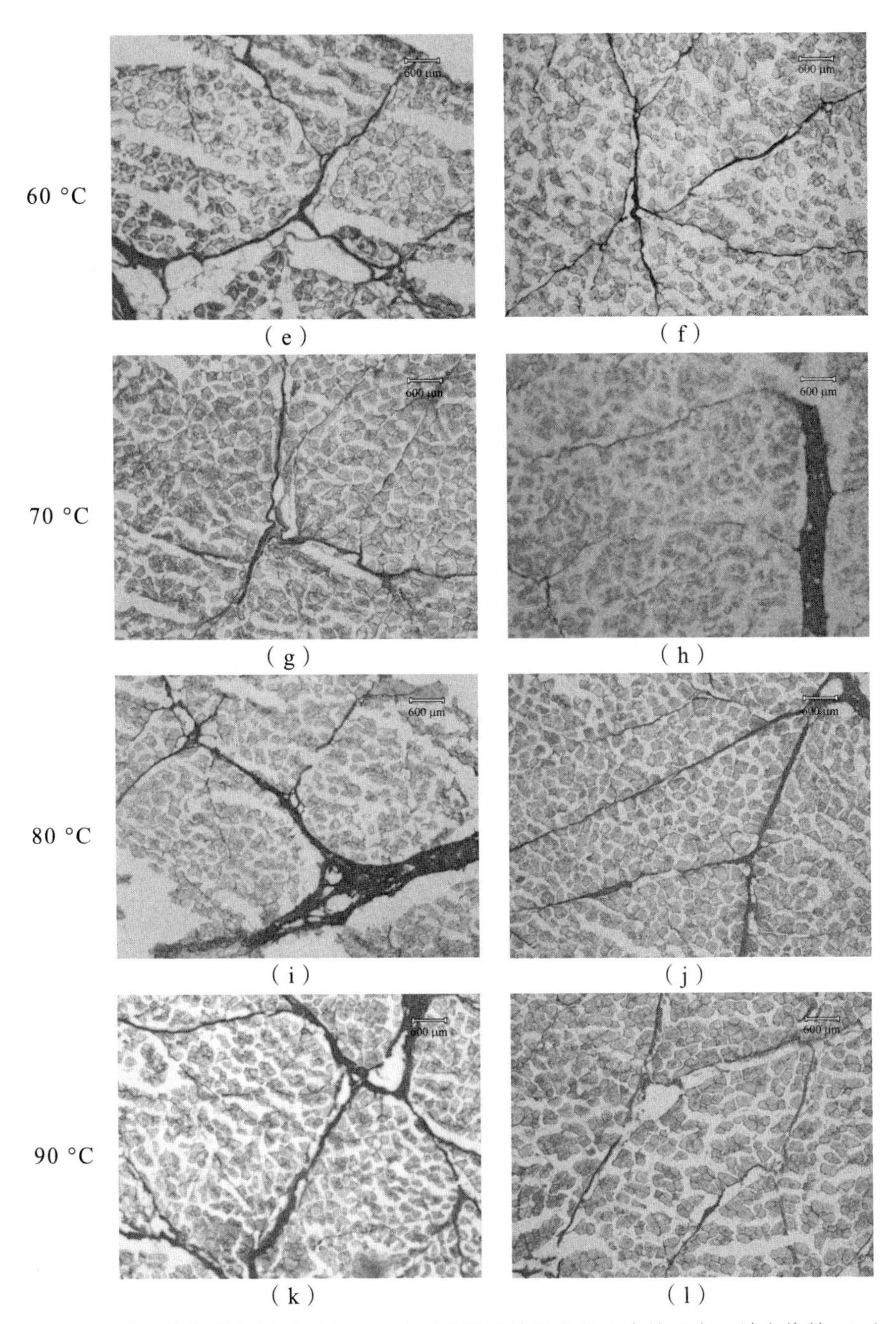

图 4-10 水浴和微波加热过程中牛半腱肌组织学结构变化（光镜观察，放大倍数 100）

PP—初级肌束膜；SP—次级肌束膜；EN—肌内膜；MF—肌纤维

组织学观察和分析表明，在水浴和微波加热过程中，随着加热终点温度的升高，肉的组织结构发生越来越明显的变化，主要表现为肌纤维的收缩而导致肌束间空隙变大，肌束膜和肌内膜受到不同程度的破坏，甚至部分肌内膜发生消失。当加热终点温度为 50、60 和 70 °C 时，分别对水浴加热和微波加热而言，热处理对肉样组织结构的影响几乎一致。总体而言，微波加热对牛半腱肌肉结构的破坏较水浴加热小（图 4-11）。

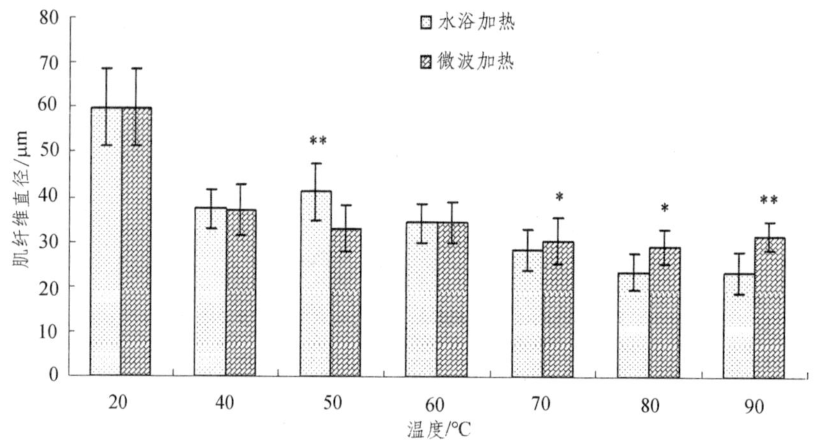

图 4-11　水浴和微波加热过程中牛半腱肌肌纤维直径的变化
（平均值±标准差，n=100）

肌纤维直径在加热过程中均呈下降趋势，对于微波加热而言，当加热终点温度达 70 °C 之后，下降速度较为平缓。

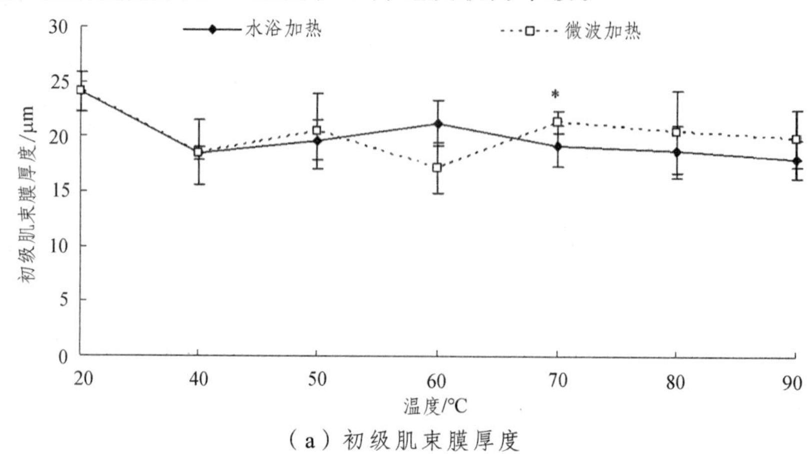

（a）初级肌束膜厚度

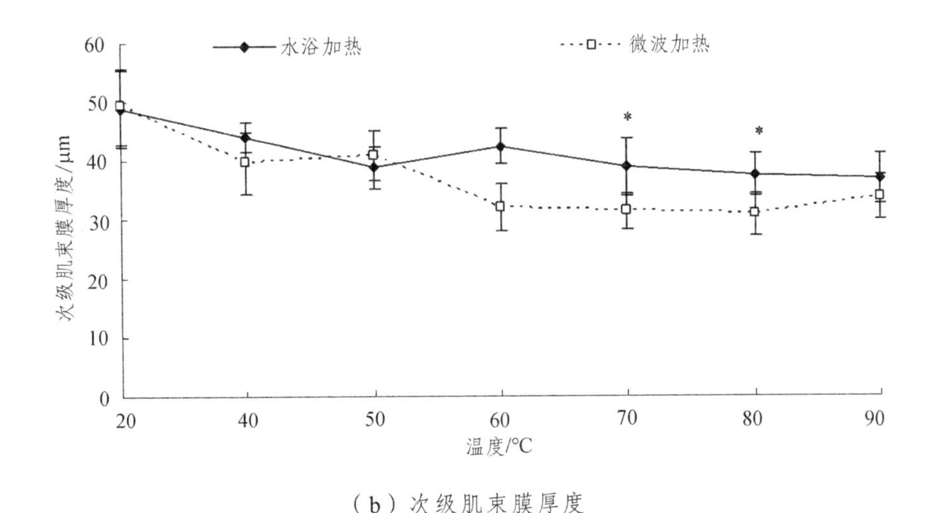

（b）次级肌束膜厚度

图 4-12 水浴和微波加热过程中牛半腱肌肌束膜厚度的变化
（平均值±标准差，n=100）

由图 4-12 可见，在水浴和微波加热过程中，与对照组相比，牛半腱肌肉经加热后，初级肌束膜和次级肌束膜厚度均降低。初级肌束膜厚度随加热终点温度的升高变化较小，而次级肌束膜厚度在加热过程中逐渐减小。

4.2.8 扫描电镜观察

从扫描电镜照片可以看出牛肉肌束膜和肌内膜在水浴和微波加热过程中结构的变化情况（图 4-13）。未经加热肉样（对照组）中，肌束膜和肌内膜结构规则，且清晰可见，肌纤维和肌内膜结合紧密。当加热到 40 °C 时，肌内膜结构发生轻微的变化[图（a）和（b）]。50 °C 时肌纤维与肌内膜开始分离[图（c）和（d）]，70 °C 时肌内膜的完整性被破坏[图（g）和（h）]。在加热过程中，肌束膜出现颗粒化现象，且随着加热温度的升高，颗粒化现象越明显。水浴加热对肉肌内膜和肌束膜结构的破坏较微波加热严重。

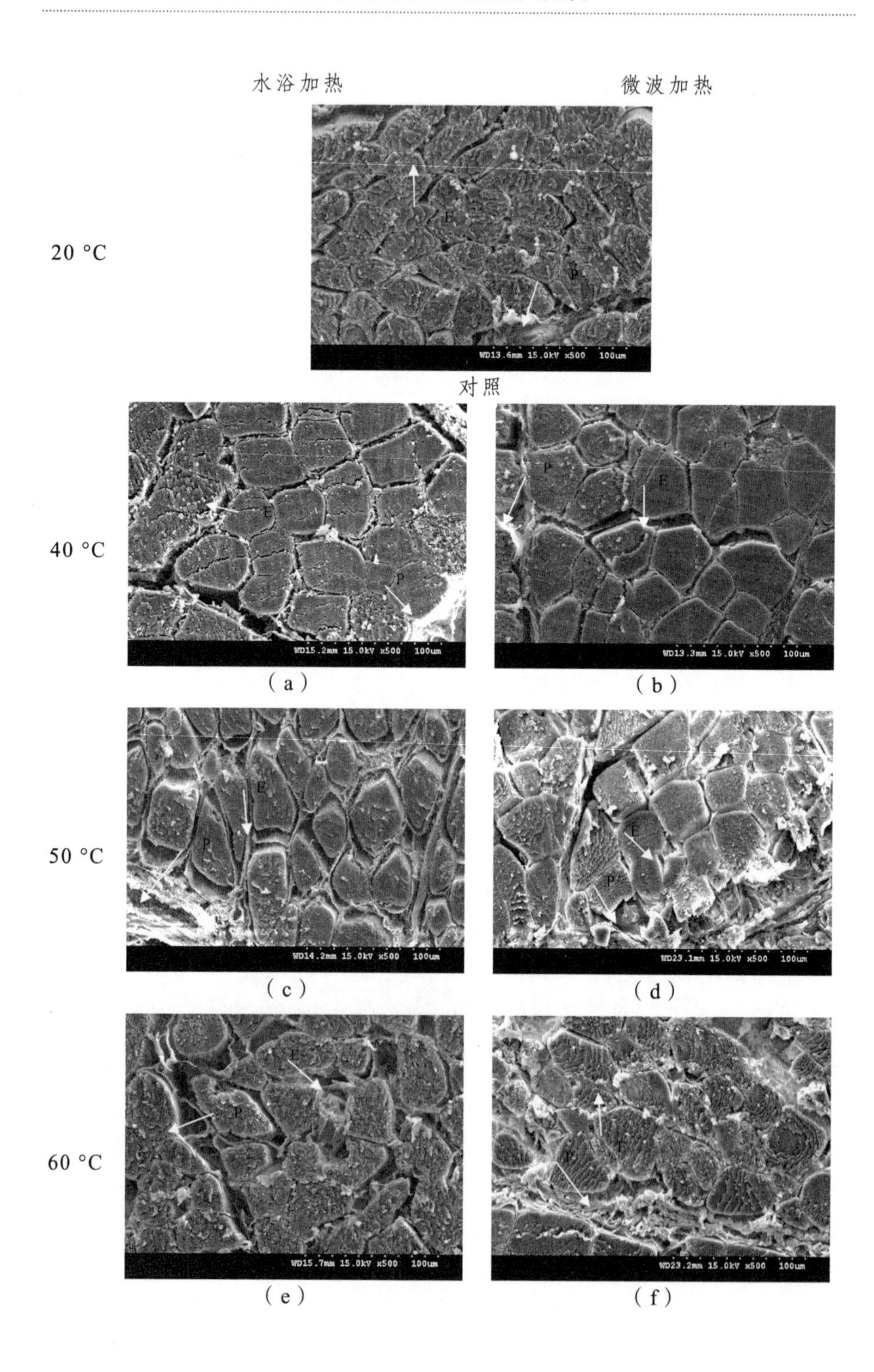
水浴加热
微波加热
20 °C
40 °C
50 °C
60 °C
对照
(a)
(b)
(c)
(d)
(e)
(f)
E
P
WD13.6mm 15.0kV x500 100um
WD15.2mm 15.0kV x500 100um
WD13.3mm 15.0kV x500 100um
WD14.2mm 15.0kV x500 100um
WD23.1mm 15.0kV x500 100um
WD15.7mm 15.0kV x500 100um
WD23.2mm 15.0kV x500 100um

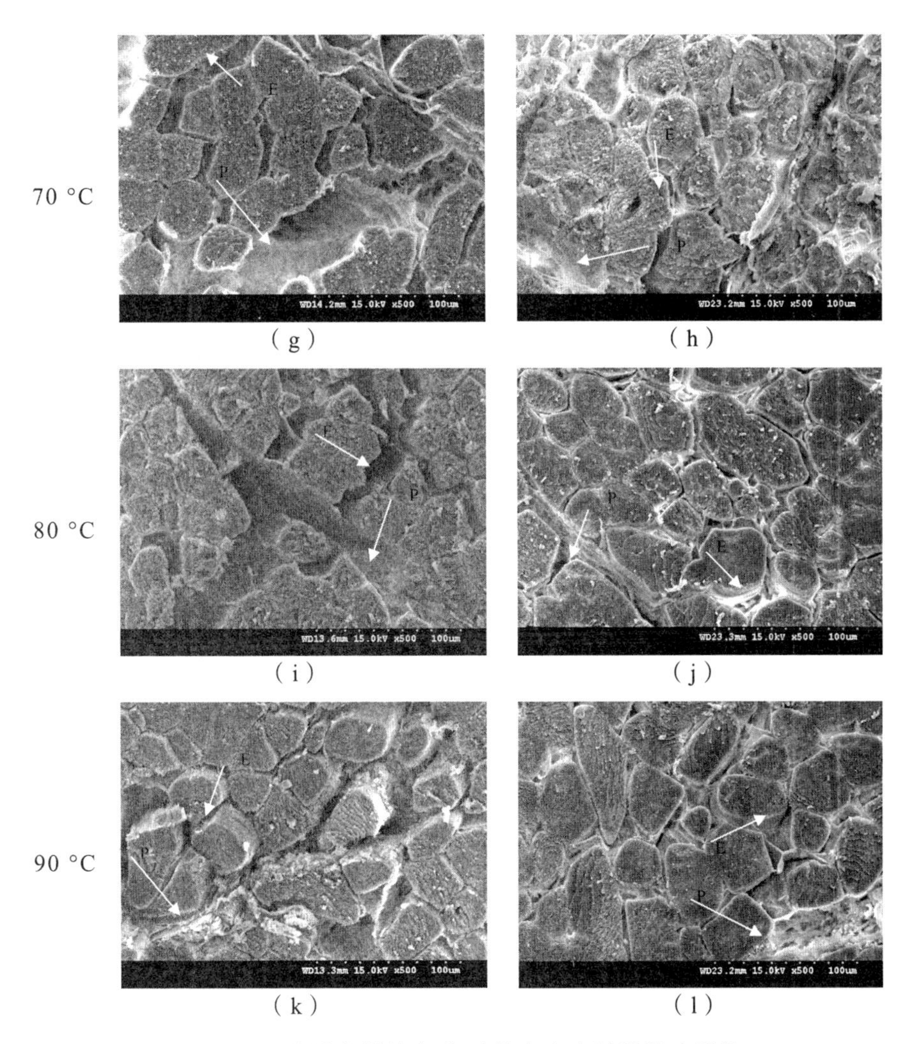

图 4-13　水浴和微波加热过程中牛半腱肌肌束膜和肌内膜微观结构变化（放大倍数 500）

P—肌束膜；E—肌内膜

水浴和微波加热过程中，胶原纤维结构变化见图 4-14。胶原纤维由胶原蛋白构成，是肌束膜和肌内膜的主要组成成分，在加热过程中，胶原纤维发生变性和凝胶化现象[图（c）和（d）]，部分发生溶解。当加热温度达 90 °C 时，胶原纤维发生凝聚和颗粒化现象[图（e）]，Palka 和 Daun（1999）也报道了相似的研究结论[43]。本研究中，水浴和微波加热处理可对肌内胶原纤维结构产生显著影响，因而会影响肉的质构特性。

水浴加热　　　　　　微波加热

20 °C

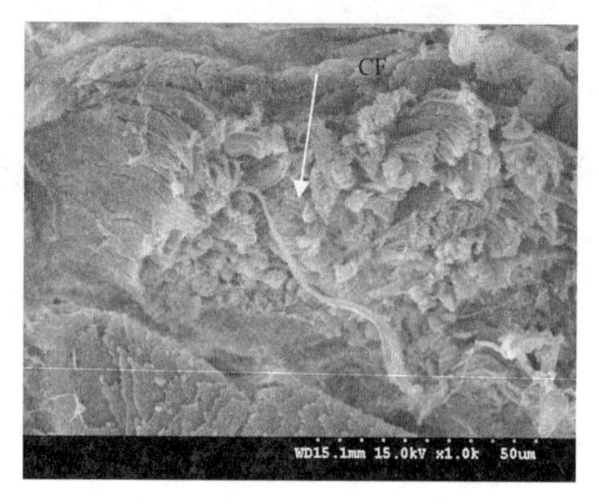

对照（×1 000）

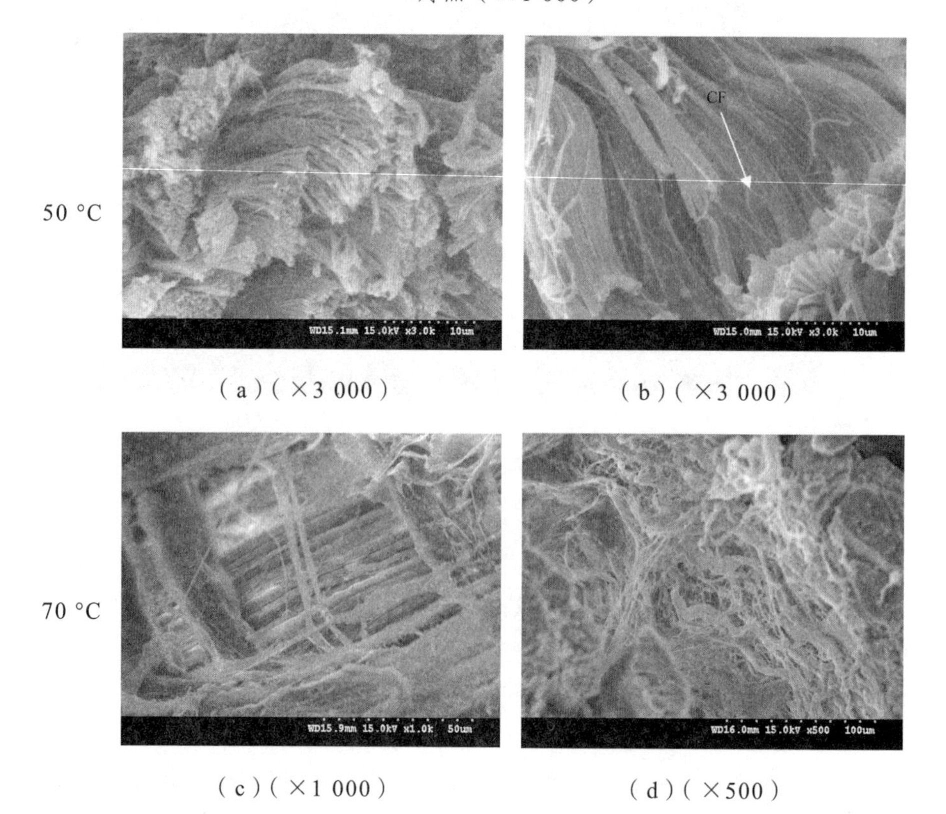

50 °C

（a）（×3 000）　　（b）（×3 000）

70 °C

（c）（×1 000）　　（d）（×500）

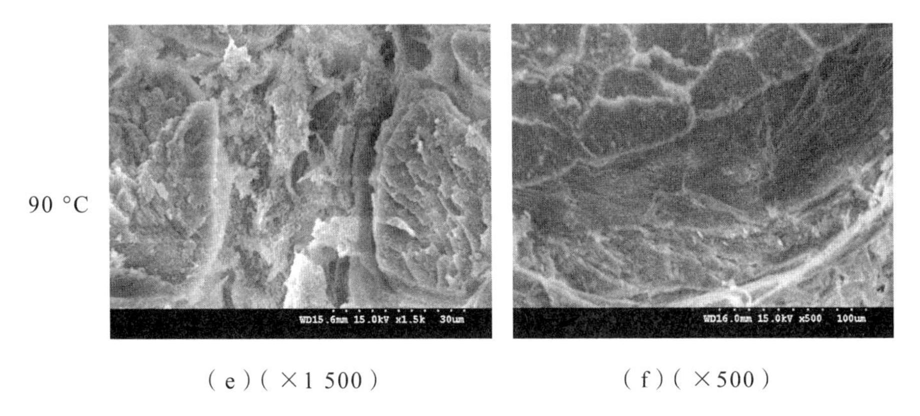

（e）（×1 500）　　（f）（×500）

图 4-14　水浴和微波加热过程中牛半腱肌胶原纤维微观结构变化

CF—胶原纤维

4.2.9　胶原蛋白特性变化与肉品质相关性分析

由表 4-2 和表 4-3 相关性分析可见，水浴加热过程中，牛半腱肌肌肉蒸煮损失与总胶原蛋白和不溶性胶原蛋白含量呈极显著正相关（$P<0.01$），与可溶性胶原蛋白含量呈显著正相关（$P<0.05$）；牛肉剪切力值与肌内结缔组织机械强度呈显著正相关（$P<0.05$）；肌纤维直径与可溶性胶原蛋白的含量、肌内膜的含量以及最大热变性温度、肌束膜的厚度都显著相关（$P<0.05$）。在微波加热过程中，胶原蛋白的含量都与肉品质和结缔组织特性（肌束膜和肌内膜的含量以及热力特性等）存在显著（$P<0.05$）或极显著（$P<0.01$）相关。由此说明，水浴和微波加热过程中牛肉剪切力值和蒸煮损失等肉品质的变化与结缔组织和胶原蛋白特性变化有关。

表 4-2 水浴加热过程中胶原蛋白特性变化与牛肉品质相关性分析（n=21）

	CL	WBSF	FD	TCC	SCC	ISCC	CS	MS	PC	EC	P-T_p	E-T_p	PPT	SPT
CL	1	0.948**	−0.888*	0.817**	0.474*	0.830**	0.074	0.919**	−0.499	−0.629	0.648	−0.663	−0.320	0.413
WBSF		1	−0.924**	0.767	0.787	−0.563	0.567	0.899*	−0.534	−0.717	0.720	−0.791	−0.461	0.347
FD			1	−0.715	−0.758*	−0.538	−0.717	−0.491	0.576	0.870*	0.676	0.780*	0.855*	0.440
TCC				1	0.758**	0.894**	0.314	0.697	−0.426	−0.503	−0.248	−0.682	−0.562	−0.099
SCC					1	0.385	0.844**	0.850*	−0.578	−0.446	−0.132	−0.578	−0.631	−0.334
ISCC						1	−0.135	0.424	−0.230	−0.450	−0.294	−0.635	−0.393	0.114
CS							1	0.726	−0.639	−0.417	−0.152	−0.384	−0.612	−0.513
MS								1	−0.451	−0.069	0.210	−0.406	−0.241	0.069
PC									1	0.214	0.006	0.580	0.301	−0.019
EC										1	0.928**	0.617	0.897**	0.620
P-T_p											1	0.368	0.691	0.524
E-T_p												1	0.692	0.102
PPT													1	0.770*
SPT														1

CL—蒸煮损失；WBSF—剪切力值；FD—肌纤维直径；TCC—总胶原蛋白含量；SCC—可溶性胶原蛋白含量；ISCC—不溶性胶原蛋白含量；CS—胶原蛋白溶解性；MS—结缔组织机械强度；PC—肌束膜含量；EC—肌内膜含量；P-T_p—肌束膜最大热变性温度；E-T_p—肌内膜最大热变性温度；PPT—初级肌束膜厚度；SPT—次级肌束膜厚度。

注：* 表示差异显著（$P<0.05$），** 表示差异极显著（$P<0.01$）。

表 4-3 微波加热过程中胶原蛋白特性变化与牛肉品质相关性分析（n=21）

	CL	WBSF	FD	TCC	SCC	ISCC	CS	MS	PC	EC	P-T_p	E-T_p	PPT	SPT
CL	1	0.295	−0.711	0.839**	0.766**	0.653**	0.357	0.826*	0.807	−0.832*	−0.820*	−0.340	0.192	−0.244
WBSF		1	−0.767	0.107	0.222	−0.005	0.393	−0.073	−0.106	−0.684	−0.239	0.200	0.518	0.085
FD			1	−0.782*	−0.704	−0.691	−0.719	−0.150	−0.577	0.821*	0.766*	−0.202	0.618	0.286
TCC				1	0.690**	0.927**	0.160	0.626	0.845*	−0.829*	−0.955**	−0.056	−0.404	−0.270
SCC					1	0.369	0.798**	0.611	0.947**	−0.858*	−0.826*	−0.313	−0.250	−0.193
ISCC						1	−0.207	0.521	0.621	−0.657	−0.867*	0.128	−0.434	−0.272
CS							1	0.333	0.765*	−0.811*	−0.618	−0.245	−0.265	−0.176
MS								1	0.703	−0.338	−0.553	−0.715	0.106	−0.342
PC									1	−0.728	−0.793*	−0.356	−0.302	−0.219
EC										1	0.813*	−0.140	0.372	0.252
P-T_p											1	0.076	0.201	0.000
E-T_p												1	−0.439	0.049
PPT													1	0.639
SPT														1

CL—蒸煮损失；WBSF—剪切力值；FD—肌纤维直径；TCC—总胶原蛋白含量；SCC—可溶性胶原蛋白含量；ISCC—不溶性胶原蛋白含量；CS—胶原蛋白溶解性；MS—结缔组织机械强度；PC—肌束膜含量；EC—肌内膜含量；P-T_p—肌束膜最大热变性温度；E-T_p—肌内膜最大热变性温度；PPT—初级肌束膜厚度；SPT—次级肌束膜厚度。

注：* 表示差异显著（$P<0.05$），** 表示差异极显著（$P<0.01$）。

4.3 讨 论

4.3.1 加热过程中肉品质变化分析

在水浴和微波加热过程中，牛半腱肌肉蒸煮损失随加热终点温度的升高而增加，这一结论与 Palka 和 Daun（1999）[43]，Palka（2003）[44]的研究报道相一致。Kong et al.（2008）也报道了大麻哈鱼和鸡胸肉随加热时间的延长，其蒸煮损失增加[22]。这一变化的主要原因是在加热过程中，肌纤维会发生纵向或横向不同程度的收缩，肌肉蛋白发生聚集或变性，导致肌肉结构的破坏、一些热溶性成分的溶解以及部分蛋白的变性[45]。另外，还可能由于加热过程中肌浆蛋白的聚集变性、凝胶的形成以及结缔组织可溶性胶原蛋白的溶解和变性作用，致使蒸煮损失增加[26]。加热过程中肉蒸煮损失的变化与肉中不同的蛋白质在不同温度条件下的变性有关。加热早期的水分损失主要与肌浆蛋白的变性有关，如大部分肌浆蛋白在 45 ~ 50 °C 时就发生凝固[46]，致使肌肉开始失水，并且温度越高，蛋白质凝固得越多也越快，其失水也越多；当温度达到 50 °C 以后，肉内部有更多的蛋白质变性凝固，特别是肌球蛋白在 55 ~ 60 °C 时开始变性[46]。另外，随温度的增加，肉中另外一种重要组成蛋白肌动蛋白也开始变性。随着这些蛋白质变性凝固和收缩，减少了肌原纤维间的水分存储空间，同时蛋白的变性和疏水基团的暴露致使蛋白自身的亲水能力降低，肉内水分流出，从而使得其蒸煮损失明显增大[47]；直到温度升到 80 °C，由于肉中的胶原转变成明胶吸收部分水分，弥补了肌肉中水分的流失，使肉的蒸煮损失幅度有所下降[47]。

嫩度是肉的重要食用品质，剪切力是衡量肉品嫩度的常用指标之一。加热引起的肉嫩度变化主要是肉中肌原纤维蛋白和胶原蛋白的热变性所致，热处理会给肌肉中不同蛋白质带来结构性的变化[48-50]。有报道称肉在加热过程中，嫩度的变化主要发生在两个阶段，即加热温度为 40 ~ 50 °C 以及 65 °C 以上[40]。在本研究的加热过程中，不同的加热方法，肉剪切力值的增加发生在不同的阶段：对水浴加热，第一阶段发生在 70 °C 之前，第二阶段为 70 °C 之后；而对微波加热，第一阶段发生在 40 ~ 50 °C，第二阶段为 50 °C 之后。肉的嫩度由结缔组织和肌原纤维两大成分决定，因而，肉在加热过程中嫩度的变化与这两种成分有关。有研究指出，第一阶段剪切力值的增加是由胶原蛋白的热诱导变性作用所致,第二阶段的变化由肌原纤维成分的变化决定[51, 52]。而另有研究称，第一阶段的变化由肌原纤维成分决定，第二阶段的变化却由结缔组织蛋白成分决定[53, 54]。近来有研究指出，加热过程中肉嫩度的变化是由结缔组织、肌原纤维和肌浆蛋白等成分的共同作用所致[55]。

和水浴加热相比，在达到相同的加热终点温度时，微波加热所用时间较短，且微波加热过程中肉块受热不均匀，因此，肉嫩度的变化在两种加热方法中不相一致。本研究认为造成这种变化差异的主要原因是不同的加热方法和受热时间过程中，肌内结缔组织成分，如肌束膜和肌内膜胶原蛋白的热诱导变化不同，差示扫描量热分析也证明了这一变化。

本研究中不同的加热方法和加热终点温度对肉的质构有不同程度的影响。硬度是反映使样品变形所需要的力，食品保持形状的内部结合力，是质构研究最常用的指标之一[25]，本试验中加热对肉硬度造成的不同影响主要是由于不同的加热方法中，肌肉蛋白成分包括肌原纤维蛋白和胶原蛋白发生不同程度的变性。弹性是表示物体在外力作用下发生形变，当撤去外力后恢复原来形状的能力，有研究表明肉的弹性与肌球蛋白和 α-肌动蛋白的变性有关，一般发生在 65 °C 左右[56]。黏着性表示食品表面与其他物体（舌、齿、腭等）粘在一起的力；凝聚性对咀嚼有较强地和持续地抵抗；胶黏性与硬度及凝聚性有关，表示为将半固体食品咀嚼到可以吞咽时所需要的功；咀嚼性与硬度、凝聚性、弹性有关，将固体食品咀嚼到可以吞咽时所需要的功；回弹性表示为产品努力恢复到最初状态的能力（可理解为瞬时的弹性）[25]。加热过程中，肉样胶黏性和咀嚼性的变化一致，咀嚼性与硬度、凝聚性和弹性有关，由此可见，各质构参数相互之间也存在影响。从本实验结果可以看出,加热终点温度 60 °C 和 65 °C 分别是影响水浴和微波加热牛肉质构特性的关键加热温度，另外，本研究发现结缔组织胶原蛋白的最大热变性温度也在该温度范围内，这就充分证明了热诱导的胶原蛋白热力特性的变化对肉品质的影响，特别是肉的质构特性，这也在后面的扫面电镜观察中可以得到进一步的证实。

在水浴和微波加热过程中，肌纤维直径减小，主要是由于肌原纤维超微结构因受热而发生的异质性变化，肌原纤维细丝在加热过程中发生溶解形成无定形的凝结状态，在加热过程中，蒸煮损失的增加也会在一定程度上导致肌纤维直径的减小[25]。

4.3.2 加热过程中结缔组织胶原蛋白特性变化分析

4.3.2.1 胶原蛋白含量及溶解性变化

牛半腱肌肉中总胶原蛋白含量低于1%（占肉样湿重）[57]，本研究中总胶原蛋白含量测得值为 0.66%，属于正常范围。胶原蛋白的含量随着加热终点温度的升高呈递增趋势，胶原蛋白含量的这种变化与在加热过程中蒸煮损失增加、部分肌浆蛋白流出以及干物质含量下降有关，另外可能与加热过程中胶原蛋白的明胶化转化有关[25]。Palka（2003）通过研究牛半腱肌肉在烤炉中加热对胶原蛋白含量的影响，也得出了与本研究相似的结论[44]。而这一结论有别于 Vasanthi et al.（2007）的研究结果[45]，可能是由于不同研究中，所用实验材料的属种不同，还有加热方法、温度和时间的差别。胶原蛋白含量在两种不同加热方法之间的差异主要因为不同的加热过程中，牛肉蒸煮损失的不同，因而导致可溶性胶原蛋白的不同变化，总胶原蛋白含量也会有差别。在水浴和微波加热过程中，总胶原蛋白和不溶性胶原蛋白都表现出相同的变化趋势，因此，胶原蛋白含量的表达方式并不影响其总体的变化趋势，与 Seideman（1986）[58] 和李春保（2006）[59] 的研究结果一致。尽管前人研究认为胶原蛋白的含量和溶解性与牛肉剪切力值之间具有较强的相关性[60]，而 Li et al.（2008）研究发现胶原蛋白的含量和溶解性与牛肉剪切力值之间的相关性却较差[40]。而本研究相关性分析表明，在水浴和微波加热过程中，牛肉剪切力值分别与总胶原蛋白和可溶性胶原蛋白含量以及胶原蛋白溶解性呈正相关，与不溶性胶原蛋白含量呈负相关，但相关性不显著。

4.3.2.2 肌内结缔组织机械强度变化

肉在加热过程中，结缔组织和胶原蛋白的机械强度部分地与肌原纤维的收缩有关，肌束膜和肌内膜结缔组织的机械强度取决于单个胶原纤维的排列方式和方向，以及一些非胶原蛋白成分的作用[38]。Bouton et al.（1981）报道当肉在 50～60 °C 内加热时，延长加热时间会对结缔组织强度有重要影响[52]。结缔组织机械强度的变化也在一定程度上反映了肉嫩度（剪切力值）的变化[61]。肉在加热过程中，结缔组织强度的变化与肉中蛋白质的结构以及溶解性变化有关。本研究中，当加热到终点温度 50 °C 以上时，不溶性胶原蛋白的含量显著增加，而结缔组织的强度也增加，由相关性分析也可表明，不溶性胶原蛋白含量的变化与结缔组织机械强度之间存在正相关性。

4.3.2.3 肌束膜和肌内膜含量变化及热稳定性 DSC 分析

肌束膜和肌内膜是组成结缔组织的主要成分，牛肉肌内膜含量随加热温度的升高而降低，可能是由于在加热过程中肌内膜胶原蛋白发生热诱导的变性以及凝胶化转化，扫描电镜照片也证明了这一变化。而肌束膜含量在微波加热过程中明显增加，对水浴加热变化不明显，其主要原因是肌束膜是结缔组织滤渣的主要成分，在加热过程中，结缔组织滤渣成分会增加，肌束膜在加热过程中发生变性，与肌纤维成分更难于分离[40]；而微波加热的不均匀性受热[62]，使得这种变性和难于分离更为显著，导致肌束膜含量随加热温度的增加而增加。Light et al.（1985）认为肌束膜胶原蛋白对肉嫩度的影响大于肌内膜胶原蛋白，结缔组织的量主要由肌束膜决定，而肌内膜起次要作用[12]。微波加热过程中，肌束膜和肌内膜的含量均高于水浴加热，说明由于微波加热过程的不均匀性受热，对肌内结缔组织的影响小于水浴加热。

肌束膜胶原蛋白的最大热变性温度高于肌内膜胶原蛋白，分别为 65 °C 和 55 °C 左右。在两种加热过程中，肌束膜胶原蛋白的最大热变性温度呈下降趋势，而肌内膜胶原蛋白的最大热变性温度在加热终点温度为 60 °C 时达到最大，形成一个转折点。Bailey 和 Light（1989）

报道哺乳动物胶原蛋白的最大热变性温度为 65 °C 左右，但对不同的动物属种和肌肉类型有也差别[63]。加热过程中肌束膜胶原蛋白的变性温度下降，表明其热稳定性降低。DSC 分析可见，在微波加热中，肌束膜和肌内膜的最大热变性温度都高于水浴加热，更进一步说明了微波加热对结缔组织的热力特性影响较水浴加热小。

4.3.2.4 肉样组织学、肌束膜厚度和胶原纤维微观结构变化

组织学观察发现，微波加热对肉结构的影响小于水浴加热，可能是由于微波加热所需时间较短，且加热过程中受热不均匀 [62]。热处理对肉的组织学结构有重要的影响，经热处理的肉其质构主要取决于溶化的胶原蛋白形成的凝胶网络结构以及肌原纤维蛋白和肌浆蛋白的变性与聚集[21]。肉经加热处理后，胶原纤维发生变性甚至部分溶化，肌细胞破裂，肌节收缩，肌纤维和肌束间形成较大的空隙，蛋白变性并在胞外发生聚集呈颗粒状。牛肉经加热后，结缔组织结构被弱化，肌束膜厚度减小，一方面是由于热处理导致的肌内胶原蛋白的变性以及凝胶化和溶化现象；另外，可能由于维持结缔组织结构的主要成分——肌间蛋白多糖在加热过程中的溶解导致肌束膜结构的变化和厚度的降低[64]。

肌束膜的主要成分是胶原蛋白，肌束膜结构的变化主要是加热对胶原蛋白特性的改变，在加热 70 °C 时，肌束膜内部出现了粒状结构，影响到肌束膜的总体外观结构，而肌内膜更易受加热的影响，由 DSC 分析表明，65 °C 时肌束膜中胶原蛋白发生变性，胶原纤维收缩，55 °C 时肌内膜中胶原蛋白变性，这种微观结构上的变化对牛肉剪切力值起着至关重要的作用。相比之下，肌内膜更容易发生变性[65]，因此也更容易受到热破坏，但肌内膜的变化对剪切力值的贡献要小于肌束膜[59]。

参考文献

[1] 周光宏，徐幸莲. 肉品学[M]. 北京：中国农业科技出版社，1999.

[2] YOUNG O A, BRAGGINS T J. Tenderness of ovine semimembranosus: is collagen concentration of solubility the critical factor [J]. Meat

Science, 1993, 35(3): 213-222.

[3] LIU A, NISHIMURA T, TAKAHASHI K. Relationship between structural properties of intramuscular connective tissue and toughness of various chicken skeletal muscles [J]. Meat Science, 1996, 43(1): 43-49.

[4] 赵改名，王艳玲，田玮. 影响牛肉嫩度的因素及其机制[J]. 国外畜牧科技, 2000, 27(2): 35-40.

[5] HOPKINS D L, THOMPSON J M. The relationship between tenderness, proteolysis, muscle contraction and dissociation of actomyosin [J]. Meat Science, 2001, 57(1): 1-12.

[6] 刘寿春，钟赛意，葛长荣. 肉品嫩化理论及嫩化方法的研究进展[J]. 肉类工业, 2005, 10: 19-21.

[7] DRANSFIELD E. Intramuscular composition and texture of beef muscles [J]. Journal of the Science of Food and Agriculture, 1977, 28(9): 833-842.

[8] NGAPO T M, BERGE P, CULIOLI J, et al. Perimysial collagen crosslinking and meat tenderness in Belgian Blue double-muscled cattle [J]. Meat Science, 2002, 61(1): 91-102.

[9] PURSLOW P P. Intramuscular connective tissue and its role in meat quality [J]. Meat Science, 2005, 70(4): 435-447.

[10] BORG T K, CAULFIELD J B. Morphology of connective tissue in skeletal muscle [J]. Tissue Cell, 1980, 12(1): 197-207.

[11] VELLEMAN S G. The role of the extracellular matrix in skeletal muscle development [J]. Poultry Science, 1999, 78: 778-784.

[12] LIGHT N, CHAMPION A E, VOYLE C, et al. The role of epimysial, perimysial and endomysial collagen in determining texture in six bovine muscles [J]. Meat Science, 1985, 13(3): 137-149.

[13] FANG S H, NISHIMURA T, TAKAHASHI K. Relationship between development of intramuscular connective tissue and toughness of pork during growth of pigs [J]. Journal of Animal Science, 1999, 77(1): 120-130.

[14] OSHIMA I, IWAMOTO H, NAKAMURA Y -N, et al. Comparative study of the histochemical properties, collagen content and architecture of the skeletal muscles of wild boar crossbred pigs and commercial hybrid pigs [J]. Meat Science, 2009, 81(2): 382-390.

[15] NAKAMURA Y -N, IWAMOTO H, ONO Y, et al. Relationship among collagen amount, distribution and architecture in the M. longissimus thoracis and M. pectoralis profundus from pigs [J]. Meat Science, 2003, 64(1): 43-50.

[16] TORRESCANO G, SANCHEZ-ESCALANTE A, GIMENEZ B, et al. Shear values of raw samples of 14 bovine muscles and their relation to muscle collagen characteristics [J]. Meat Science, 2003, 64(1): 85-91.

[17] NAKAMURA Y-N, IWAMOTO H, SHIBA N, et al. Developmental states of the collagen content, distribution and architecture in the *pectoralis*, *iliotibialis lateralis* and *puboischiofemoralis* muscles of male Red Cornish×New Hampshire and normal broilers [J]. British Poultry Science, 2004, 45: 31-40.

[18] MURPHY R Y, MARKS B P. Effect of meat temperature on proteins, texture, and cook loss for ground chicken breast patties [J]. Poultry Science, 2000, 79(1): 99-104.

[19] TORNBERG E. Effects of heat on meat proteins-implications on structure and quality of meat products [J]. Meat Science, 2005, 70(4): 493-508.

[20] WATTANACHANT S, BENJAKUL S, LEDWARD D A. Microstructure and thermal characteristics of Thai indigenous and broiler chicken muscles [J]. Poultry Science, 2005, 84(30): 328-336.

[21] WATTANACHANT S, BENJAKUL S, LEDWARD D A. Effect of heat treatment on changes in texture, structure and properties of Thai indigenous chicken muscle [J]. Food Chemistry, 2005, 93(2): 337-348.

[22] KONG F B, TANG J M, LIN M S, et al. Thermal effects on chicken

and salmon muscles: tenderness, cook loss, area shrinkage, collagen solubility and microstructure [J]. LWT-Food Science and Technology, 2008, 41(7): 1210-1222.

[23] O'NEILL D J, LYNCH P B, TROY D J, et al. Effects of PSE on the quality of cooked hams [J]. Meat Science, 2003, 64(1): 113-118.

[24] CHANG H J, XU X L, ZHOU G H, et al. DSC analysis of heat-induced changes of thermal shrinkage temperatures for perimysium and endomysium collagen from beef semitendinosus muscle [C]. Proceedings of the 55th International Congress of Meat Science and Technology, Copenhagen, 2009： 446-449.

[25] CHANG H J, XU X L, LI C B, et al. Effect of heat-induced changes of connective tissue and collagen on meat texture properties of beef *Semitendinosus* muscle [J]. International Journal of Food Properties, 2009.

[26] CHANG H J, XU X L, LI C B, et al. A comparison of heat-induced changes of intramuscular connective tissue and collagen of beef *Semitendinosus* muscle during water-bath and microwave heating [J]. Journal of Food Process Engineering, 2009, doi: 10.1111/j.1745-4530.2009.00568.x.

[27] CROSS H R, STANFIELD M S, ELDER R S, et al. A comparison of roasting versus broiling on the sensory characteristics of beef longissimus steaks [J]. Journal of Food Science, 1979, 44(2): 310-311.

[28] STARRAK G, JOHNSON H K. New approaches and methods for microwave cooking of meat [J]. Proceedings of the Reciprocal for Meat Conference, 1982, 35(1): 66-69.

[29] BERRY B W, LEDDY K F. Comparison of restaurant vs research-type broiling with beef loin steaks differing in marbling [J]. Journal of Animal Science, 1990, 68: 666-672.

[30] BERRY B W, BIGNER M E. Use of grilling and combination broiler-grilling at various temperatures for beef loin steaks differing

in marbling [J]. Journal of Food Serve System, 1995, 8(1): 65-74.

[31] WHEELER T L, SHACKELFORD S D, KOOHMARAIE M. Cooking and palatability traits of beef longissimus steaks cooked with a belt grill or an open hearth electric broiler [J]. Journal of Animal Science, 1998, 76(11): 2805-2810.

[32] KERTH C R, BLAIR-KERTH L K, JONES W R. Warner-bratzler shear force repeatability in beef longissimus steaks cooked with a convection oven, broiler, or clam-shell grill [J]. Journal of Food Science, 2003, 68(2): 668-670.

[33] LI C B, CHEN Y J, XU X L, et al. Effects of low-voltage electrical stimulation and rapid chilling on meat quality characteristics of Chinese crossbred bulls [J]. Meat Science, 2006, 72(1): 9-17.

[34] HONIKEL K O. Reference methods for the assessment of physical characteristics of meat [J]. Meat Science, 1998, 49(4): 447-457.

[35] HILL F. The solubility of intramuscular collagen in meat animals of various ages [J]. Journal of Food Science, 1966, 31(2): 161-166.

[36] BERGMAN I, LOXLEY R. Two improved and simplified methods for spectrophotometric determination of hydroxyproline [J]. Analytical Chemistry, 1963, 35: 1961-1965.

[37] GB 9695.23—90. 肉与肉制品 L(-)-羟脯氨酸含量测定方法 [S]. 中华人民共和国国家标准, 1990.

[38] NISHIMURA T, HATTORI A, TAKAHASHI K. Structural changes in intramuscular connective tissue during the fattening of Japanese Black Cattle, effect of marbling on beef tenderization [J]. Journal of Animal Science, 1999, 77(1): 93-104.

[39] LIGHT N, CHAMPION A E. Characterization of muscle epimysium perimysium and endomysium collagens [J]. Biochemistry Journal, 1984, 219: 1017-1026.

[40] LI C B, ZHOU G H, XU X L. Dynamical changes of beef intramuscular connective tissue and muscle fiber during heating and their effects on beef shear force [J]. Food and Bioprocess

Technology, 2008, doi: 10.1007/s11947-008-0117-3.
[41] FLINT F O, PICKERING K. Demonstration of collagen in meat products by an improved picro-sirius red polarization method [J]. Analyst, 1984, 109: 1505-1506.
[42] LI C B, ZHOU G H, XU X L. Comparisons of meat quality characteristics and intramuscular connective tissue between beef longissimus dorsi and semitendinosus muscles from Chinese yellow bulls [J]. Journal of Muscle Foods, 2007, 18(2): 143-161.
[43] PALKA K, DAUN H. Changes in texture, cooking losses, and myofibrillar structure of bovine M. semitendinosus during heating [J]. Meat Science, 1999, 51(2): 237-243.
[44] PALKA K. The influence of post-mortem ageing and roasting on the microstructure, texture and collagen solubility of bovine semitendinosus muscle [J]. Meat Science, 2003, 64(1): 191-198.
[45] VASANTHI C, VENKATARAMANUJAM V, DUSHYANTHAN K. Effect of cooking temperature and time on the physico-chemical, histological and sensory properties of female carabeef(buffalo)meat [J]. Meat Science, 2007, 76(2): 274-280.
[46] 刘冠勇，罗欣．影响肉与肉制品系水力因素之探讨 [J]. 肉类研究, 2000, (3): 16-18.
[47] 黄明，黄峰，张首玉，等．热处理对猪肉食用品质的影响 [J]. 食品科学, 2009, 30(23): 189-192.
[48] CHENG C S, Jr PARRISH F C. Scanning electron microscopy of bovine muscle. effect of heating on ultrastructure [J]. Journal of Food Science, 1976, 41(6): 1449-1455.
[49] JONES S B, CARROLL R J, CAVANAUGH J R. Structural changes in heated bovine muscle: a scanning electron microscope study [J]. Journal of Food Science, 1977, 42(1): 125-131.
[50] BENDALL J R, RESTALL D J. The cooking of single myofibres, small myofibre bundles and muscle strips from beef M. psoas and M. sternomandibularis muscles at varying heating rates and temperatures [J].

Meat Science, 1983, 8(1): 93-117.
[51] BOUTON P E, HARRIS P V. The effects of some postslaughter treatments on the mechanical properties of bovine and ovine muscle [J]. Journal of Food Science, 1972, 37(4): 539-543.
[52] BOUTON P E, HARRIS P V, RATCLIFF D. Effect of cooking temperature and time on the shear properties of meat [J]. Journal of Food Science, 1981, 46(4): 1082-1087.
[53] DAVEY C L, GILLBERT K V. Temperature dependent cooking toughness in beef [J]. Journal of the Science of Food and Agriculture, 1974, 25(8): 931-938.
[54] MARTENS H, STABUSSVIK E, MARTENS M. Texture and color changes in meat during cooking related to thermal denaturation of muscle proteins [J]. Journal of Texture Studies, 1982, 13(3): 291-309.
[55] LAWRIE R A. The eating quality of meat. In *Lawrie's Meat Science*(Seventh English edition)[M]. Woodhead Publishing Limited and CRC Press LLC, 2006, 279-341.
[56] CHENG C S, Jr PARRISH F C. Heat-induced changes in myofibrillar proteins of bovine longissimus muscle [J]. Journal of Food Science, 1979, 44(1): 22-24..
[57] LAWRIE R A. Chemical and biochemical constitution of muscle. In *Lawrie's Meat Science*(Seventh English edition)[M]. Woodhead Publishing Limited and CRC Press LLC, 2006, 75-76.
[58] SEIDEMAN S C. Methods of expressing characteristics and their relationship to meat tenderness and types [J]. Journal of Food Science, 1986, 51(2): 273-276.
[59] 李春保. 牛肉肌内结缔组织变化对其嫩度影响的研究 [D]. 南京农业大学, 2006, 51.
[60] POWELL T H, DIKEMAN M E, HUNT M C. Tenderness and collagen composition of beef semitendinosus roasts cooked by conventional convective cooking and modeled, multistage convective

cooking [J]. Meat Science, 2000, 55(4): 421-425.

[61] CHRISTENSEN M, PURSLOW P P, LARSEN L M. The effect of cooking temperature on mechanical properties of whole meat, single muscle fibres and perimysial connective tissue [J]. Meat Science, 2000, 55(3): 301-307.

[62] VADIVAMBAL R, JAYAS S. Non-uniform temperature distribution during microwave heating of food materials-a Review [J]. Food and Bioprocess Technology, 2010, 3(2): 161-171.

[63] BAILEY A J, LIGHT N D. Connective Tissue in Meat and Meat Products [M]. London: Elsevier Applied Science, 1989: 114.

[64] NISHIMURA T, HATTORI A, TAKAHASHI K. Relationship between degradation of proteoglycans and weakening of the intramuscular connective tissue during postmortem aging of beef [J]. Meat Science, 1996, 42(3): 251-260.

[65] STABURSVIK E, MARTENS H. Thermal denaturation of proteins in post rigor muscle tissue as studied by differential scanning calorimetry [J]. Journal of the Science of Food and Agriculture, 1980, 31(10): 1034-1042.

5 低频高强度超声处理对牛肉肌内胶原蛋白及肉品质的影响

肉品质和质构特性对其产品的市场销售起到重要的影响作用，肉品质由感官特性、化学组成和物理特性等方面决定[1, 2]。嫩度是肉品质最重要的指标之一，肉的嫩度由两大主要成分决定，即由肌原纤维蛋白起作用的收缩组织和结缔组织构成的“背景硬度”决定肉的嫩度[3]。肉的嫩度可以通过物理（如机械嫩化法等）和生物化学（如成熟过程中内源酶的调节作用等）等的方法进行提高和改善[4, 5]。

胶原蛋白作为肌内结缔组织的主要组成成分，与肉的嫩度和其他食用品质密切相关[6]。胶原蛋白的热稳定性与其胶原纤维的交联程度有关[7]，胶原蛋白的热力学特性（尤其对热不溶性胶原蛋白）是从结缔组织特性方面研究和评价肉品质和质构特性的主要研究内容。任何可降低胶原蛋白热稳定性的方法，或通过物理破坏胶原纤维的结构，或通过酶降解其结构都可以改善和提高肉的品质和质构特性。

有研究表明超声波由于其物理“空化”作用，可以提高肉的嫩度和改善感官特性[8]。超声波以其独特的作用在肉类工业中有着越来越广泛的应用，国外对于超声波嫩化，提取肌肉蛋白，促进凝胶化以及肌肉蛋白质的重组等的研究和应用较多，特别是高强度超声波由于能够引起肉及其制品物理化学特性的变化，对于肉质的改善作用研究较广。超声波由于其对细胞结构的破坏作用，被证明可对肉的质构起到直接（对肉结构的物理破坏）或间接（通过对溶酶体的破坏可激活酶系统起作用）的改善作用[9]。也有报道称经超声波处理，可对胶原蛋白起到一定的选择性加热作用[10]。有部分研究报道了超声波在肉类嫩化中的应用[8-13]，但研究结论存在分歧，主要是针对所用超声波频率、强度和作用时间的不同，有些认为超声波对肉不起嫩化作用，有些认为可以降低或增加肉的嫩度，其作用有待于进一步的研究和探讨。

纵观现有的研究报道，超声波处理对肉嫩度的影响主要集中于对肌原纤维蛋白的影响，且研究结论不相一致，未见有对胶原蛋白热稳定性等特性的影响，以及对维持胶原蛋白稳定性起主要作用的蛋白多糖和相关酶的影响研究。另外，已有的报道主要是在超声波固定频率、强度和超声时间内的研究，不能动态反映不同时间内超声波的作用。因此，本试验拟在研究低频高强度超声在不同作用时间内对牛半腱肌肌内胶原蛋白特性及其对肉品质和质构特性的影响，并对其作用机制进行探讨，从而为肉类产品加工及嫩化提供一定的理论指导依据。

5.1 研究材料与方法概论

5.1.1 试验材料和仪器

5.1.1.1 试验材料

本研究试验材料为牛半腱肌（*Semitendinosus*），购于河南绿旗肥牛有限公司。其具体要求见第 4 章。

5.1.1.2 仪器设备与试剂

Minolta Chroma Meter CR-400 色差仪（日本美能达公司）；BX41 相差光学显微镜（日本 Olympus）；Pyris 1 DSC 差示扫描量热仪（Perkin Elmer，USA）；Pyris Manager Series 分析软件（Perkin Elmer，USA）；S-3000N 型扫描电镜（日本 Hitachi High-Technologies Corporation）；TA-XT2i 物性测试仪（英国 Stable Micro Systems）；Alpha2-1.2 冷冻干燥机（德国 Christ）；CM1900 冷冻切片机（德国 Leica）；Avanti® J-E 落地式高速冷冻离心机（美国 Beckman-Coulter）；UV-2450 紫外分光光度计（日本岛津公司）；实验室 pH 计（Mettler Toledo）；HH-S 型水浴锅（巩义市予华仪器有限责任公司）；C-LM3 数显式肌肉嫩度仪（东北农业大学工程学院）；DGG-9240A 型电热恒温鼓风干燥箱（上海森信实验仪器有限公司）；消化炉（丹麦 FOSS 公司）；YYW-2 型应变控

制式无侧限压力仪（江苏南京土壤仪器有限公司）；KQ-1500DE 型数控超声波清洗器（昆山市超声仪器有限公司）；Shimadzu AUY120 电子天平（日本岛津公司）；Ultra-Turrax T25 BASIC 高速匀浆器（德国 IKA-WERKE）；85-2 型恒温磁力搅拌器（上海可乐仪器厂）。

L（-）-羟脯氨酸（L-4-hydroxyproline）（$C_5H_9NO_3$，MW：31.13），邻硝基苯-β-D-半乳糖苷（2-nitrophenyl-β-D-galactopyranoside）（$C_{12}H_{15}NO_8$，MW：301.25）和对硝基苯-β-D-葡糖醛酸苷（4-nitrophenyl-β-D-glucuronide）（$C_{12}H_{13}NO_9$，MW：315.20）均购于法国 Sigma-Aldrich（Fluka Analytical）公司。其他所用化学试剂均为分析纯。

5.1.2 试验设计及超声处理

将牛半腱肌肉（pH 在 5.6～5.8）分割成 2.5 cm×5.0 cm×5.0 cm 大小的肉块[（100 ± 5）g 重]若干，称重后真空包装，随即分组，其中不经超声处理的作为对照组，其余各组肉块分别放入 1 500 W、40 kHz 的超声波发生器中分别超声处理 10、20、30、40、50 和 60 min，处理时适当向超声波发生器的水中加入一些冰块或冰水，确保超声水浴温度维持在 20 °C。每个超声处理组共 6 小块肉样，处理完毕后，打开包装，用吸水纸吸干肉块表面水分，称重后进行二次真空包装，于 4 °C 贮藏待分析。

5.1.3 研究方法

5.1.3.1 渗出液分析

用超声处理前后的肉重，分别为 W_1 和 W_2，计算超声处理过程中肉块渗出液的量（%）。

$$渗出液（\%）=\frac{W_1-W_2}{W_1}\times 100$$

5.1.3.2 失水率测定

肉块失水率测定采用 Farouk et al.（2003）方法[14]。准确称取大小为 10 mm×10 mm×10 mm 肉样 1～1.5 g（W_3），将肉样上下各垫 8 层滤纸，然后置于无侧限压力仪平台上，加压 35 kg 并保持此压力 5 min，撤去压力后，立即称量压后的肉样重（W_4），按如下公式计算失水率：

$$失水率（\%）=\frac{W_3-W_4}{W_3}\times 100$$

5.1.3.3 蒸煮损失和剪切力测定

参照 Li et al.（2006）方法[15]，肉块去除表面的皮下脂肪和结缔组织，切成 2.54 cm 左右厚后称重（W_5），将数显温度计的温度探头插入肉的中心位置，扎紧袋口，然后置于 80 °C 恒温水浴中加热，用温度计记录肉块中心温度的变化。当肉中心温度达 70 °C 时，立即取出，在流水中冷却至中心温度为室温，用吸水纸吸干肉块表面汁液，称重（W_6），计算蒸煮损失（%）。

$$蒸煮损失（\%）=\frac{W_5-W_6}{W_5}\times 100$$

测定完蒸煮损失的肉样可用于剪切力值的测定，其方法同第四章中所述。

5.1.3.4 色泽 L^*、a^*和 b^*值测定

参照 Chang et al.（2009）方法[16]，处理后的肉样，开袋后用洗水纸除去表面的水分，用色差仪测定 L^*、a^*和 b^*值。

5.1.3.5 肉样质构分析

肉样质构分析及仪器参数设置按照 Chang et al.（2009）方法进行[16]。

5.1.3.6 β-半乳糖苷酶和 β-葡糖醛酸酶活力测定

牛半腱肌肉中 β-半乳糖苷酶和 β-葡糖醛酸酶酶活测定，其酶液提取参照 Dutson 和 Lawrie（1974）[17]，Wu（1978）[18] 方法进行，并做了部分修改。具体如下：称取 10.0 g 肉样（剔除可见脂肪和肌外膜），切细、绞碎，加 50 mL（1∶5 W/V）0.25 mol/L 蔗糖溶液（含 0.02 mol/L KCl），经高速匀浆器 5 000 r/min 匀浆 50 s，用两层纱布过滤均质后的

匀浆液。滤液用 0.1 mol/L NaOH 调节 pH 至 7.0，离心过滤液（10 000×g，1 h），离心后收集上清液即为酶活测定提取液。

酶活力测定参照 Got et al.（1999）方法[9]，并做了部分修改。具体如下：β-半乳糖苷酶酶活测定中，用 20.0 mmol/L 邻硝基苯-β-D-半乳糖苷（ONPG）作为反应底物，在 37 °C 条件下与所提取的酶液反应 30 min 后，加 5 mL 0.5 mol/L Na_2CO_3终止反应，在 420 nm 处测定吸光度计算活力。β-葡糖醛酸酶酶活测定中，用 5.0 mmol/L 对硝基苯-β-D-葡糖醛酸苷（PNPG）作为反应底物，在 37 °C 条件下与酶液反应 30 min 后，加 5 mL 0.5 mol/L Na_2CO_3终止反应，在 405 nm 处测定吸光度计算活力，酶活单位表示为 $\mu mol \cdot mL^{-1} \cdot min^{-1}$。

5.1.3.7 肌间蛋白多糖降解变化分析

牛半腱肌肉中蛋白多糖的提取参考 Parthasarathy 和 Tanzer（1987）[19]，Ueno et al.（1999）方法[20]，并做部分修改，肉经绞碎后，加入 4 倍体积的 1.0 mol/L 醋酸钠缓冲提取液匀浆（4000 r/min，30 s），于 4 °C 缓慢搅拌提取 72 h，然后冷冻离心（30 000×g，2 h，4 °C），上清液中加入氯化铯，使浓度达到 1.35 g/mL，进行密度梯度冷冻离心（122 000×g，2 h，4 °C），收集底部 20%处沉淀，即为蛋白多糖，然后在 0.02 mol/L Tris-醋酸钠缓冲液（pH 7.0，含 7.0 mol/L 尿素）中进行透析 72 h。蛋白多糖含量测定参考 Bitter 和 Muir（1962）方法进行[21]。超声处理过程中牛半腱肌肌内蛋白多糖的提取率以各个处理时间点蛋白多糖的含量与未处理组（对照组）蛋白多糖含量之比表示。

5.1.3.8 胶原蛋白含量及溶解性分析

胶原蛋白含量及溶解性分析采用 Ringer's 试剂溶解法，方法同第 4 章。

5.1.3.9 热不溶性胶原蛋白提取及差示扫描量热分析

肌内热不溶性胶原蛋白的分离与纯化参照 Wu（1978）方法进行[18]，并做了部分修改。如图 5-1 流程所示。

经分离纯化后的胶原蛋白进行差示扫描量热（DSC）分析，扫描温度范围为 20～100 °C，升温速率 10 °C/min。

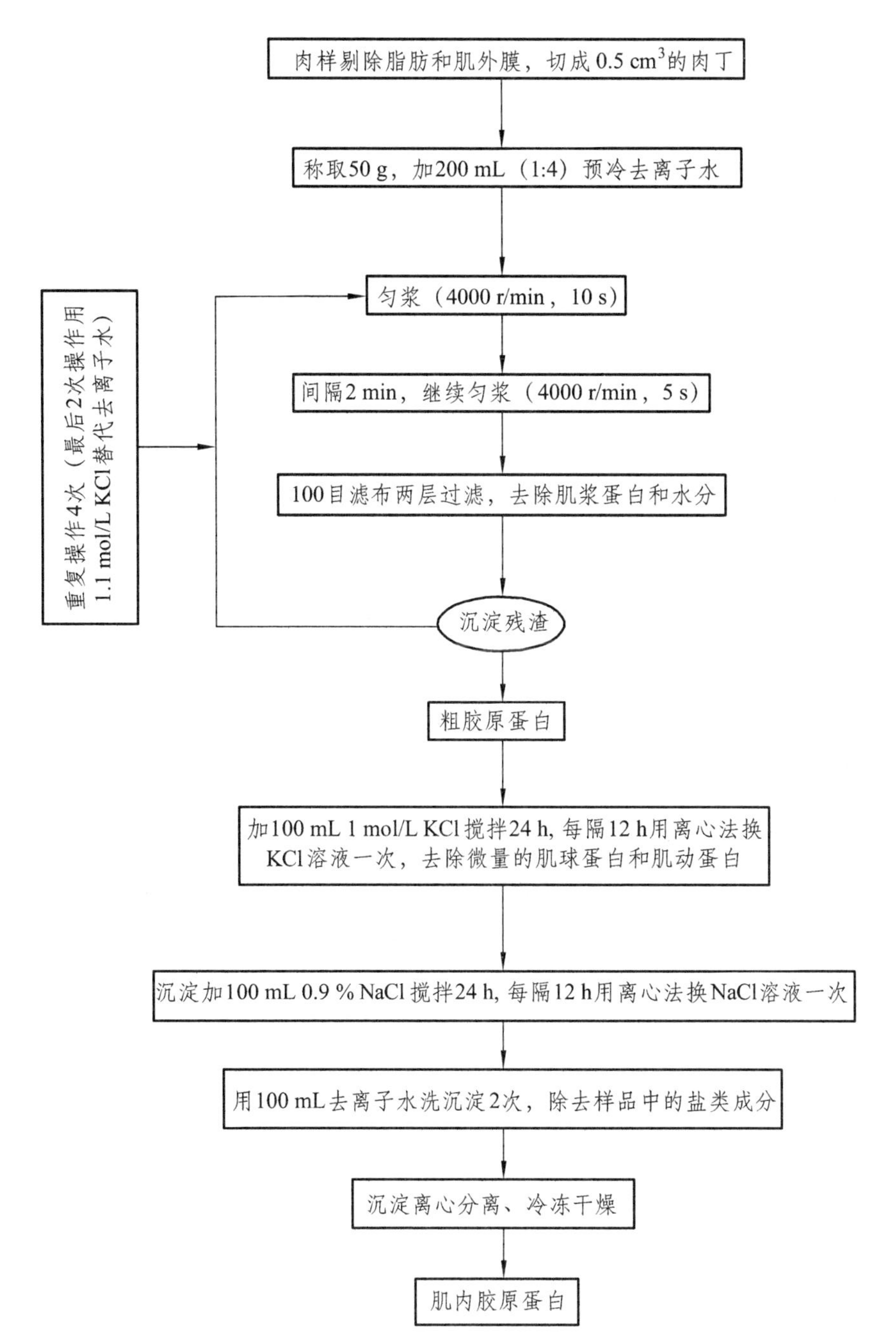

图 5-1 肌内热不溶性胶原蛋白的分离与纯化流程

5.1.3.10　组织学观察及肌纤维直径和肌束膜厚度测定

超声处理过程中牛半腱肌肉组织学观察样品制备方法，以及肌纤维直径和肌束膜厚度测定方法同第 4 章。

5.1.3.11　扫描电镜观察

牛半腱肌肌束膜和肌内膜胶原纤维微观结构变化观察，其样品制备方法同第 4 章。

5.1.3.12　统计分析

运用 SPSS16.0 一般线性模型（GLM）对试验所得数据进行单因素方差（ANOVA）分析、LSD 多重比较以及相关性分析。

5.2　低频高强度超声处理对牛肉肌内胶原蛋白及肉品质的影响

5.2.1　渗出液分析

超声波处理过程中牛半腱肌肉中渗出液的量见图 5-2。处理 30 min 时渗出液的量显著高于 20 min 时的量（$P<0.05$），而其他处理组之间无

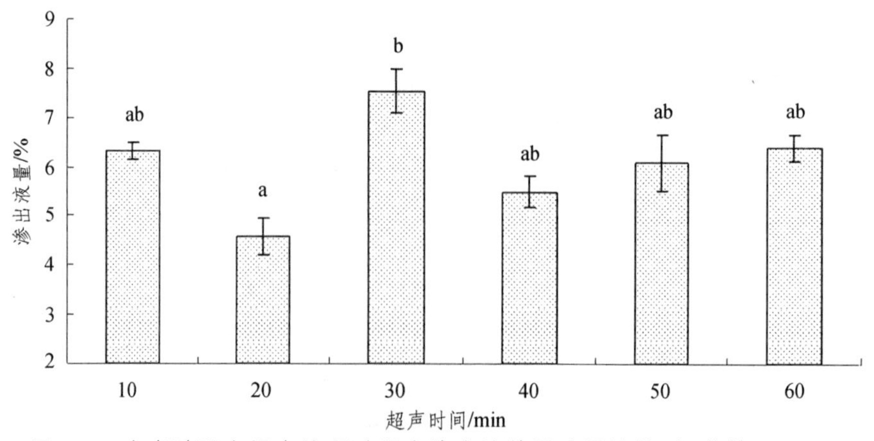

图 5-2　牛半腱肌肉超声处理过程中渗出液的量（平均值±标准差，$n=3$）

注：不同小写字母表示差异显著（$P<0.05$），下同。

显著差异（$P>0.05$）。由于超声波处理具有“空化”作用，会导致被处理材料内部产生较大的压力，且由于高强度超声对材料结构具有一定的破坏作用，因而肉经超声处理后会使得汁液流出，重量减小[16, 22]。

5.2.2 失水率和蒸煮损失变化

超声波处理过程中牛半腱肌肉失水率和蒸煮损失变化见图 5-3。

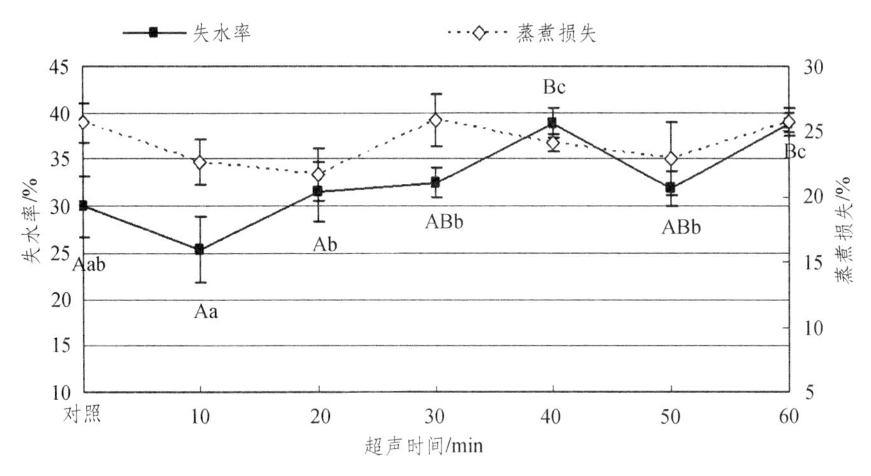

图 5-3　超声处理过程中牛半腱肌肉失水率和蒸煮损失的变化（平均值±标准差，$n=3$）

注：不同大写字母表示差异极显著（$P<0.01$）；不同小写字母表示差异显著（$P<0.05$），下同。

由图 5-3 可见，超声处理过程中，除处理 10 min 外，其他处理时间点牛肉失水率均高于对照组，这与 Stadnik et al.（2008）所报道的相一致[23]，该学者们发现超声处理后肉的保水性降低，也就是说超声处理会使肉的失水率增高，这是由于超声波对肉结构的破坏和细胞结构的分解使得持水性降低。本研究中超声处理对肉蒸煮损失无显著影响（$P>0.05$）。Jayasooriya et al.（2007）[8] 和 Pohlman et al.（1997）[11] 研究也发现超声处理对肉蒸煮损失无显著影响。超声处理过程中，超声波的发生和传递均在一定的水浴中进行，且水温维持恒定（20 °C），因而避免了超声处理过程中因温度的升高而对肌肉蛋白的热变性影响以及肌肉本身水分的受热蒸发等，故而超声处理过程中蒸煮损失未受到显著影响[24]。

5.2.3 剪切力值的变化

如图 5-4 所示，超声处理过程中，牛半腱肌肉剪切力值降低，与对照组相比，超声处理 30 min 和 50 min 时肉的剪切力值极显著低于对照组（$P<0.01$）。由该图结果可以看出，本试验所用高强度超声处理（40 kHz，1 500 W）可以提高肉的嫩度，结果与 Jayasooriya et al.（2007）[8]所报道相一致。Smith et al.（1991）[25]研究发现，牛半腱肌肉在高功率超声水浴中处理 120 和 240 s 后，肉嫩度提高。Pohlman et al.（1997）报道了牛胸大肌经高强度超声（20 kHz，1 000 W）处理后，剪切力值降低，嫩度提高[26]；而他们的另一研究发现，牛半腱肌肉经低强度超声（22 kHz，1.5 ~ 3.0 W/cm^2）处理对肉嫩度无改善作用[11]。

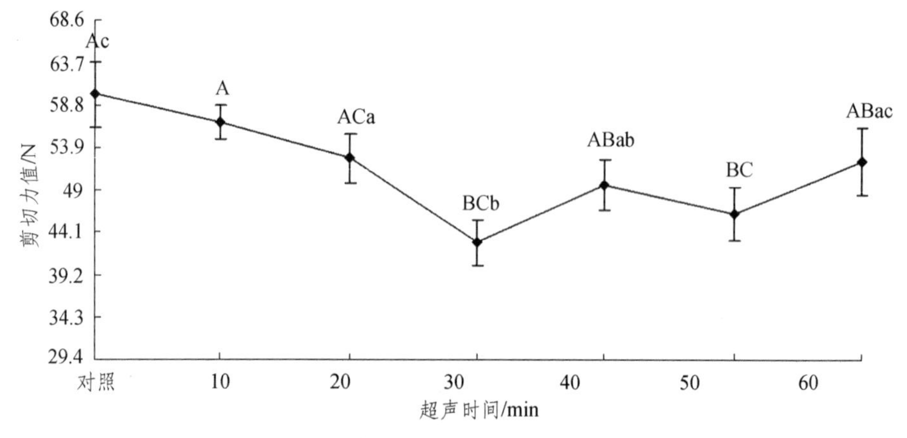

图 5-4 超声处理过程中牛半腱肌肉剪切力值的变化（平均值±标准差，n=5）

超声对肉嫩度的影响与所用超声波的强度、频率以及超声处理时间的长短有关，另外，还与肉的种类以及分割部位有关，因为不同类型肌肉中结缔组织的含量不同，而结缔组织是构成“背景嫩度”的主要成分，因而，不同的研究报道所得到的结论并不一致。牛半腱肌肉为一种结缔组织成分含量较高的肌肉，肉中肌原纤维成分嫩度被其中高含量的胶原蛋白和弹性蛋白成分所掩蔽[27]，因而低强度超声处理难以提高其“背景嫩度”。

5.2.4 色泽 L^*、a^*和 b^*值变化

由图 5-5 可见，超声处理对肉亮度 L^*和红色度 a^*无显著影响（$P>0.05$），而处理 30 min 时对黄色度 b^*有显著影响（$P<0.05$）。肉色是肌肉外观评定的重要指标，它主要受肌肉中的色素（肌红蛋白和血红蛋白）含量及其存在状态决定的，同时受光反射和氧化作用的影响。Pohlman et al.（1997）研究发现，超声处理对肉色泽 L^*、a^*和 b^*有显著影响[10, 11]。而 Jayasooriya et al.（2007）研究认为超声处理对肉色泽 L^*、a^*和 b^*无显著影响[8]。研究结论存在差别的原因可能是 Jayasooriya et al.（2007）所用超声波的强度和频率以及处理时间（12 W/cm^2，24 kHz，240 s）与本研究中有所差别（40 kHz，1 500 W），另外，用于超声处理的肉块大小也不一致。有研究认为超声处理过程中肉的温度会升高，而经加热的肉与鲜肉相比，亮度更突出，而红色度较差[11]。肉颜色的变化主要是由肉中高铁肌红蛋白的含量以及变化而引起[28]。肉表面亮度（L^*值）的变化一方面是由于超声波强烈的机械作用将肉块中残留的淤血充分释放出来；另一方面还可能是由于超声波的“空化”作用产生的瞬间高温高压使球蛋白变性和亚铁血红素被取代或释放[29]。b^*值的变化是由于超声处理时渗出液的流出以及超声波的“空化”作用使肌束松散，降低或冲淡了肌肉中色素的浓度，部分色素溶出，使肉色变淡，由较深的红色变为粉红色[30]。总体上来

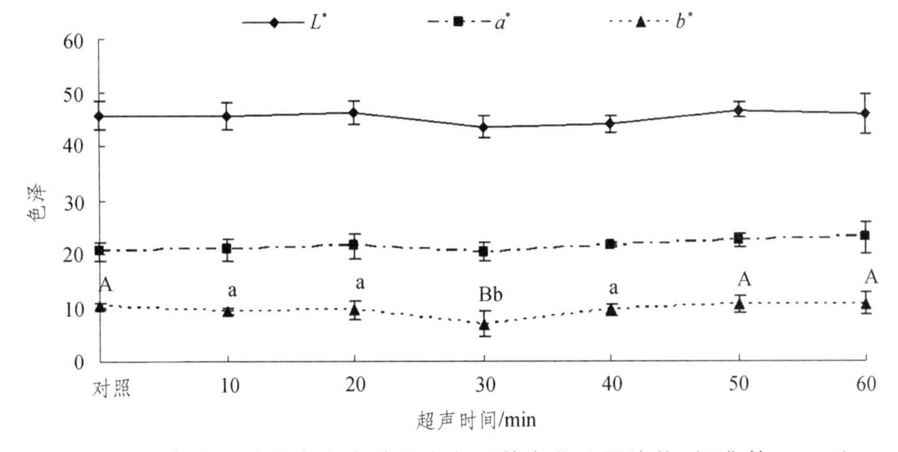

图 5-5 超声处理过程中牛半腱肌肉色泽的变化（平均值±标准差，n=3）

说，L^*、a^*和 b^*值的变化与各处理组肌肉的外观色泽相符，超声波处理使肉色变亮，红色稍微变浅，但红色的减弱仍然在可接受的程度。特别是对于放血不充分的肌肉采用超声波处理，可有效地清除淤血，改善肌肉的颜色。

5.2.5 肉样质构分析

超声处理过程中牛半腱肌肉质构特性的变化如图 5-6 所示。

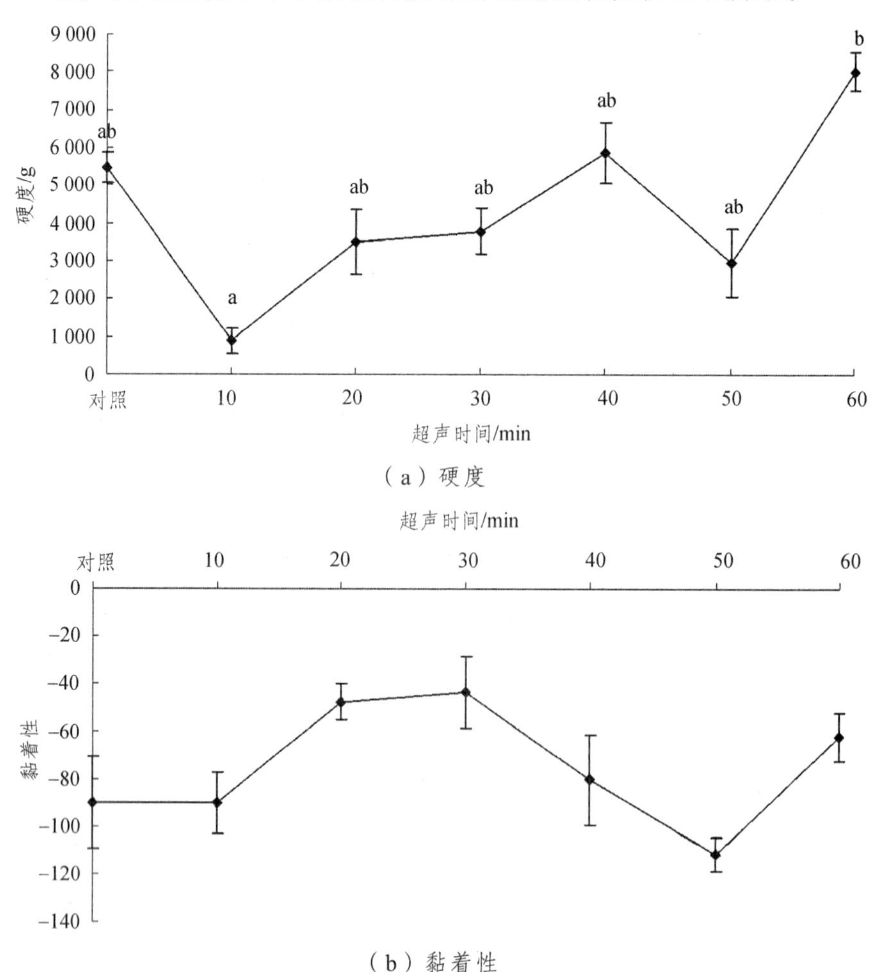

（a）硬度

（b）黏着性

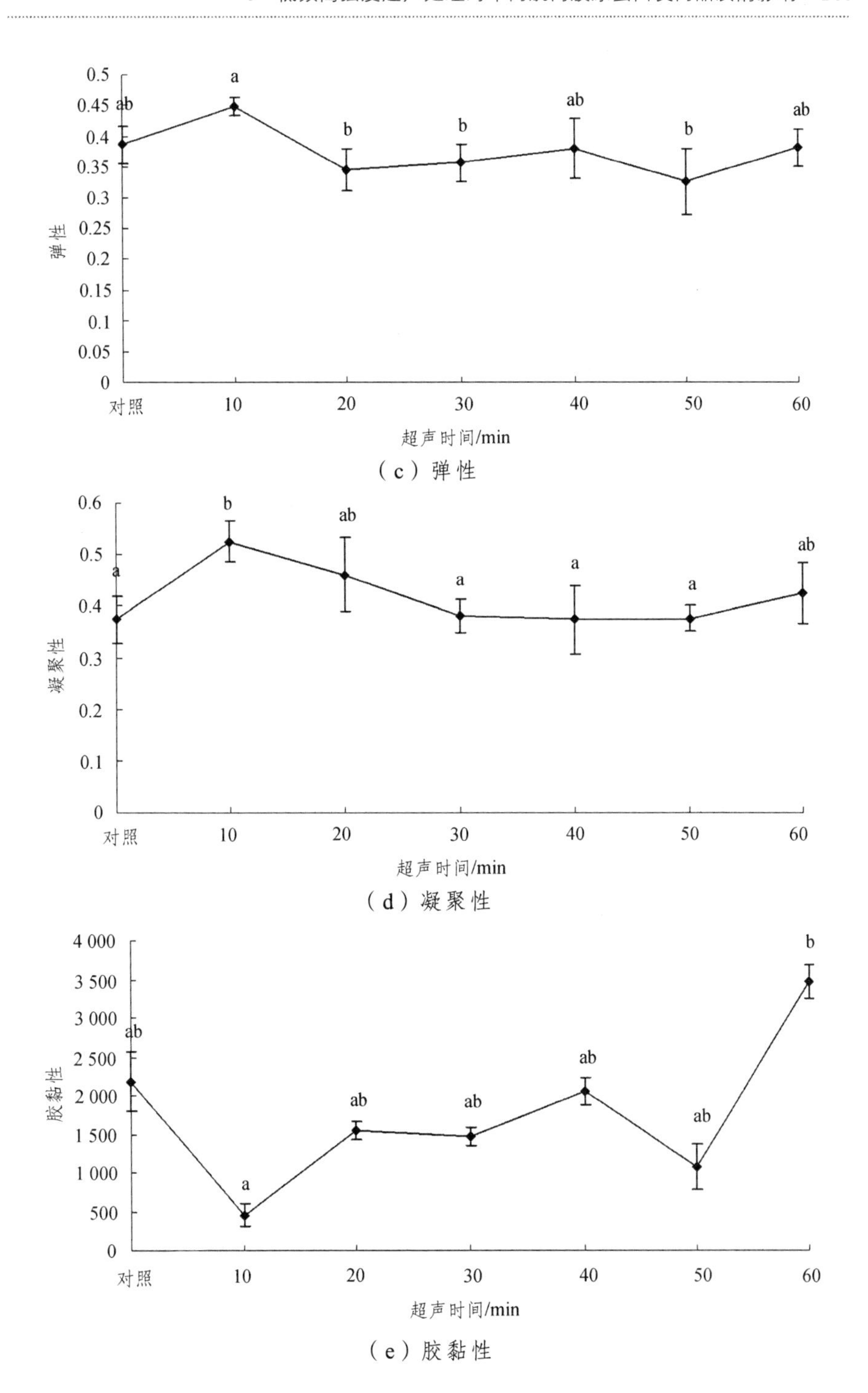

（c）弹性

（d）凝聚性

（e）胶黏性

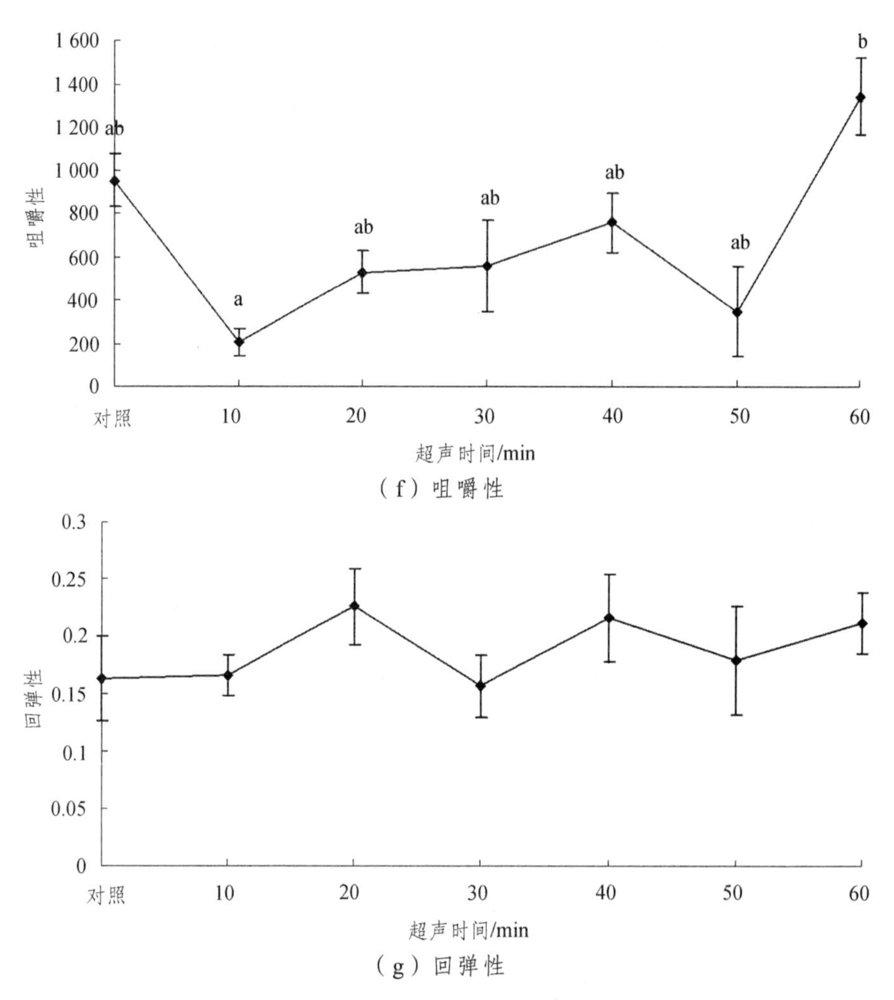

（f）咀嚼性

（g）回弹性

图 5-6　超声处理过程中牛半腱肌肉质构特性变化（平均值±标准差，n=3）

质构是来自人体某些器官与食品接触时产生的生理刺激在触觉上的反映，是源于食品结构的一组物理参数，属于力学和流变学的范围。肉品肌肉的质构是其主要的感官指标之一，质构直接关系到肉的嫩度、口感、可食性和加工出品率[30, 31]。由图 5-6 可见，超声波处理对牛肉硬度、弹性、凝聚性、胶黏性和咀嚼性有显著影响（$P<0.05$），而对黏着性和回弹性无显著影响（$P>0.05$）。

牛肉硬度、胶黏性和咀嚼性在超声处理过程中变化趋势一致，在超声处理 10 min 和 60 min 之间具有显著差异（$P<0.05$），而超声处理

组和对照组之间无显著差异（$P>0.05$），与钟赛意等（2007）的报道相一致[30]。弹性和凝聚性在超声处理过程中变化趋势一致，有研究认为超声波可以破坏肉的肌原纤维，这种肌原纤维会分泌一种黏稠的物质，将会在一定程度上增大肉品的黏聚性和凝聚性[30]。Reynolds et al.（1978）报道超声波处理可以改善和提高干腌火腿的质构，且经过超声处理后，蒸煮得率提高，与未经超声处理的样品相比，由于超声波的作用，微观结构发生变化而使得肌原纤维蛋白易于从组织中溶出[24]。Vimini et al.（1983）研究发现重组牛肉经超声波处理后，与未经处理组相比，其黏结性、质构和蒸煮得率均有所提高[32]。除了外界因素对肉质构特性的影响外，各质构参数相互之间也存在一定的相互关系，可从相关性分析表中看出（表 5-2），超声波处理过程中，硬度与胶黏性、咀嚼性分别呈极显著正相关（$P<0.01$），与回弹性呈显著正相关（$P<0.05$），回弹性与胶黏性和咀嚼性呈极显著正相关（$P<0.01$）。

5.2.6　β-半乳糖苷酶和β-葡糖醛酸酶活力变化分析

超声处理对牛肉肌内 β-半乳糖苷酶和 β-葡糖醛酸酶活力的影响如图 5-7 所示。

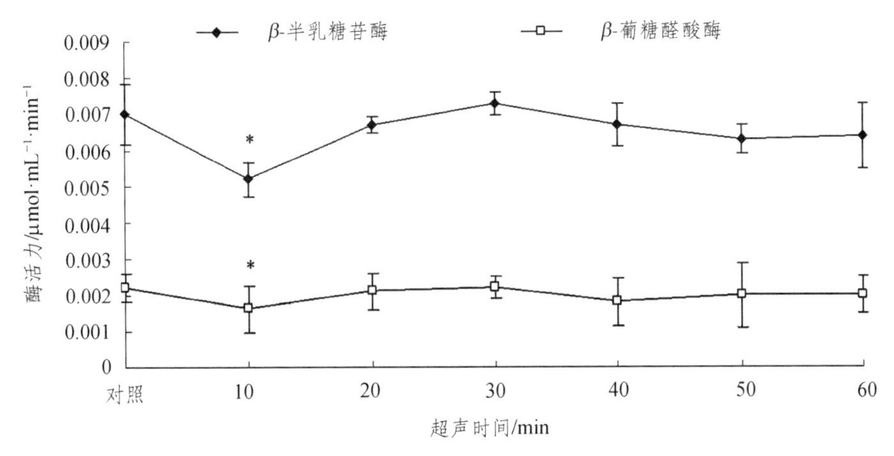

图 5-7　超声处理过程中牛半腱肌肌内 β-半乳糖苷酶和 β-葡糖醛酸酶活力的变化（平均值±标准差，$n=3$）

注：* 表示超声处理 10 min 与其他组差异显著（$P<0.05$）。

由图 5-7 可见，超声处理过程中，当超声 10 min 时，β-半乳糖苷酶和 β-葡糖醛酸酶的活力都同时为最低，且与对照组和其他处理组之间存在显著差异（$P<0.05$），而其他处理时间组之间没有显著差异（$P>0.05$）；在超声处理 30 min 时，肌内 β-半乳糖苷酶和 β-葡糖醛酸酶的活力有所提高，而较长时间的超声处理反而对酶活力具有抑制和破坏降低作用。Got et al.（1999）研究发现超声处理（2.6 MHz，10 W/cm^2，15 s）对溶酶体中 β-葡糖醛酸酶的释放没有显著影响[9]。

β-半乳糖苷酶属于水解酶类，是水解蛋白多糖的重要水解酶。该水解酶不仅可水解氨基多糖侧链上的半乳糖与 N-乙酰氨基葡萄糖之间半乳糖苷键，而且能水解氨基多糖与核心蛋白连接区的糖苷键，使氨基多糖侧链与核心蛋白解离，从而导致大分子蛋白多糖解体，破坏基质膜和细胞外间质屏障[33]。β-葡糖醛酸酶又称 β-葡萄糖苷水解酶，能催化水解芳基或烃基与糖基原子团之间的糖苷键生成葡萄糖[34]。β-半乳糖苷酶和 β-葡糖醛酸酶可降解肌内胶原蛋白基质多糖（蛋白多糖），而基质蛋白多糖是维持结缔组织机械强度的主要成分，其降解可以改善和提高肉的嫩度[17, 18]。

理论上我们认为超声波由于具有“空化”作用，超声处理可以弱化或破坏细胞结构，为此，与对照组相比，溶酶体中 β-半乳糖苷酶和 β-葡糖醛酸酶的活力可得到提高。而本研究发现，超声处理 10 min 酶活力反而下降，其他处理时间点酶活力与对照组无显著差异，其原因一方面可能是超声波处理对酶本身的破坏性影响使得活力下降[9, 35]；另一方面，可能在进行超声波处理之前，β-半乳糖苷酶和 β-葡糖醛酸酶已经从溶酶体中释放，因此超声处理对其活力没有显著影响[16]。

5.2.7 肌间蛋白多糖降解变化

蛋白多糖的相对提取率表示为各超声处理时间点蛋白多糖的含量与对照组蛋白多糖的含量之比，超声波处理过程中牛半腱肌肉蛋白多糖提取率变化如图 5-8 所示。由图可见，超声处理后，肌间蛋白多糖的含量极显著降低（$P<0.01$），且随着处理时间的延长（30 min 以后），蛋白多糖的提取率降低越显著。蛋白多糖是组成肌肉肌内基质的主要

成分，连接胶原蛋白维持肌肉运动过程中力的传递，肉在成熟过程中由于 β-半乳糖苷酶和 β-葡糖醛酸酶等酶的作用，蛋白多糖会发生水解，生成小分子物质和片段，可以提高肉的嫩度[17]。结合前面的 β-半乳糖苷酶和 β-葡糖醛酸酶活力分析可以得出，超声处理破坏了溶酶体的结构，对酶释放有促进作用，继而加速了肌间蛋白多糖的降解，使得蛋白多糖水解为小分子物质，弱化了肌内结缔组织的结构，降低剪切力值，提高了肉的嫩度。

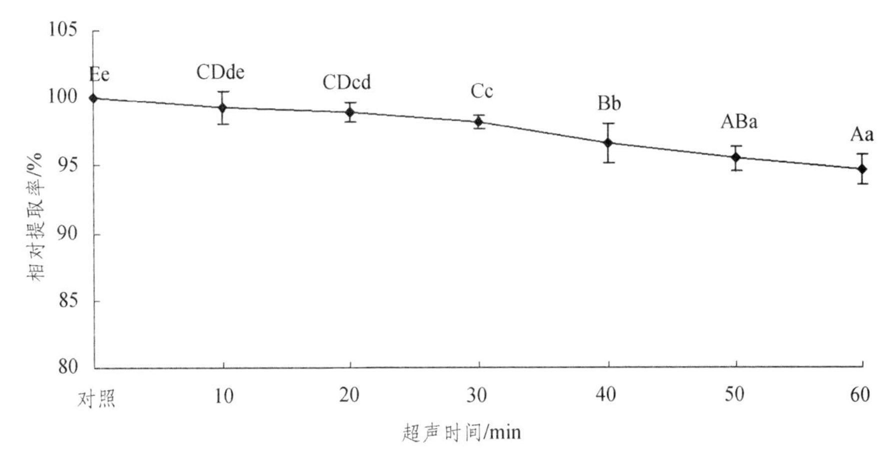

图 5-8 超声处理过程中牛半腱肌肌间蛋白多糖相对提取率变化（平均值±标准差，n=3）

5.2.8 胶原蛋白含量及溶解性变化分析

超声波处理过程中牛半腱肌肉胶原蛋白含量与溶解性变化分别如图 5-9 和图 5-10 所示。

由图 5-9 可见，超声波处理过程中总胶原蛋白和不溶性胶原蛋白含量变化趋势一致。超声处理 10 min 时，总胶原蛋白含量显著高于对照组和其他处理组（$P<0.05$），而其他处理组之间以及与对照组之间无显著差异（$P>0.05$）。超声处理 10 min 和 60 min 时，可溶性胶原蛋白和总胶原蛋白的含量较高，而超声处理对不溶性胶原蛋白含量无显著影响（$P>0.05$）。Got et al.（1999）用高强度和高频率超声处理（2.6 MHz，10 W/cm^2，15 s）得到与本研究相似的结论[9]。而 Lyng et al.（1997）

发现低频率超声处理对可溶性胶原蛋白含量无影响[36]。

如图 5-10 所示，只有超声处理 50 min 时，胶原蛋白的溶解性与对照组有显著差异（$P<0.05$），其他处理组之间与对照组无显著差异（$P>0.05$）。

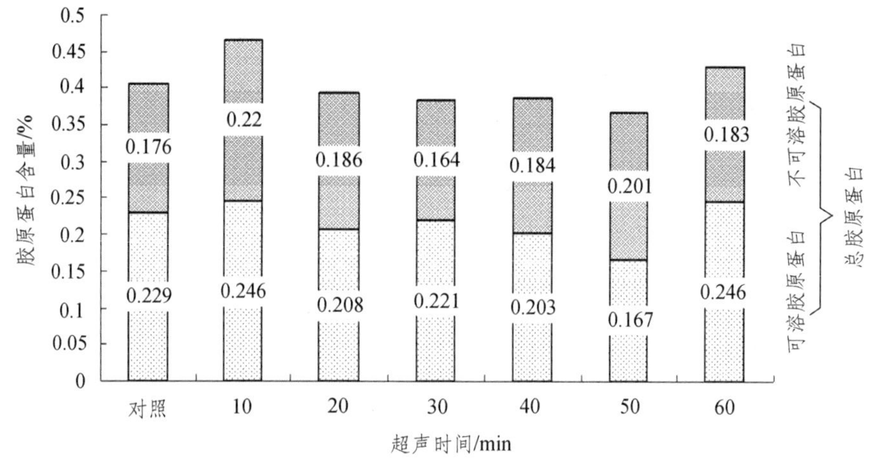

图 5-9 超声处理过程中牛半腱肌肌内胶原蛋白含量变化
（占样品湿重的百分比，平均值±标准差，n=3）

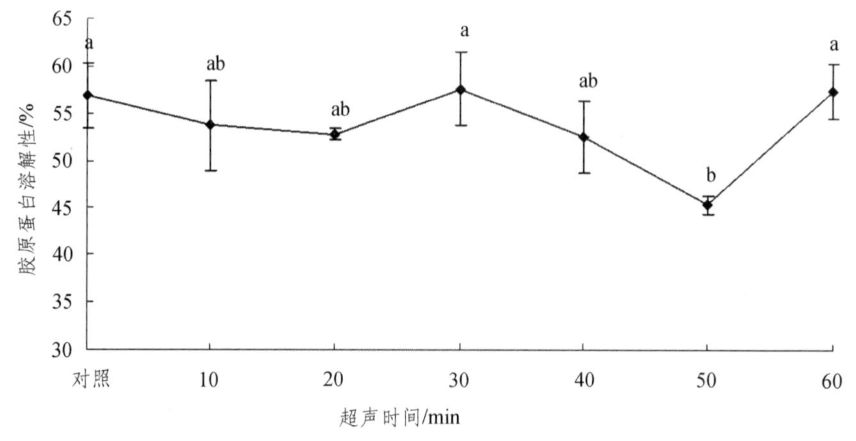

图 5-10 超声处理过程中牛半腱肌肌内胶原蛋白溶解性变化
（平均值±标准差，n=3）

结合图 5-9、图 5-10 可见，本研究中所用超声处理（40 kHz，1 500 W）对胶原蛋白含量和溶解性影响较小，特别是对不溶性胶原蛋白含量无显著影响。其原因可能是所用超声的频率较低（40 kHz），另一方面可能由于本研究中，所用肉块较大（2.5 cm×5.0 cm×5.0 cm）而使得超声处理过程中低频超声波穿透肉块的能力较弱，因而超声波的瞬间“空化”效应部分受阻，对自由基的产生和生化作用受限[16, 37]。

5.2.9 热不溶性胶原蛋白提取及差示扫描量热分析

超声波处理过程中热不溶性胶原蛋白提取率如图 5-11 所示，胶原蛋白热力学参数 DSC 分析结果如表 5-1 所示，DSC 温谱图热流曲线如图 5-12 所示。

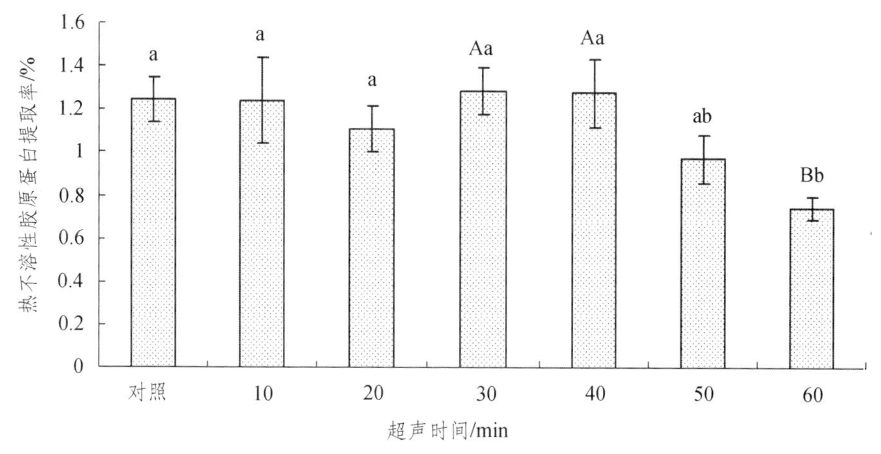

图 5-11 超声处理过程中牛半腱肌肌内热不溶性胶原蛋白提取率（占样品湿重的百分比，平均值±标准差，n=3）

超声波处理过程中，当超声处理较长时间（50 min 和 60 min）后，热不溶性胶原蛋白的提取率与对照组之间有显著差异（P<0.05），而超声处理较短时间对热不溶性胶原蛋白的提取率无显著影响（P>0.05）（图 5-11），该结论再次证明超声处理较短时间对肌内胶原蛋白含量无显著影响。热不溶性胶原蛋白 DSC 分析表明（表 5-1），低频高强度超声处理对热不溶性胶原蛋白热力特性参数（T_o，T_p，T_e 和 ΔH）有显著（P<0.05）或极显著（P<0.01）影响。由 DSC 分析温谱图热流曲线可见，热不溶性胶原蛋白只有一个最大热变性温度峰，热变性温度在 45 °C 左右（图 5-12），且在不同的超声处理时间段，其胶原蛋白温谱图变性程度不同，峰形越高，说明胶原蛋白变性所需热焓值（ΔH）越高，不

表 5-1 超声处理过程中热不溶性胶原蛋白热力学参数 DSC 分析结果（平均值±标准差，n=3）

超声时间/min	对照	10	20	30	40	50	60
T_o / °C	39.000 ±0.500^{Aa}	40.497 ±0.009^{Cc}	40.343 ±0.045^{Cc}	39.536 ±0.014^{Bb}	39.388 ±0.016^{ABb}	41.047 ±0.047^{Dd}	42.208 ±0.007^{Ee}
T_p / °C	45.247 ±0.247^{Cc}	44.939 ±0.551^{BCc}	46.934 ±0.034^{Ee}	43.475 ±0.075^{Aa}	44.474 ±0.003^{Bb}	45.824 ±0.041^{Dd}	46.161 ±0.006^{Dd}
T_e / °C	52.158 ±0.046^{Ef}	49.380 ±0.380^{Cc}	51.856 ±0.056^{DEe}	48.130 ±0.083^{Aa}	48.786 ±0.013^{Bb}	53.106 ±0.104^{Fg}	51.492 ±0.004^{Dd}
ΔH /J · g^{-1}	2.206 ±0.183^{Dd}	0.754 ±0.011^{Bb}	1.548 ±0.002^{Cc}	0.879 ±0.079^{Bb}	2.210 ±0.009^{Dd}	0.326 ±0.009^{Aa}	0.298 ±0.298^{Aa}
DSC 分析样品水分含量/mg · g^{-1}	246.367 ±5.803^{Ee}	100.588 ±0.341^{Cc}	100.784 ±0.018^{Cc}	80.885 ±0.070^{Bb}	60.136 ±0.864^{Aa}	97.445 ±0.147^{Cc}	119.565 ±0.120^{Dd}

T_o—热不溶性胶原蛋白热变性起始温度；T_p—最大热变性温度；T_e—热变性终止温度；ΔH—热不溶性胶原蛋白热变性焓值。

注：同一行数值中，肩注不同大写字母表示差异极显著（P<0.01）；不同小写字母表示差异显著（P<0.05）。

同超声处理对胶原蛋白的变性焓值有极显著影响（$P<0.01$）。本研究中，用于 DSC 分析的胶原蛋白经冷冻干燥后，水分含量较低（表 5-1），属于固体状，所以 DSC 分析温谱图变性峰的跨度较大（图 5-12），而不同于液体状或流体状样品，其温谱图变性峰跨度小、峰形尖且对称度高。

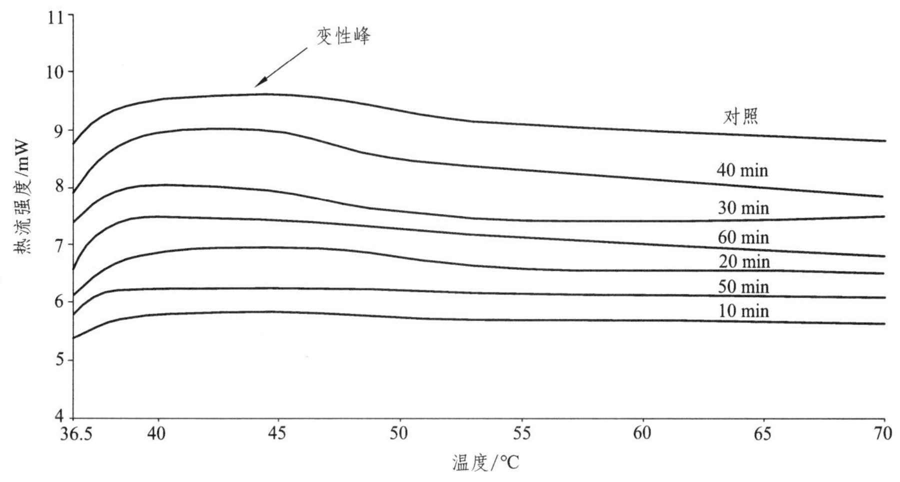

图 5-12 超声处理过程中牛半腱肌肌内热不溶性胶原蛋白差示扫描量热分析热流曲线

注：箭头表示最大热变性温度（即变性峰温度）。

据 Bailey 和 Light（1989）报道，T_o 为热不溶性胶原蛋白热变性起始温度，反映胶原蛋白的最低热稳定性；T_p 为最大热变性温度，反映胶原蛋白的平均热稳定性（或称一般热稳定性）[38]。有研究报道，DSC 分析过程中，分析参数的设置不同（如温度扫描范围和升温速率等）以及所分析样品本身的特性都会影响到结果[39, 40]。本研究中，热不溶性胶原蛋白为经过多次反复盐析和水洗提纯，最终经冷冻干燥而成的水分含量较低的干物质样品（表 5-1），不含有肌原纤维和肌浆蛋白成分以及其他盐类等成分，纯度较高，故而其 DSC 分析真正反映超声波处理对纯种单一肌内胶原蛋白热稳定特性的影响。结合胶原蛋白 DSC 分析热力参数特性以及热流温谱图曲线，可以得出，低频高强度超声处理对胶原蛋白的热稳定性具有显著的影响，可能原因是超声的“空化”作用对胶原蛋白组成链中赖氨酰吡啶啉和羟赖氨酰吡啶啉的交联程度和稳定性的影响[16]。

5.2.10 组织学观察及肌纤维直径和肌束膜厚度变化

图 5-13 中牛半腱肌肉组织学观察显示，超声处理 10 min 和 20 min 对肉的结构影响相同，而当超声处理的时间较长时，肉组织学结构会发生显著的变化，主要表现为肌纤维部分收缩，且与肌内膜发生分离[图（d）和（e）]，肌纤维间空隙增大，部分肌束膜和肌内膜发生结构改变和断裂[图（f）]，另外，部分肌束膜内部产生空洞现象[图（a）（b）和（c）]。

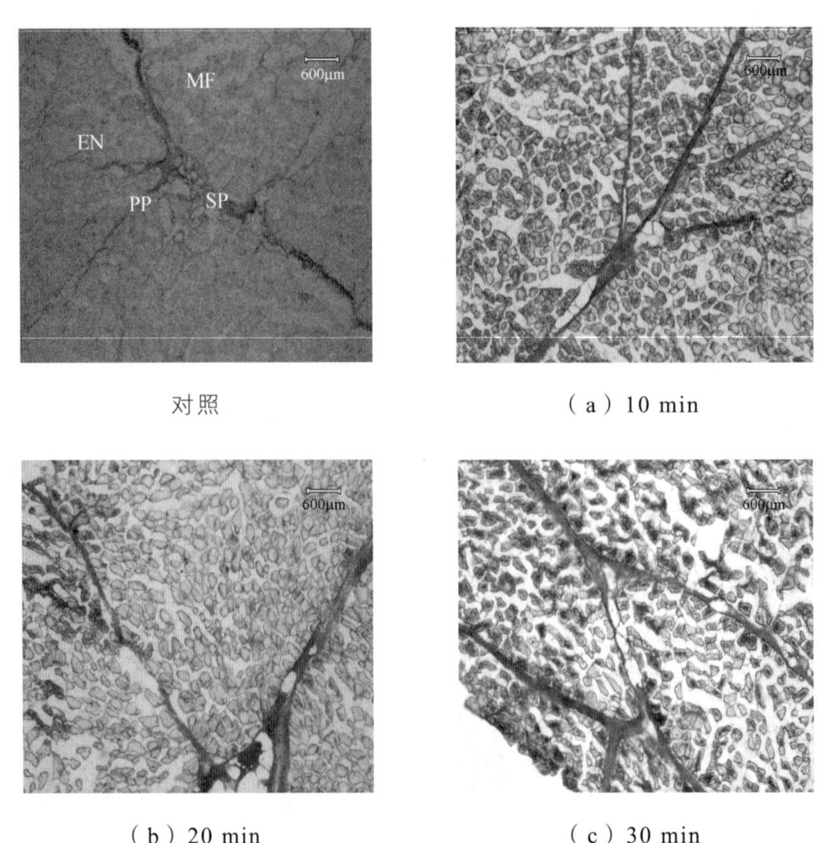

对照　（a）10 min

（b）20 min　（c）30 min

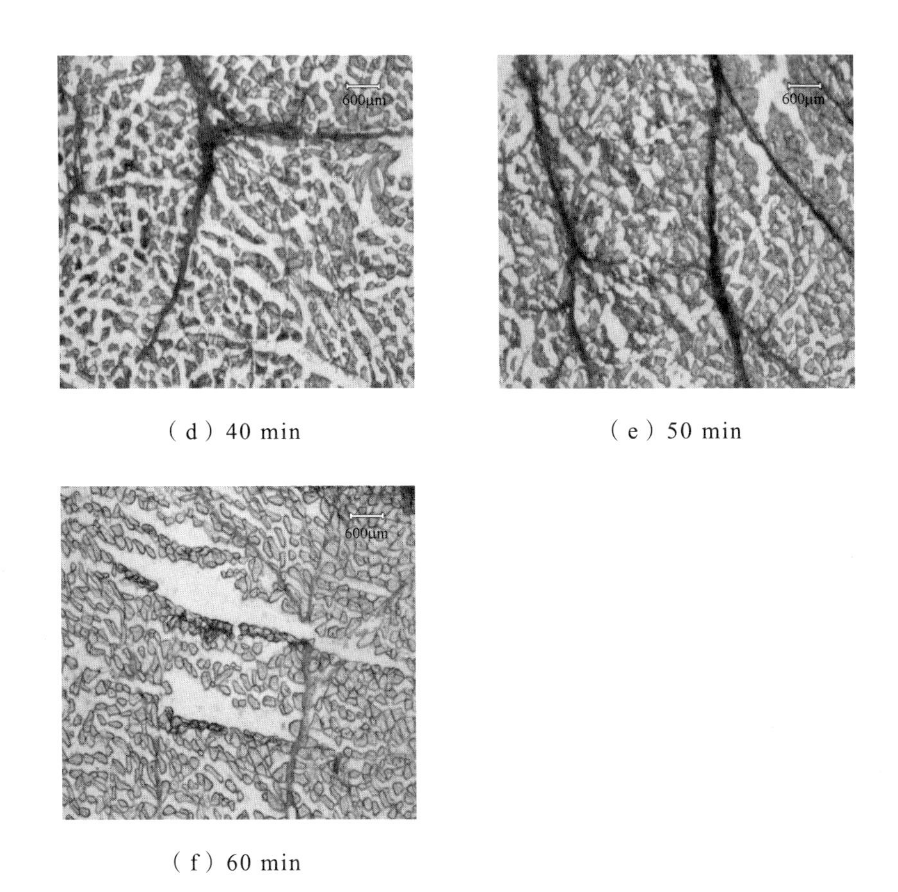

（d）40 min　　（e）50 min

（f）60 min

图 5-13　超声波处理过程中牛半腱肌组织学结构变化（光镜观察，放大倍数 100）

PP—初级肌束膜；SP—次级肌束膜；EN—肌内膜；MF—肌纤维

由图 5-14 可见，经超声处理后，肌纤维直径极显著降低（$P<0.01$）。该结论与组织学观察相符合，由于超声具有的“空化效应”“力学效应”和“微流效应”等[41]，以及低频（20 ~ 100 kHz）和高强度（100 ~ 10 000 W）超声波能够改变材料的结构特性（如可破坏整体结构）[42]，肉经超声处理后，对肌原纤维结构及肉中部分蛋白成分的影响和破坏，导致肌纤维直径显著降低。

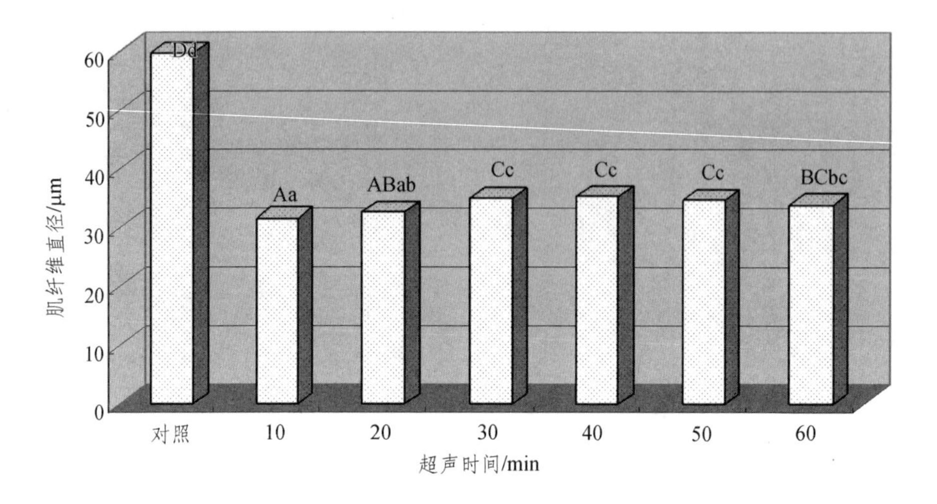

图 5-14 超声处理过程中牛半腱肌肌纤维直径的变化（平均值±标准差，n=100）

Reynolds et al.（1978）报道肉经过超声处理后，由于超声波的作用，微观结构发生变化而使得肌原纤维蛋白易于从组织中溶出[24]，这种结构及蛋白成分的变化使得肌纤维直径减小。肉剪切力值与肌纤维直径的大小有关，超声处理过程中肌纤维直径的减小与剪切力值降低、嫩度增加相符，由此可见，本研究所用的超声处理对肉可起到一定的嫩化效果。

图 5-15 显示了超声波处理过程中初级肌束膜和次级肌束膜厚度的变化。初级肌束膜厚度在超声处理过程中呈不规则变化，部分处理时间段内初级肌束膜厚度较对照组降低，而次级肌束膜厚度在超声处理过程中均降低。根据 Purslow（2005）报道，同一肌肉内部肌束膜厚度存在较大差异，初级肌束膜厚度差异为 2.53 倍，次级肌束膜厚度差异为 1.9 倍[43]。为提高测量数据的可靠性，本试验通过增加了观测值数（每个样品同一指标有 100 个观测值）来减少误差。结合肌肉组织学观察（图 5-13）可见，超声波处理可使部分肌束膜内部产生空洞，由此导致肌束膜厚度的降低，而有些处理时间段可使肌内膜结构发生变化甚至消失。由于超声的作用，肌束膜厚度降低，因而在一定程度上反映了超声处理可降低肉剪切力值，改善肌肉“背景嫩度”。

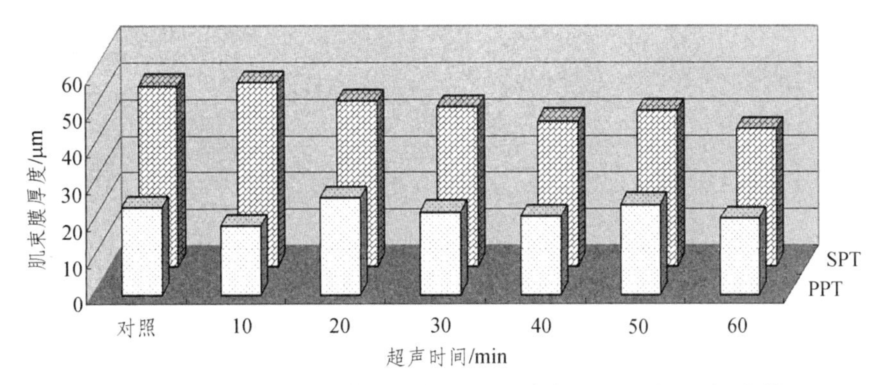

图 5-15 超声处理过程中牛半腱肌肌束膜厚度的变化（平均值±标准差，n=100）

PPT—初级肌束膜厚度，SPT—次级肌束膜厚度

5.2.11 扫描电镜观察

从扫描电镜照片可以看出牛肉肌束膜和肌内膜在超声波处理过程中结构的变化情况（图 5-16）。在对照样品中，肌束膜和肌内膜结构完整，清晰可见，肌纤维表面结构整齐，肌束间相互致密，空隙较小（图中“对照”）。肉经超声波处理后，肌束发生收缩，肌束的结构在不同程度上变的较为松散，超声处理 30 min 后肌束结构更为松散[图（c）]，部分肌束膜胶原蛋白发生聚集变性，并呈现一定的颗粒化状[图（e）和（f）]。由此可见，本研究中低频高强度超声处理对牛半腱肌肉肌束膜和肌内膜微观组织结构有显著影响，进而影响肉的质构。

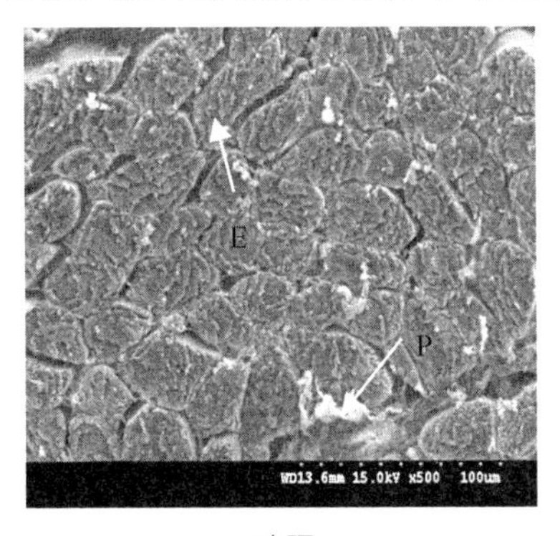

对照

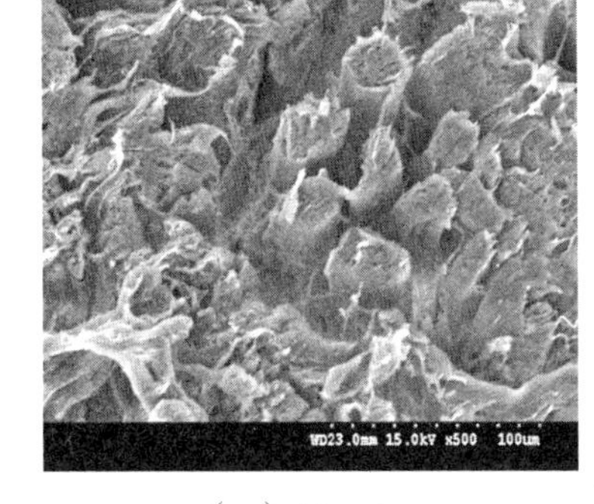

（a）10 min

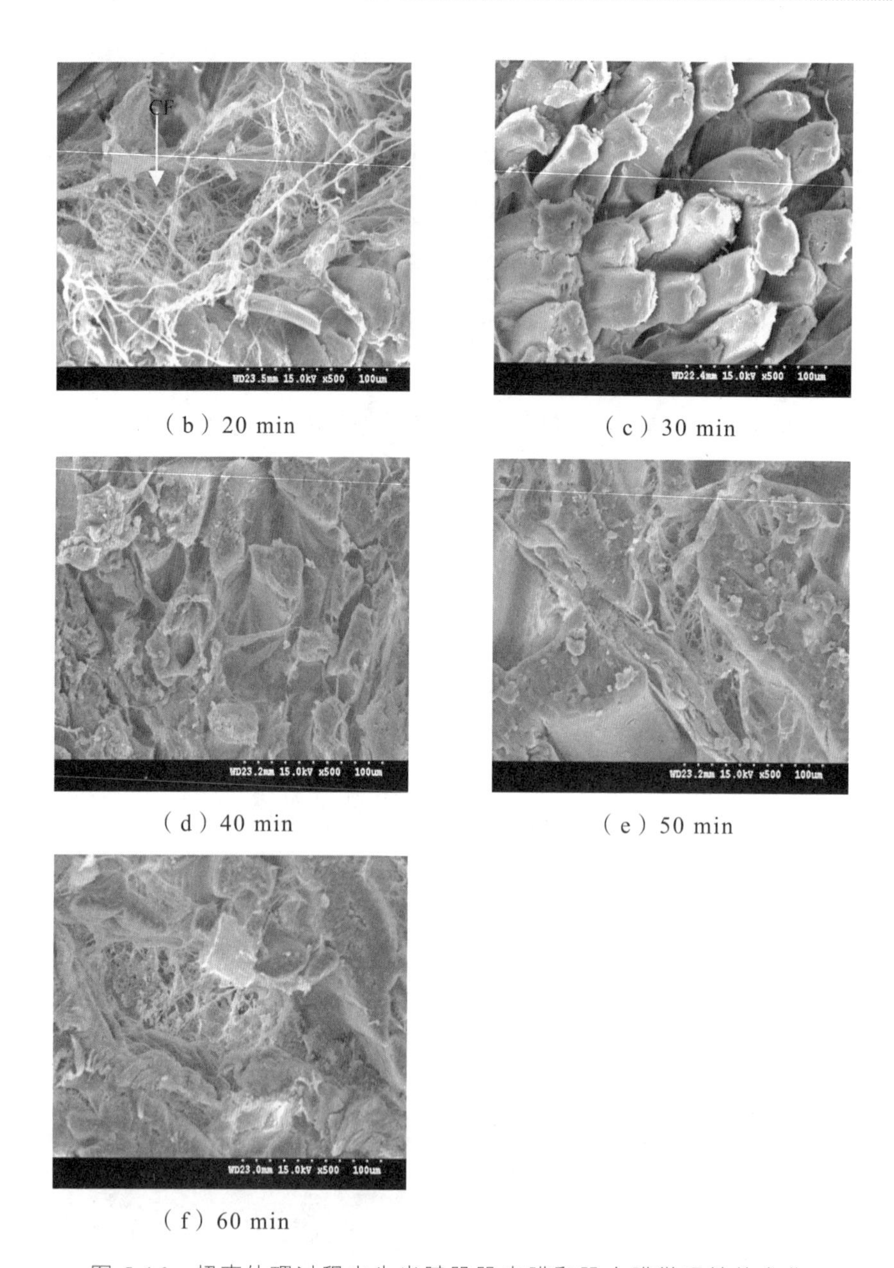

（b）20 min

（c）30 min

（d）40 min

（e）50 min

（f）60 min

图 5-16　超声处理过程中牛半腱肌肌束膜和肌内膜微观结构变化（放大倍数 500）

P—肌束膜；E—肌内膜；CF—胶原纤维

超声波处理过程中，胶原纤维微观结构变化见图 5-17。胶原纤维由一些较细的纤维束以黏附或分散的方式交替组成，胶原纤维在结构上形成一定的狭缝和空隙，对照组样品中胶原纤维排列比较整齐，形成致密且有规则的结构（图中“对照”）。牛半腱肌肉经过超声处理后，胶原纤维排列变得交互错乱，且胶原纤维束较为松散[图（a）至（f）]，随着超声处理时间的延长，胶原纤维蛋白发生收缩、变性和聚集现象，并且变性的蛋白在表面凝聚形成颗粒状[图（e）（f）]。超声波的“空化作用”，尤其是瞬间空化效应，可以产生自由基而引起生化作用，而超声波处理可迅速和完全的破坏细胞成分和完整的线粒体结构[37]，Zayas（1986）研究发现，高强度超声能够破坏细胞的完整性等肌肉超微结构和提取肌细胞中其他成分物质[44]，因此，高强度超声处理可以显著影响肌肉肌内肌束膜和肌内膜等肉的微观结构和胶原纤维的排列结构等。

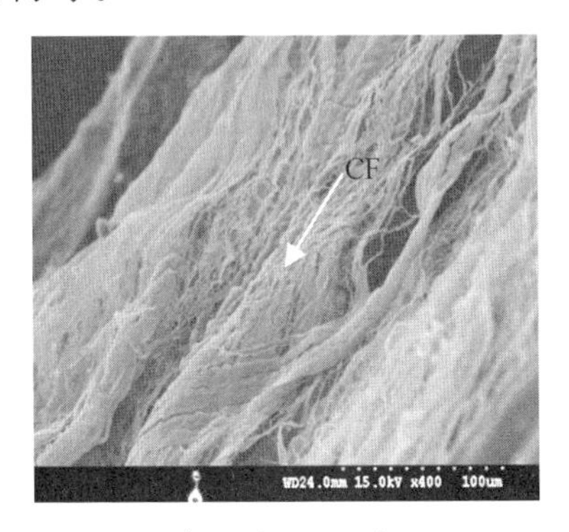

对照（×400）

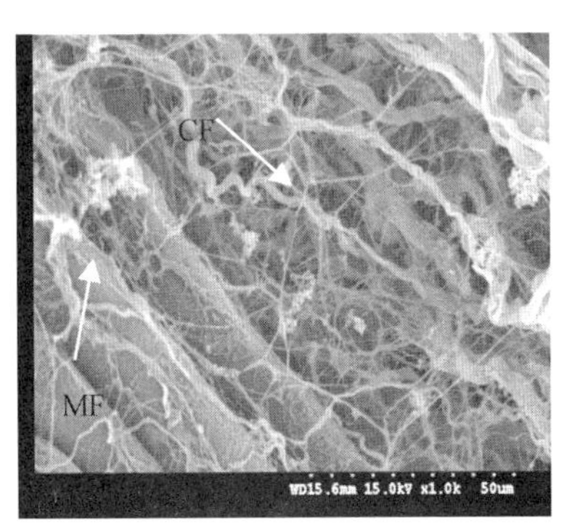

（a）（×1 000，10 min）

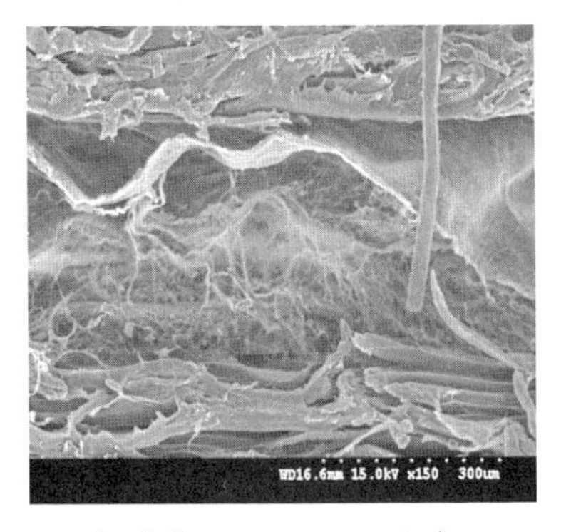

（b）（×150，20 min）

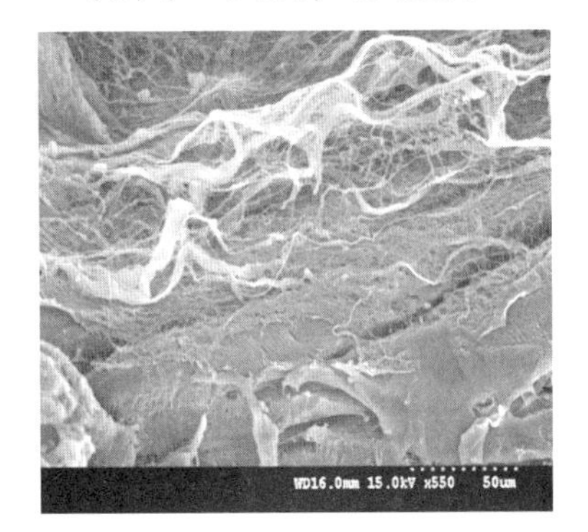

（c）（×550，30 min）

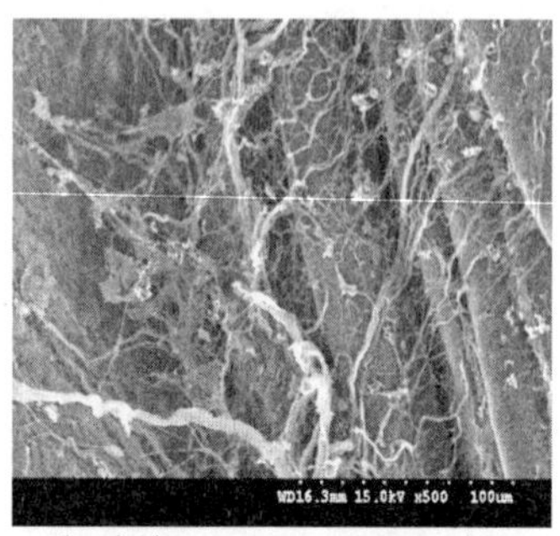

(d)(×500，40 min)

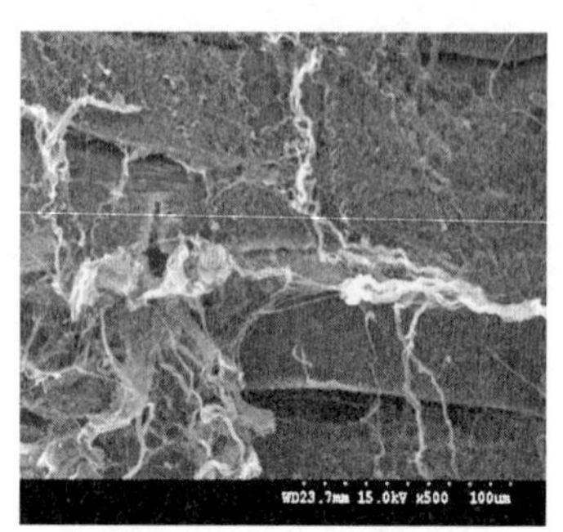

(e)(×500，50 min)

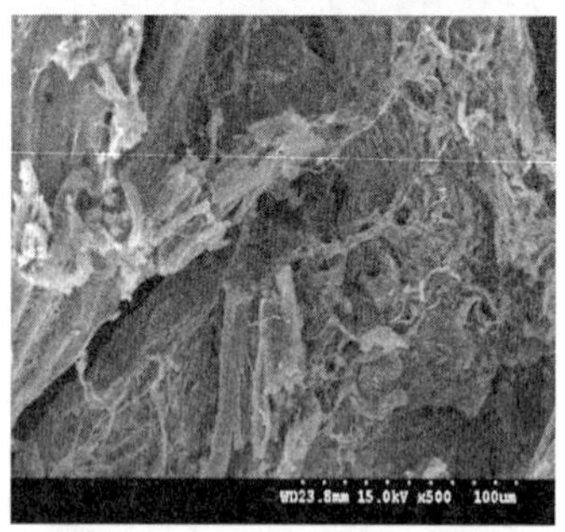

(f)(×500，60 min)

图 5-17 超声处理过程中牛半腱肌胶原纤维微观结构变化

CF—胶原纤维；MF—肌纤维

5.2.12 胶原蛋白特性变化与肉品质相关性分析

超声处理过程中热不溶性胶原蛋白以及结缔组织特性与肉品质相关性分析分别见表 5-2 和表 5-3。由相关性分析可见，热不溶性胶原蛋白的提取率与热变性起始温度 T_o 呈极显著负相关（$P<0.01$），而与变性热焓值（ΔH）呈显著正相关（$P<0.05$）。肌纤维直径与胶原蛋白热变性起始温度 T_o 呈显著负相关（$P<0.05$），而与变性热焓值（ΔH）呈极显著正相关（$P<0.01$）。牛肉失水率与次级肌束膜厚度呈极显著负相关（$P<0.01$），肉剪切力值与次级肌束膜厚度呈显著正相关（$P<0.05$），而分别与可溶性胶原蛋白和胶原蛋白的溶解性呈显著负相关（$P<0.05$），总胶原蛋白含量与初级肌束膜厚度呈显著负相关（$P<0.05$）。由此可见，低频高强度超声处理过程中肌内结缔组织及胶原蛋白特性变化对牛半腱肌肉品质和质构特性有显著或极显著影响。

表 5-2 超声处理过程中热不溶性胶原蛋白特性变化与肉质相关性分析（n=21）

	L^*	a^*	b^*	FD	HISCC	T_o	T_p	T_e	ΔH	DSCM	Har-	Adh-	Spr-	Coh-	Gum-	Che-	Res-
L^*	1	0.255	0.589**	0.108	0.017	0.157	0.545*	0.568**	−0.028	0.247	−0.079	−0.476*	0.133	−0.145	−0.107	−0.079	−0.267
a^*		1	0.690**	−0.028	−0.339	0.182	0.103	0.158	−0.136	−0.086	0.401	−0.245	0.035	−0.183	0.394	0.397	0.081
b^*			1	0.229	−0.208	0.192	0.443*	0.531*	0.039	0.239	0.138	−0.523*	−0.160	−0.316	0.096	0.088	−0.191
FD				1	0.173	−0.532*	−0.052	0.277	0.657**	0.822**	0.256	−0.051	−0.089	−0.451*	0.216	0.259	−0.187
HISCC					1	−0.635**	−0.431	−0.425	0.498*	0.024	−0.335	−0.309	0.155	−0.089	−0.395	−0.382	−0.280
T_o						1	0.557**	0.384	−0.792**	−0.246	0.045	−0.006	−0.104	0.211	0.101	0.051	0.136
T_p							1	0.799**	−0.134	0.185	0.045	−0.030	−0.195	0.193	0.097	0.062	0.299
T_e								1	−0.155	0.499*	0.071	−0.161	−0.282	−0.083	0.099	0.089	0.092
ΔH									1	0.337	0.070	0.022	0.029	−0.191	0.015	0.035	0.072
DSCM										1	0.113	−0.092	0.079	−0.113	0.133	0.196	−0.191
Har-											1	0.051	0.056	−0.197	0.973**	0.947**	0.484*
Adh-												1	0.016	0.241	0.125	0.139	0.334
Spr-													1	0.555**	0.134	0.250	0.152
Coh-														1	−0.023	0.026	0.479*
Gum-															1	0.988**	0.592**
Che-																1	0.568**
Res-																	1

L^*—亮度；a^*—红度；b^*—黄度；FD—肌纤维直径；HISCC–热不溶性胶原蛋白含量；T_o—热变性起始温度；T_p—最大热变性温度；T_e—热变性终止温度；ΔH—焓值；DSCM—DSC 分析样品水分含量；Har—硬度；Adh—黏着性；Spr—弹性，；Coh—凝聚性；Gum—胶黏性；Che—咀嚼性；Res—回弹性

注：* 表示显著相关（P<0.05），** 表示极显著相关（P<0.01）。

表 5-3 超声处理过程中结缔组织胶原蛋白特性变化与肉质相关性分析（n=21）

	EY	WLR	CL	WBSF	SCC	ISCC	TCC	CS	MS	PC	EC	P-T_p	E-T_p	PPT	SPT
EY	1	−0.009	0.248	−0.187	0.167	−0.150	−0.003	0.169	−0.075	0.022	0.123	0.095	0.272	−0.003	0.164
WLR		1	−0.033	−0.265	−0.082	−0.282	−0.318	0.105	0.223	−0.263	−0.182	−0.501*	−0.484*	−0.062	−0.743**
CL			1	0.234	0.235	−0.140	0.049	0.240	0.036	−0.273	−0.244	0.085	0.197	0.025	0.010
WBSF				1	−0.442*	0.074	0.266	−0.524*	0.440*	0.114	0.133	0.540*	0.108	0.315	0.439*
SCC					1	−0.289	0.491*	0.774**	−0.323	0.254	0.333	0.373	0.380	−0.275	0.082
ISCC						1	0.692**	−0.823**	0.172	0.187	−0.002	0.078	−0.075	0.249	0.204
TCC							1	−0.165	0.086	0.362	0.249	0.352	0.219	−0.434*	0.247
CS								1	−0.311	0.042	0.193	0.179	0.313	0.001	−0.066
MS									1	0.263	0.018	0.161	−0.108	0.014	0.127
PC										1	0.270	0.436*	0.322	0.220	0.492*
EC											1	0.493*	0.080	0.206	0.261
P-T_p												1	0.425	−0.009	0.603**
E-T_p													1	−0.221	0.492*
PPT														1	0.093
SPT															1

EY—渗出液量；WLR—失水率；CL—蒸煮损失；WBSF—剪切力值；SCC—可溶性胶原蛋白含量；ISCC—不溶性胶原蛋白含量；TCC—总胶原蛋白含量；CS—胶原蛋白溶解性；MS—结缔组织机械强度；PC—肌束膜含量；EC—肌内膜含量；P-T_p—肌束膜最大热变性温度；E-T_p—肌内膜最大热变性温度；PPT—初级肌束膜厚度；SPT—次级肌束膜厚度。

注：* 表示显著相关（$P<0.05$），** 表示极显著相关（$P<0.01$）。

参考文献

[1] PAPADIMA S N, ARVANITOYANNIS I S, BLOUKAS J G, et al. Chemometric model for describing traditional sausages [J]. Meat Science, 1999, 51(3): 271-277.

[2] PROBOLA G, ZANDER L. Application of PCA method for characterisation of textural properties of selected ready-to-eat meat products [J]. Journal of Food Engineering, 2007, 83(1): 93-98.

[3] TARRANT P V. Some recent advances and future priorities in research for the meat industry [J]. Meat Science, 1998, 49 (Supplement 1): S1-S16.

[4] KOOHMARAIE M. Muscle proteinases and meat aging [J]. Meat Science, 1994, 36(1-2): 93-104.

[5] KOOHMARAIE M. Biochemical factors regulating the toughening and tenderization processes of meat [J]. Meat Science, 1996, 43(Supplement 1): S193-S201.

[6] TORRESCANO G, SANCHEZ-ESCALANTE A, GIMENEZ B, et al. Shear values of raw samples of 14 bovine muscles and their relation to muscle collagen characteristics [J]. Meat Science, 2003, 64(1): 85-91.

[7] KING N L. Thermal transition of collagen in ovine connective tissues [J]. Meat Science, 1987, 20(1): 25-37

[8] JAYASOORIYA S D, TORLEY P J, D' ARCY B R, et al. Effect of high power ultrasound and ageing on the physical properties of bovine *Semitendinosus* and *Longissimus* muscles [J]. Meat Science, 2007, 75(4): 628-639.

[9] GOT F, CULIOLI J, BERGE P, et al. Effects of high-intensity high-frequency ultrasound on ageing rate, ultrastructure and some physico-chemical properties of beef [J]. Meat Science, 1999, 51(1): 35-42.

[10] POHLMAN F W, DIKEMAN M E, ZAYAS J F. The effect of low-intensity ultrasound treatment on shear properties, color stability

and shelf-life of vacuum-packaged beef *Semitendinosus* and *Biceps femoris* muscles [J]. Meat Science, 1997, 45(3): 329-337.

[11] POHLMAN F W, DIKEMAN M E, KROPF D H. Effects of high intensity ultrasound treatment, storage time and cooking method on shear, sensory, instrumental color and cooking properties of packaged and unpackaged beef pectoralis muscle [J]. Meat Science, 1997, 46(1): 89-100.

[12] LYNG J G, ALLEN P, MCKENNA B M. The effect on aspects of beef tenderness of pre-and post-rigor exposure to a high intensity ultrasound probe [J]. Journal of the Science of Food and Agriculture, 1998, 78(3): 308-314.

[13] LYNG J G, ALLEN P, MCKENNA B M. The effects of pre-and post-rigor high-intensity ultrasound treatment on aspects of lamb tenderness [J]. Lebensmittel Wissenschaft und Technology, 1998, 31(3): 334-338.

[14] FAROUK M M, WIELICZKO K J, MERTS I. Ultra-fast freezing and low storage temperatures are not necessary to maintain the functional properties of manufacturing beef [J]. Meat Science, 2003, 66(1): 171-179.

[15] LI C B, CHEN Y J, XU X L, et al. Effects of low-voltage electrical stimulation and rapid chilling on meat quality characteristics of Chinese crossbred bulls [J]. Meat Science, 2006, 72(1): 9-17.

[16] CHANG H J, XU X L, ZHOU G H, et al. Effects of characteristics changes of collagen on meat physicochemical properties of beef semitendinosus muscle during ultrasonic processing [J]. Food and Bioprocess Technology, 2009, doi: 10.1007/s11947-009-0269-9.

[17] DUTSON T R, LAWRIE R A. Release of lysosomal enzymes during postmortem conditioning and their relationship to tenderness [J]. Journal of Food Technology, 1974, 9(1): 43-50.

[18] WU J J. Characteristics of bovine intramuscular collagen under various postmortem conditions [D]. London: Texas A & M University,

1978.

[19] PARTHASARATHY N, TANZER M L. Isolation and characterization of a low molecular weight chondroitin sulfate proteoglycan from rabbit skeletal muscle [J]. Biochemistry, 1987, 26: 3149-3156.

[20] UENO Y, IKEUCHI Y, SUZUKI A. Effects of high pressure treatments on intramuscular connective tissue [J]. Meat Science, 1999, 52(2): 143-150.

[21] BITTER T, MUIR H M. A modified uronic acid carbazole reaction [J]. Analytical Biochemistry, 1962, 4: 330-334.

[22] TIAN Z M, WAN M X, WANG S P, et al. Effects of ultrasound and additives on the function and structure of trypsin [J]. Ultrasonics Sonochemistry, 2004, 11(6): 399-404.

[23] STADNIK J, DOLATOWSKI Z J, BARANOWSKA H M. Effect of ultrasound treatment on water properties and microstructure of beef(m. semimembranosus)during ageing [J]. LWT-Food Science and Technology, 2008, 41(10): 2151-2158.

[24] REYNOLDS J B, ANDERSON D B, SCHMIDT G R, et al. Effects of ultrasonic treatment on binding strength in cured ham rolls [J]. Journal of Food Science, 1978, 43(3): 866-868.

[25] SMITH N B, CANNON J E, NOVAKOFSKI J E, et al. Tenderisation of semitendinosus muscle using high intensity ultrasound [C]. Proceedings of the IEEE Ultrasonics Symposium, Orlando, 1991: 1371-1373.

[26] POHLMAN F W, DIKEMAN M E, ZAYAS J F, et al. Effects of ultrasound and convection cooking to different end point temperatures on cooking characteristics, shear force and sensory properties, composition, and microscopic morphology of beef longissimus and pectoralis muscles [J]. Journal of Animal Science, 1997, 75(2): 386-401.

[27] LAWRIE R A. Lawrie's meat science [M]. 7th edition. Cambridge:

Woodhead Publishing Limited, 2006.

[28] FAUSTMAN C, CASSENS R G. The biochemical basis for discoloration in fresh meat: A review [J]. Journal of Muscle Foods, 1990, 1(3): 217-243.

[29] CARLEZ A, VECIANA-NOGUES T, CHEFTEL J. Changes in color and myoglobin of minced beef meat due to high pressure processing [J]. Lebensmittel Wissenschaft und Technology, 1995, 28(5): 528-538.

[30] 钟赛意，姜梅，王善荣，等. 超声波与氯化钙结合处理对牛肉品质的影响 [J]. 食品科学, 2007, 28(11): 142-146.

[31] 张瑞宇. 物理新技术改进肉类肌肉质构的机理与应用 [J]. 重庆工商大学学报, 2005, 1: 44-47.

[32] VIMINI R J, KEMP J D, FOX J D. Effects of low frequency ultrasound on properties of restructured beef rolls [J]. Journal of Food Science, 1983, 48(5): 1572-1574.

[33] 周晓辉. β-D-半乳糖苷酶活性测定方法的研究 [J]. 河北工业科技, 2004, 21(5): 16-18.

[34] 李华，高丽. β-葡萄糖苷酶活性测定方法的研究进展 [J]. 食品与生物技术学报, 2007, 26(2): 107-114.

[35] RONCALES P, CENA P, BELTRAN J A, et al. Ultrasonication of lamb skeletal muscle fibers enhances postmortem proteolysis [C]. Proceedings of the 38th International Congress of Meat Science and Technology, 1992: 411-414.

[36] LYNG J G, ALLEN P, MCKENNA B M. The influence of high intensity ultrasound baths on aspects of beef tenderness [J]. Journal of Muscle Foods, 1997, 8(3): 237-249.

[37] FRIZZELL L A. Biological effects of acoustic cavitation [M]// Suslick ed. Ultrasound: it’s chemical, physical, and biological Effects, New York: VCH Publishers, 1988: 287-301.

[38] BAILEY A J, LIGHT N D. Connective Tissue in Meat and Meat Products [M]. London: Elsevier Applied Science, 1989: 114.

[39] KIJOWSKI J M, MAST M G. Thermal properties of proteins in chicken broiler tissues [J]. Journal of Food Science, 1988, 53(2): 363-366.

[40] AKTAS N, KAYA M. Influence of weak organic acids and salts on the denaturation characteristics of intramuscular connective tissue. A differential scanning calorimetry study [J]. Meat Science, 2001, 58(4): 413-419.

[41] 王威，张绍志，陈光明. 功率超声波在食品工艺中的应用 [J]. 包装与食品机械, 2001, 19(5): 12-16.

[42] MCCLEMENTS D J. Advances in the application of ultrasound in food analysis and processing [J]. Trends in Food Science and Technology, 1995, 6(2): 293-299.

[43] PURSLOW P P. Intramuscular connective tissue and its role in meat quality [J]. Meat Science, 2005, 70(4): 435-447.

[44] ZAYAS J F. Effects of ultrasonics treatment on the extraction of chymosin [J]. Journal of Dairy Science, 1986, 69: 1767-1775.

6　弱有机酸结合 NaCl 腌制处理对牛肉肌内胶原蛋白及肉品质的影响

肉的感官特性（质构、风味和色泽）是肉的重要品质，肉的嫩度与肉的质构有关，是肉最重要的食用品质之一。肉的质构主要由肉中水分和脂肪的含量以及肉中结构蛋白的含量和种类决定[1]。胶原蛋白是组成肉中肌内结缔组织的主要结构蛋白，在肌原纤维形成肌束以及最终形成骨骼肌的过程中，并且在肌肉运动过程中对力的维持和传递起到极其重要的作用[2, 3]。胶原蛋白是一种具有纤维性状的，并具有一定的韧性和抗剪切性的蛋白质[4]。

目前，已有许多研究报道了可用于肉品嫩化的多种处理方法，包括腌制处理[5]。酸腌渍处理是肉腌制嫩化的一种方法，用于酸渍处理常见的酸渍剂及相应方法有：含有醋酸成分的醋酸溶液[6, 7]，果酒或果汁酸[5, 8]以及乳酸[1]等。研究证明用弱有机酸进行酸渍处理可以提高和改善肉的嫩度，这种对肉的嫩化效果可以直接通过肌原纤维的膨胀来弱化肌肉结构[9]以及酸渍过程对肌束膜等结缔组织胶原蛋白的直接弱化来实现[10]；或者可以通过间接途径起作用，如通过对溶酶体的破坏以激活或释放蛋白水解酶而起作用[11]。

许多学者对肉腌制过程中，肌肉组织学特性和生物化学特性进行了探讨，特别是借助光学显微镜和电子显微镜对肉在腌制过程中的微细结构变化进行研究。但是，这些研究大部分集中于对肌原纤维蛋白成分及结构的变化，另外，研究所用腌制剂较为单一。关于对肉在腌制过程中肌内胶原蛋白成分及结构的变化，特别是不同腌制剂（如弱有机酸和 NaCl）的结合处理对胶原蛋白特性及肉品质的影响鲜见报道。

本试验拟在研究弱有机酸结合 NaCl 腌制对肉中肌内胶原蛋白特性及其对肉品质和质构特性的影响，并对其作用机制进行探讨，从而为肉类腌制产品的加工及肉类嫩化提供理论依据。

6.1 研究材料与方法概论

6.1.1 试验材料和仪器

6.1.1.1 试验材料

本研究试验材料为牛半腱肌（*Semitendinosus*），购于河南绿旗肥牛有限公司。其具体要求见第 4 章。

6.1.1.2 仪器设备与试剂

DSC7 差示扫描量热仪（Perkin Elmer，USA）；BX41 相差光学显微镜（日本 Olympus）；Minolta Chroma Meter CR-400 色差仪（日本美能达公司）；S-3000N 型扫描电镜（日本 Hitachi High-Technologies Corporation）；TA-XT2i 物性测试仪（英国 Stable Micro Systems）；Alpha2-1.2 冷冻干燥机（德国 Christ）；CM1900 冷冻切片机（德国 Leica）；Allegra TM 64R Centrifuge 台式高速冷冻离心机（美国 Beckman-Coulter 公司）；L-550 台式低速大容量离心机（湖南湘仪离心机仪器有限公司）；直插式 pH 计（Thermo scientific，英国）；UV-2450 紫外分光光度计（日本岛津公司）；GZX-9076 MBE 数显鼓风干燥箱（上海博讯实业有限公司医疗设备厂）；DC-12H 恒温水浴锅（上海安谱科学仪器有限公司）；C-LM3 数显式肌肉嫩度仪（东北农业大学工程学院）；消化炉（丹麦 FOSS 公司）；YYW-2 型应变控制式无侧限压力仪（江苏南京土壤仪器有限公司）；Shimadzu AUY120 电子天平（日本岛津公司）；Ultra-Turrax T25 BASIC 高速匀浆器（德国 IKA-WERKE）；78-1 型磁力加热搅拌器（金坛市杰瑞尔电器有限公司）。

L（−）-羟脯氨酸（L-4-hydroxyproline）（$C_5H_9NO_3$，MW：31.13），邻硝基苯-β-D-半乳糖苷（2-nitrophenyl-β-D-galactopyranoside）（$C_{12}H_{15}NO_8$，MW：301.25）和对硝基苯-β-D-葡糖醛酸苷（4-nitrophenyl-β-D-glucuronide）（$C_{12}H_{13}NO_9$，MW：315.20）均购于法国 Sigma-Aldrich

（Fluka Analytical）公司。试验所用腌制剂乳酸、醋酸、柠檬酸和 NaCl 均为食品级。其他所用化学试剂均为分析纯。

6.1.2 试验设计与腌制处理

将牛半腱肌肉（pH 在 5.6～5.8）分割成 2.5 cm×5.0 cm×5.0 cm 大小的肉块[约（100±5）g 重]若干，随即分组并称重，置于下列弱有机酸和 NaCl 的不同组合腌制剂中，于 4 °C 条件下浸泡腌制 24 h，其中不经腌制处理的作为对照组。腌制处理组分别为：（A）2% NaCl，（B）1.5%乳酸，（C）1.5%乳酸+ 2% NaCl，（D）1.5%醋酸，（E）1.5%醋酸 +2% NaCl，（F）1.5%柠檬酸，（G）1.5%柠檬酸+ 2% NaCl。每组腌制共 6 小块肉样，肉样与腌制液之比为 1∶5（g/mL）。腌制完成后，用吸水纸吸干肉块表面水分，称重后进行真空包装，于 4 °C 贮藏待分析。

6.1.3 研究方法

6.1.3.1 增水率测定

用腌制处理前后的肉重，分别为 W_1 和 W_2 计算腌制处理过程中肉块吸收或渗出液的量（%）。

$$增水率（\%）=\frac{W_2-W_1}{W_1}\times 100$$

6.1.3.2 失水率测定

腌制过程中肉样失水率测定同第 5 章中所述方法。

6.1.3.3 蒸煮损失和剪切力测定

牛半腱肌肉腌制过程中蒸煮损失测定同第五章中所述方法，剪切力值测定同第 4 章中方法。

6.1.3.4 色泽 L^*、a^*和 b^*值测定

用色差仪测定肉样腌制后色泽 L^*、a^*和 b^*值的变化。

6.1.3.5 肉样和腌制液 pH 变化分析

用直插式 pH 计分别测定对照组（未腌制组）和各个腌制处理组腌制完毕后肉样 pH 的变化。同时在腌制过程中间断性（分别在腌制 0、6、12、18 和 24 h）测定不同腌制液 pH 的变化。

6.1.3.6 肉样质构分析

肉样质构分析及仪器参数设置按照 Chang et al.（2010）方法进行[12]。

6.1.3.7 β-半乳糖苷酶和 β-葡糖醛酸酶活力测定

牛半腱肌肉中 β-半乳糖苷酶和 β-葡糖醛酸酶酶活测定其酶液提取参照 Dutson 和 Lawrie（1974）[13]，Wu（1978）[14] 方法进行，在一定条件下，β-半乳糖苷酶能够水解邻硝基苯酚-β-D-半乳糖苷（ONPG）中的 β-D-半乳糖苷键，生成邻硝基苯酚（ONP），ONP 在碱性条件下显黄色，可以通过比色法定量测定该黄色物质的含量，进而计算出 β-半乳糖苷酶的活力。β-葡糖醛酸酶能够水解对硝基苯酚-β-D-葡糖醛酸苷（PNPG）中的 β-D-葡糖醛酸苷键，生成对硝基苯酚（PNP），以对硝基苯基 β-D-葡萄糖苷为底物进行酶解，底物水解后释放出来的对硝基苯酚在 400～420 nm 可见光范围内有特征吸收峰，可直接比色测定。通过比色法定量测定对硝基苯酚的含量，计算出 β-葡糖醛酸酶的活力。酶活力测定参照 Got et al.（1999）方法[15]，具体方法同第五章中所述。

6.1.3.8 胶原蛋白含量及溶解性分析

可溶性和不溶性胶原蛋白的分离采用 Ringer's 试剂溶解法，将测得的羟脯氨酸含量乘以系数 7.25 换算为胶原蛋白含量。沉淀和上清样液中羟脯氨酸分别换算为不溶性胶原蛋白和可溶性胶原蛋白含量，两者之和为总胶原蛋白含量。胶原蛋白含量及溶解性分析方法同第 4 章。

胶原蛋白的溶解度（%）=可溶性胶原蛋白含量/总胶原蛋白含量 ×100

6.1.3.9 热不溶性胶原蛋白提取及差示扫描量热分析

肌内热不溶性胶原蛋白的分离与纯化参照 Wu（1978）[14] 方法进

行，并做了部分修改，其具体分离纯化方法同第5章中图5-1所述。

6.1.3.10 组织学观察及肌纤维直径和肌束膜厚度测定

腌制过程中牛半腱肌肉组织学观察，其样品制备方法以及肌纤维直径和肌束膜厚度测定方法同第4章。

6.1.3.11 扫描电镜观察

弱有机酸结合 NaCl 腌制过程中牛半腱肌肉肌束膜和肌内膜微观结构变化，以及胶原纤维微观结构观察样品制备方法同第4章。

6.1.3.12 统计分析

运用 SPSS16.0 一般线性模型（GLM）对试验所得数据进行单因素方差（ANOVA）分析、LSD 多重比较以及相关性分析。

6.2 弱有机酸结合 NaCl 腌制处理对牛肉肌内胶原蛋白及肉品质的影响

6.2.1 增水率变化分析

由图6-1可见，在本研究所用的7中不同腌制处理中，腌制24 h后，牛半腱肌肉质量变化存在极显著差异（$P<0.01$），具体表现为：醋酸结合 NaCl、柠檬酸结合 NaCl 腌制组牛肉表现为失水，而其他腌制处理组牛肉均表现为吸水；三种弱有机酸单独腌制过程中牛肉吸水较有机酸与 NaCl 结合腌制更显著（$P<0.01$），且有机酸单独腌制过程中牛肉吸水量极显著高于 NaCl 单独腌制组（$P<0.01$）。Burke et al.（2003）[5]和 Gault（1985）[16]也报道了有机酸腌制时肌肉会发生吸水现象，与本研究结论一致。由此可见，弱有机酸腌制液中 2% NaCl 的存在使得牛肉在腌制过程中吸水程度降低，有些腌制牛肉甚至表现为失水过程。

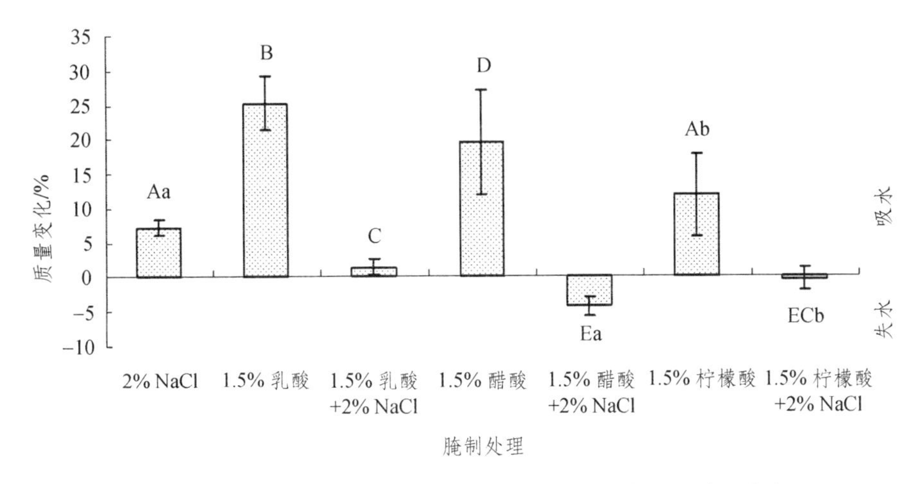

图 6-1 弱有机酸结合 NaCl 腌制过程中牛半腱肌肉质量变化

（平均值±标准差，n=9）

注：不同大写字母表示差异极显著（$P<0.01$）；不同小写字母表示差异显著（$P<0.05$），下同。

6.2.2 失水率变化

弱有机酸结合 NaCl 腌制过程中牛半腱肌肉失水率变化见图 6-2。与对照组（未腌制组）相比，牛半腱肌肉经过弱有机酸结合 NaCl 腌制后，肉失水率极显著增加（$P<0.01$）。在各腌制组之间，1.5%醋酸腌制组较其他处理组牛肉失水率低，而其他腌制组之间牛肉失水率无显著差异（$P>0.05$）。Gerelt et al.（2002）研究发现，牛肉经 $CaCl_2$ 腌制处理后，肉的保水性降低，反之肉的失水率增加[17]。失水率测定原理是采用施加压力法分析压力施加前后肉样重量的变化，即施加一定的压力后肉中可压出水分的量。由于腌制液浸泡腌制能够使肉的组织结构软化，且软化的组织部分表现为吸水，肌纤维和结缔组织中结构疏松，持水能力降低，因而加压后肉的失水率提高。

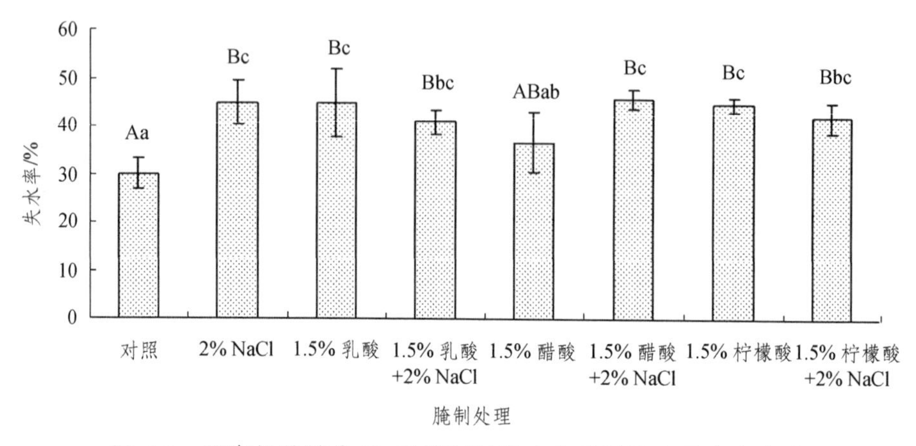

图 6-2 弱有机酸结合 NaCl 腌制过程中牛半腱肌肉失水率变化
（平均值±标准差，*n*=3）

6.2.3 蒸煮损失和剪切力值的变化

弱有机酸结合 NaCl 腌制过程中牛半腱肌肉蒸煮损失和剪切力值的变化分别如图 6-3 和图 6-4 所示。

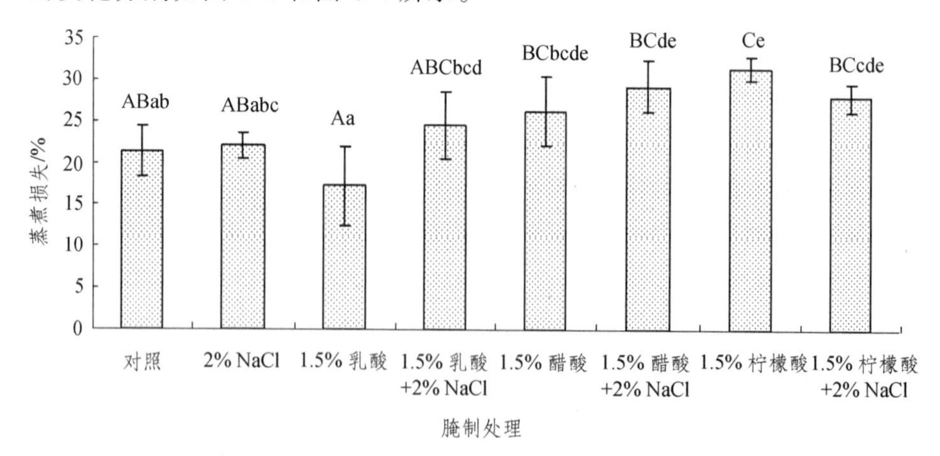

图 6-3 弱有机酸结合 NaCl 腌制过程中牛半腱肌肉蒸煮损失的变化
（平均值±标准差，*n*=3）

如图 6-3 所示，除 1.5%乳酸腌制组牛肉蒸煮损失低于对照组（但差异不显著）外，其他腌制处理组牛肉蒸煮损失均高于对照组。三种弱有机酸结合 NaCl 腌制与 NaCl 单独腌制相比，牛肉蒸煮损失无显著差异（$P>0.05$），但 1.5%醋酸和柠檬酸腌制，牛肉蒸煮损失极显著高于 1.5%乳酸腌制（$P<0.01$）。牛肉经 1.5%乳酸腌制后，肉表面呈现胶体状结构，黏性增强，与其他腌制处理组差别较明显，因而可能导致其蒸煮损失与其他腌制处理组有明显差别。总体而言，弱有机酸结合 NaCl 腌制对牛肉蒸煮损失无显著影响（$P>0.05$）。

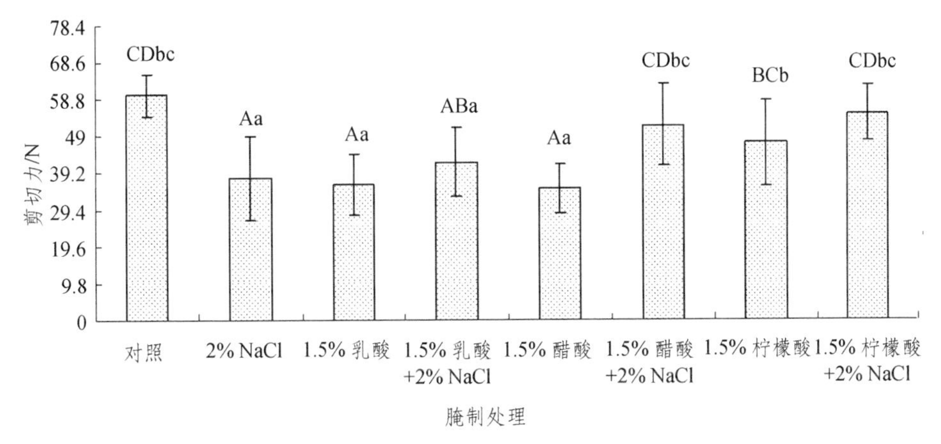

图 6-4 弱有机酸结合 NaCl 腌制过程中牛半腱肌肉剪切力值的变化（平均值±标准差，$n=5$）

由图 6-4 可见，不同腌制处理对牛肉剪切力值存在显著（$P<0.05$）或极显著（$P<0.01$）影响。牛半腱肌肉经腌制后，其剪切力值均低于对照组（未经腌制组）。2% NaCl，1.5%乳酸，1.5%乳酸结合 NaCl 以及 1.5%醋酸分别腌制后，与对照组相比，牛肉剪切力值极显著降低（$P<0.01$），而醋酸结合 NaCl、柠檬酸以及柠檬酸结合 NaCl 腌制对牛肉剪切力值的影响不显著（$P>0.05$）。另外，本研究发现，弱有机酸腌制液中 2% NaCl 的存在使得牛肉在腌制过程中剪切力值均高于有机酸单独腌制时的剪切力。Oblinger et al.（1977）研究发现，老母鸡肉用 2% NaCl 腌制 16 h 后，肉剪切力值显著降低，嫩度提高[18]。Berge et al.（2001）报道牛肉僵直前后采用注射乳酸（0.5 mol/L，10% *W*/*W*）的方法可显著提高肉的嫩度[11]。动物宰后肉的 pH 与肉嫩度有关[19, 20]，弱有机酸结合 NaCl 腌制过程中，与对照组相比，牛半腱肌肉 pH 均降低（图 6-6），pH 的降低会影响溶酶体酶的活性，进而影响到对蛋白的水解变化，可以提高肉的嫩度[21]；另外，牛肉在腌制过程中 pH 的降低，会影响肉的质构特性，在一定程度上影响肉的嫩度[11]。有研究认为，酸渍处理对嫩度的影响是由于 pH 对肉系水力的影响，当 pH 低于蛋白等电点时，会影响一些离子结合的稳定性，进而影响肉的系水力[5]。酸渍处理对肉嫩度的影响一方面与肉本身的硬度有关[22]，另一方面与所用酸的种类以及浓度的高低有关[6, 11]。Gault（1985）通过肉中注射添加醋酸的方法降低肉的 pH，研究发现该处理可以显著降低肉的剪切力值，pH 在 5.0 左右（4.5 ~ 5.5）时剪切力值最大，pH 从 4.6 降到 4.1 时，肉剪切力值显著降低[16]。酸渍液中 2% NaCl 的存在使得牛肉在腌制过程中剪切力值与有机酸单独腌制时存在差异，该结论与 Kijowski 和 Mast（1993）的研究报道相似，可能原因是加入 2% NaCl 后，改变了体系的 pH 和离子强度，而 pH 和离子强度的变化会影响到胶原蛋白的热变性温度（热稳定性）[1]，因此对结缔组织组成的“背景嫩度”的作用不同。弱有机酸结合 NaCl 腌制对肉嫩度的影响主要是对肌原纤维结构和结缔组织结构的影响所致，后面的组织学和扫面电镜观察以及胶原蛋白 DSC 分析也可证明这一变化。

6.2.4 色泽 L^*、a^*和 b^*值变化

弱有机酸结合 NaCl 腌制过程中牛半腱肌肉色泽变化如图 6-5 所示。

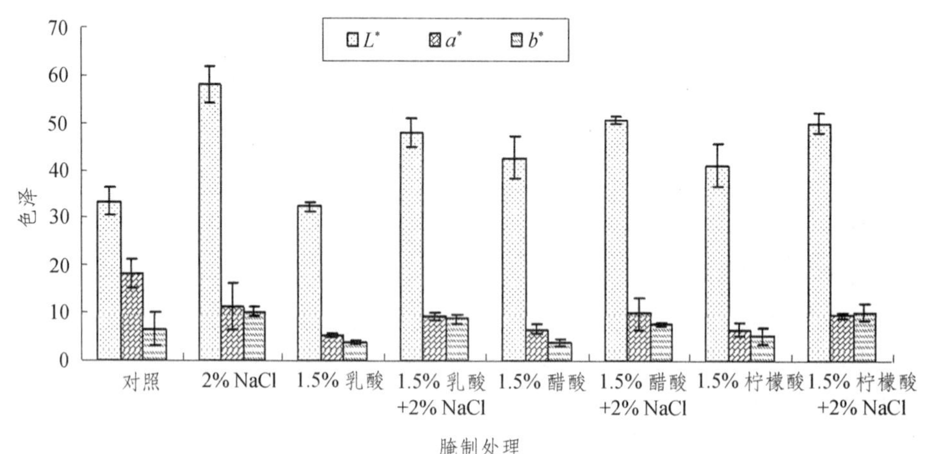

图 6-5 弱有机酸结合 NaCl 腌制过程中牛半腱肌肉色泽的变化

（平均值±标准差，n=3）

弱有机酸结合 NaCl 腌制过程中，与对照组相比，牛半腱肌肉亮度 L^* 除 1.5%乳酸腌制组低于对照组（但差异不显著，$P>0.05$）外，其他腌制处理组牛肉亮度 L^*均极显著大于对照组（$P<0.01$）。红色度 a^* 均极显著降低（$P<0.01$），而黄色度 b^*变化不规则。由此可见，在本研究的腌制过程中，总体而言，牛半腱肌肉亮度增加，红色度减小。Arganosa 和 Marriott（1989）通过重组牛排经弱有机酸腌制后发现，不同酸腌制处理对色泽有显著影响，报道了与本研究相似的变化情况[8]。肉经有机酸处理后，促进了肌肉中肌红蛋白向高铁肌红蛋白的转变，而高铁肌红蛋白所具有的色泽较浅[23]。另外，肉经过酸渍处理后 pH 的降低可能导致肌浆蛋白和肌原纤维蛋白的变性，变性的蛋白会影响肌肉的保水性，分散在肌纤维间的水分会影响肉的颜色反射率[8]。

6.2.5　肉样和腌制液 pH 的变化

弱有机酸结合 NaCl 腌制过程中牛半腱肌肉 pH 和腌制过程中腌制液 pH 的变化分别如图 6-6 和图 6-7 所示。

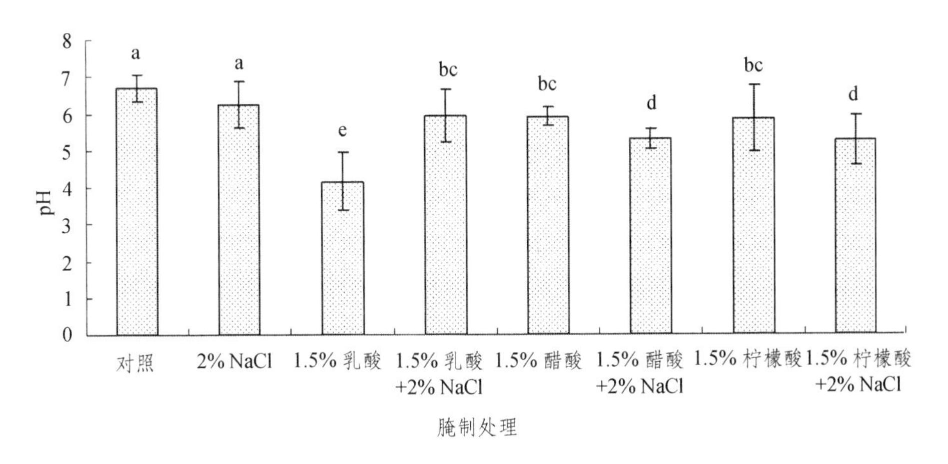

图 6-6　弱有机酸结合 NaCl 腌制过程中牛半腱肌肉 pH 的变化
（平均值±标准差，$n=3$）

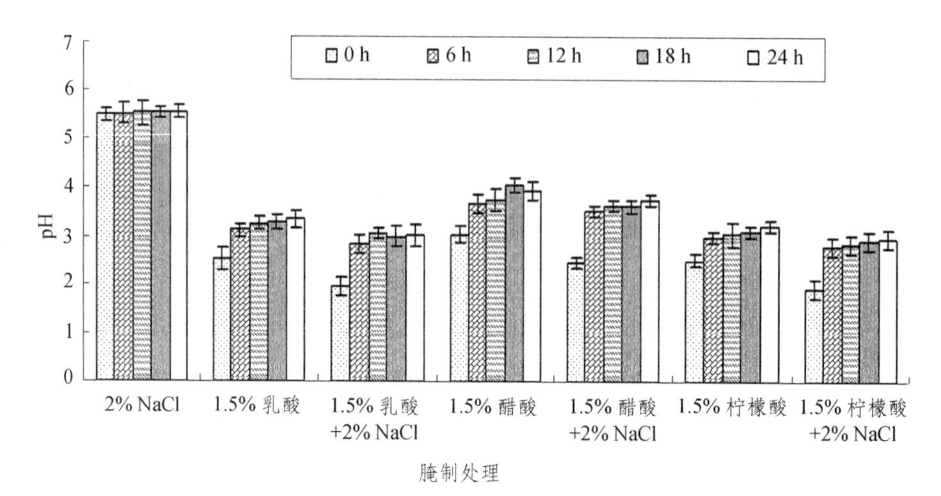

图 6-7 弱有机酸结合 NaCl 腌制过程中腌制液 pH 的变化
（平均值±标准差，n=3）

由上述两图可见，有机酸结合 NaCl 腌制过程中牛半腱肌肉 pH 较对照组降低。在腌制过程中，随着腌制时间的延长，腌制液 pH 总体呈增加趋势。该结果与 Lee et al.（2000）[21] 和 Han et al.（2009）[24] 所报道的相一致。肌肉 pH 的变化以及最终 pH 的大小对肉的质构有重要影响[25]。经酸渍处理后，肉 pH 降低，表明弱有机酸结合 NaCl 腌制过程可在一定程度上影响糖酵解过程，由于腌制处理对肌肉组织结构的弱化或破坏作用，促进或激发了糖酵解酶的作用[26]。Bekhit et al.（2005）也报道了相似的作用机制[27]。

6.2.6 肉样质构分析

弱有机酸结合 NaCl 腌制过程中牛半腱肌肉质构特性变化如表 6-1 所示。

由表 6-1 可见，弱有机酸结合 NaCl 腌制对牛半腱肌肉硬度、黏着性和凝聚性有极显著影响（P<0.01），对胶黏性和咀嚼性有显著影响（P<0.05），而对弹性和回弹性无显著影响（P>0.05）。且腌制对牛肉硬度、胶黏性和咀嚼性的影响作用一致，相关性分析也表明其相互之间呈极显著正相关（P<0.01）（表 6-3）。

在乳酸和醋酸腌制中，2% NaCl 的存在使得肉硬度较对照组增加，但差异不显著（$P>0.05$），而其他腌制处理组牛肉硬度均降低，与牛肉剪切力值分析结果一致。另外，乳酸和醋酸分别结合 2% NaCl 腌制对牛肉胶黏性和咀嚼性影响相同，其原因可能是不同弱有机酸腌制液中加入 NaCl 后所形成的不同盐的作用。目前认为，腌制液中盐的主要作用是由于离子偶极和氢键作用而降低了多肽链的强度或硬度[4]，这一作用与两个方面有关，一是腌制液 pH 的大小，当腌制液 pH 低于胶原蛋白等电点时，会影响其聚集和稳定性[1]；二是腌制液的离子强度，由于溶液中离子强度的增加，多肽链分子之间的聚合使得硬度增加，导致蛋白结构以及特性的变化[28]。有研究表明，牛肉注射乳酸后可以改善肉的质构[29]，可能原因是加速了溶酶体蛋白酶的释放[30, 31]，而这些蛋白酶会促进宰后肌束膜胶原蛋白的溶解[32]。不同腌制剂对牛肉质构特性有不同的影响，其作用机制有待于进一步研究。

6.2.7 β-半乳糖苷酶和 β-葡糖醛酸酶活力变化分析

由图 6-8 可见，与对照组相比，弱有机酸结合 NaCl 腌制过程中牛半腱肌肉肌内 β-半乳糖苷酶和 β-葡糖醛酸酶活力都下降。Berge et al.（2001）报道了分别在牛肉僵直前后经注射乳酸（0.5 mol/L，10% *W*/*W*）处理，可溶性成分中 β-葡糖醛酸酶的活力比对照组显著提高，而细胞膜成分中 β-葡糖醛酸酶活力却降低[11],其部分研究结论与本研究相似。腌制过程中，由于弱有机酸和 NaCl 的浸泡作用，肌原纤维和结缔组织成分结构会发生变化[31]，从而可以破坏溶酶体结构，促进组织蛋白水解酶等从溶酶体向胞液中释放[30]；另一方面，由于所用腌制剂的作用，腌制液整个系统具有较低的 pH 和较高的离子强度，可能对酶本身特性也具有一定的影响，所以酶活力分析是一个复杂的体系。研究表明，酸腌渍处理可以促进溶酶体蛋白酶的释放[30, 31]，而这些蛋白酶会促进宰后肌束膜胶原蛋白的溶解[32]。

表 6-1 弱有机酸结合 NaCl 腌制过程中牛半腱肌肉质构特性变化（平均值±标准差，n=3）

腌制处理	对照	2% NaCl	1.5% 乳酸	1.5% 乳酸 + 2% NaCl	1.5%醋酸	1.5% 醋酸 + 2% NaCl	1.5%柠檬酸	1.5%柠檬酸 + 2% NaCl
硬度/g	98.598± 45.862^{ABabc}	57.050± 10.442^{Aab}	48.487± 29.648^{Aab}	174.351± 27.799^{Bc}	20.718± 17.700^{Aa}	139.428± 14.346^{ABbc}	66.871± 16.510^{ABab}	28.325± 19.912^{Aab}
黏着性	−152.142± 13.149^{Aa}	−104.554± 19.490^{ABa}	−37.421± 16.404^{BCb}	−14.516± 5.948^{Cb}	−122.312± 10.736^{Aa}	−35.159± 10.347^{BCb}	−14.680± 5.947^{Cb}	−20.162± 10.166^{Cb}
弹性	0.377± 0.085	0.476± 0.151	0.495± 0.088	0.405± 0.036	0.443± 0.149	0.387± 0.021	0.504± 0.065	0.422± 0.060
凝聚性	0.354± 0.103^{Aa}	0.340± 0.012^{Aa}	0.491± 0.075^{ABabcd}	0.459± 0.065^{ABabc}	0.642± 0.177^{Bd}	0.509± 0.055^{ABbcd}	0.468± 0.103^{ABabc}	0.545± 0.016^{ABcd}
胶黏性	35.496± 16.979^{ab}	19.400± 3.753^{a}	22.723± 10.928^{a}	83.047± 4.474^{b}	11.302± 9.654^{a}	73.700± 6.076^{ab}	30.734± 9.672^{ab}	15.284± 10.456^{a}
咀嚼性	13.761± 8.138^{ab}	8.857± 1.346^{a}	10.638± 3.397^{a}	32.675± 2.455^{b}	5.894± 5.087^{b}	27.777± 4.919^{ab}	14.086± 3.100^{ab}	6.808± 4.896^{a}
回弹性	0.213± 0.052	0.209± 0.022	0.266± 0.0518	0.205± 0.037	0.256± 0.056	0.230± 0.022	0.236± 0.033	0.221± 0.056

注：表中同一行数值中，肩注不同大写字母表示差异极显著（P<0.01）；不同小写字母表示差异显著（P<0.05）。

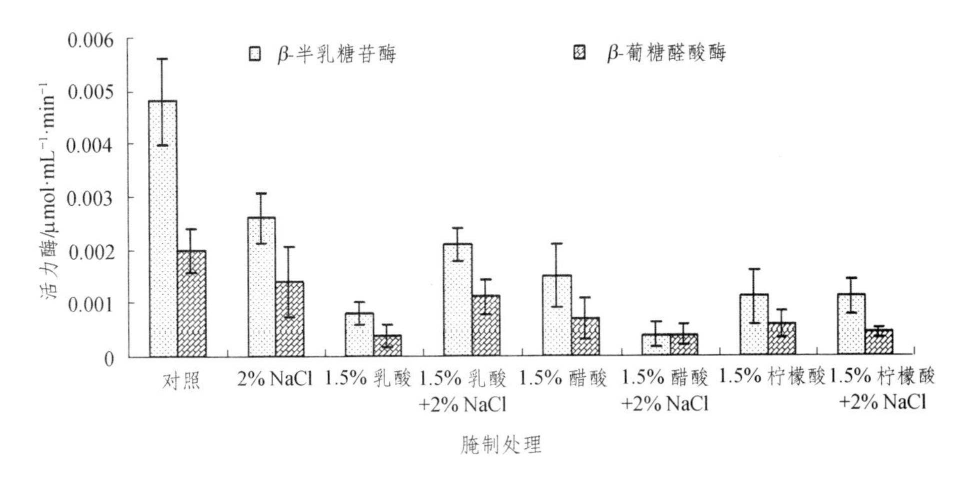

图 6-8 弱有机酸结合 NaCl 腌制过程中牛半腱肌肌内 β-半乳糖苷酶和 β-葡糖醛酸酶活力的变化(平均值±标准差，n=3)

6.2.8 胶原蛋白含量及溶解性变化分析

弱有机酸结合 NaCl 腌制过程中牛半腱肌肉胶原蛋白含量与溶解性变化分别如图 6-9 和图 6-10 所示。

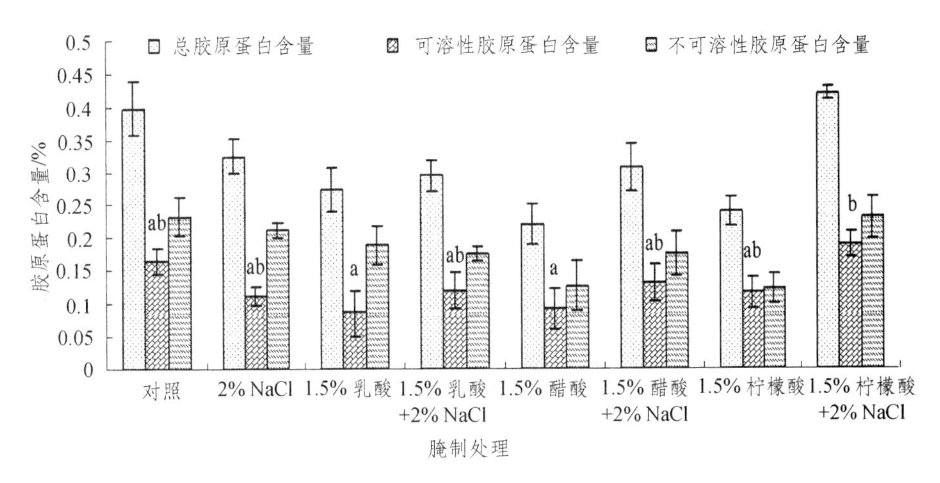

图 6-9 弱有机酸结合 NaCl 腌制过程中牛半腱肌肌内胶原蛋白含量变化（占样品湿重的百分比，平均值±标准差，n=3）

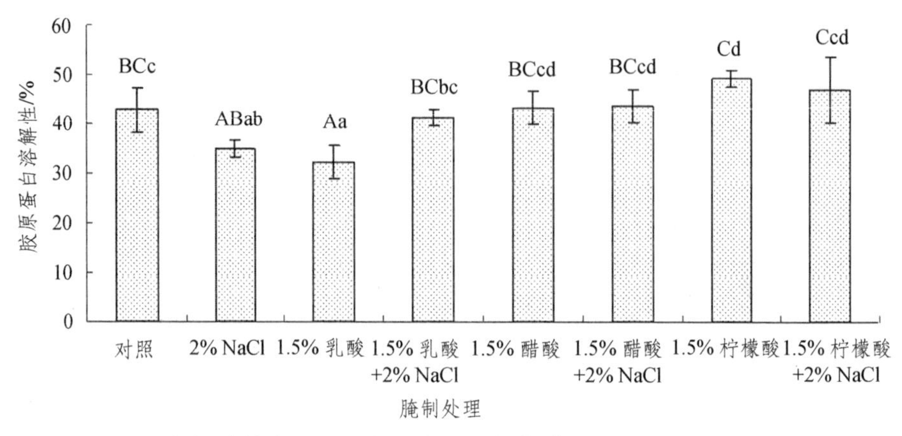

图 6-10 弱有机酸结合 NaCl 腌制过程中牛半腱肌肌内胶原蛋白溶解性变化（平均值±标准差，n=3）

如图 6-9 所示，与对照组相比，不同弱有机酸结合 NaCl 腌制对总胶原蛋白含量和不溶性胶原蛋白含量无显著影响（P>0.05），而不同腌制处理组之间可溶性胶原蛋白含量存在显著差异（P<0.05）。Berge et al.（2001）研究发现，牛肉经注射乳酸处理后，不溶性胶原蛋白的含量较对照组显著降低，与本研究结果一致[11]。而 Arganosa et al.（1989）研究报道，牛排经弱有机酸（醋酸、柠檬酸和乳酸）处理后，总胶原蛋白含量增加[8]。

在腌制过程中，除 2% NaCl、乳酸腌制外，其他腌制组胶原蛋白溶解性都高于对照组（图 6-10），与 Arganosa et al.（1989）研究结论一致[8]。Oreskovich et al.（1992）研究发现，牛肉经醋酸溶液腌制后胶原蛋白溶解性较对照组提高 [33]。腌制过程中，胶原蛋白溶解性变化主要是由于肉经低 pH 酸渍处理后，胶原酶在适宜的环境体系中，从溶酶体中释放，利于胶原蛋白的水解，从而可以提高胶原蛋白的溶解性[32]。也可由相关性分析得出（表 6-4），腌制后，牛肉剪切力值与可溶性胶原蛋白含量呈显著正相关（P<0.05），结论与 Williams 和 Harrison（1978）的研究结果一致[34]。由此可见，弱有机酸结合 NaCl 腌制后，结缔组织胶原蛋白部分变为热溶性成分，溶解性提高，肉嫩度和质构改善。

6.2.9 热不溶性胶原蛋白提取量变化及差示扫描量热分析

弱有机酸结合 NaCl 腌制过程中热不溶性胶原蛋白提取率如图 6-11 所示，胶原蛋白热力学参数 DSC 分析结果如表 6-2 所示，DSC 温谱图热流曲线如图 6-12 所示。

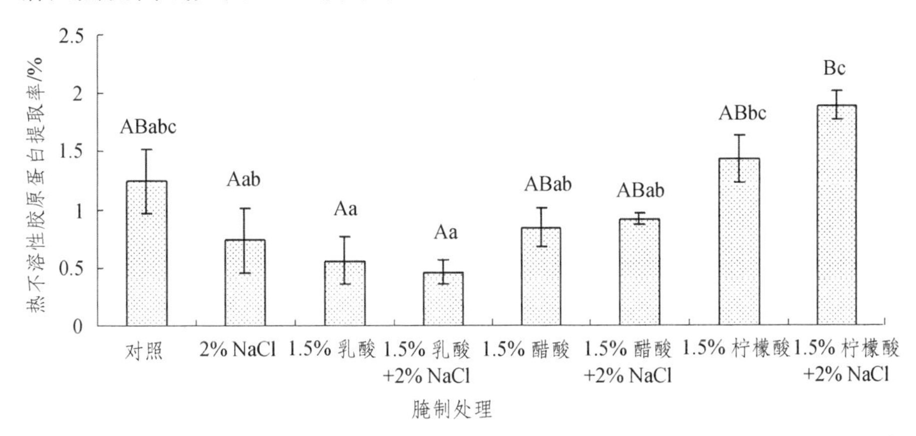

图 6-11　弱有机酸结合 NaCl 腌制过程中牛半腱肌肌内热不溶性胶原蛋白提取率（占样品湿重的百分比，平均值±标准差，n=3）

由图 6-11 可见，各腌制处理组热不溶性胶原蛋白提取率与对照组之间无显著差异（$P>0.05$），而不同腌制组之间热不溶性胶原蛋白提取率表现不同。牛肉中肌束膜成分占胶原蛋白总量的 90%以上[35]，是构成结缔组织的主要成分，也是决定肉“背景嫩度”的关键成分，而热不溶性胶原蛋白是结缔组织中最为稳定的成分，因而弱有机酸结合 NaCl 腌制对其含量影响较小。

表 6-2 显示了弱有机酸结合 NaCl 腌制对热不溶性胶原蛋白热力特性（热稳定性）的影响。牛半腱肌肉经不同腌制剂处理后，胶原蛋白的热稳定性降低，与对照组相比，T_o，T_p 和 T_e 都降低，且热焓值也存在极显著差异（$P<0.01$）。Aktaş 和 Kaya（2001）通过不同浓度的腌制剂对分离的背最长肌肌内结缔组织处理时，发现其热稳定也降低[1]。Kijowski（1993）[7]，Arganosa 和 Marriot（1989）[8] 等学者也报道了胶原蛋白经酸处理后，热变性温度降低。本研究结果表明，体系 pH 对

表 6-2 弱有机酸结合 NaCl 腌制过程中热不溶性胶原蛋白热力学参数 DSC 分析结果（平均值±标准差，n=3）

腌制处理	对照	2% NaCl	1.5%乳酸	1.5%乳酸 + 2% NaCl	1.5%醋酸	1.5%醋酸 + 2% NaCl	1.5% 柠檬酸	1.5% 柠檬酸+ 2% NaCl
T_o/ °C	53.514 ± 1.390^{Cd}	36.766 ± 1.067^{ABab}	36.385 ± 0.374^{Aab}	37.161 ± 0.915^{ABabc}	36.024 ± 0.041^{Aa}	37.508 ± 0.307^{ABbc}	37.403 ± 0.423^{ABabc}	38.402 ± 0.398^{Bc}
T_p/ °C	60.381 ± 1.157^{Dd}	44.677 ± 1.123^{BCbc}	43.519 ± 0.717^{Bb}	37.545 ± 0.992^{Aa}	44.847 ± 1.285^{BCbc}	45.519 ± 0.562^{BCc}	46.012 ± 0.120^{Cc}	45.851 ± 0.269^{Cc}
T_e/ °C	62.124 ± 0.921^{Fg}	52.059 ± 0.223^{CDEcd}	49.145 ± 0.462^{Bb}	37.941 ± 0.579^{Aa}	52.910 ± 0.830^{DEde}	51.523 ± 0.275^{CDc}	53.372 ± 0.681^{Ef}	51.014 ± 0.093^{Cc}
ΔH（J/g）	0.540 ± 0.060^{Bb}	4.223 ± 0.023^{Gg}	1.113 ± 0.013^{Cc}	0.004 ± 0.001^{Aa}	5.234 ± 0.034^{Hh}	2.661 ± 0.018^{Ff}	2.393 ± 0.013^{Ee}	1.240 ± 0.040^{Dd}
样品水分含量 /（mg/g）	80.368 ± 0.148^{Gg}	58.773 ± 0.353^{Bb}	48.276 ± 0.265^{Aa}	71.521 ± 0.039^{Ff}	65.147 ± 0.143^{Cc}	69.054 ± 0.368^{Ee}	67.912 ± 0.124^{Dd}	84.092 ± 0.087^{Hh}

T_o—热不溶性胶原蛋白热变性起始温度；T_p—最大热变性温度；T_e—热变性终止温度；ΔH—胶原蛋白热变性焓值。

注：表中同一行数值中，肩注不同大写字母表示差异极显著（$P<0.01$）；不同小写字母表示差异显著（$P<0.05$）。

胶原蛋白热稳定性具有显著影响作用。有研究表明，溶液体系中不同的离子浓度（强度）对胶原蛋白热稳定有不同影响，Aktaş et al.（2001，2003）通过对肌内结缔组织热力学分析指出，在一定的 pH 范围内（3.5～5.7），NaCl 浓度增加会导致起始变性温度和变性温度的升高，而 $CaCl_2$ 浓度提高却会导致起始变性温度和变性温度均降低[1, 4]。

DSC 分析温谱图热流曲线显示（图 6-12），在对照组样品中，胶原蛋白最大热变性温度（T_p）为 60 °C 左右，而经腌制处理后热变性温度均降低至 45 °C 左右。本研究中，经腌制后热不溶性胶原蛋白的最大热变性温度较对照组降低 15～23 °C（表 6-2），在 Kijowski（1993）的研究中，经醋酸和乳酸处理后，胶原蛋白的热变性温度较未处理组降低 20 °C[7]，与本研究结果基本一致。胶原蛋白的热变性温度与诸多因素有关，包括胶原蛋白中羟脯氨酸的含量、黏多糖的量、环境 pH 和体系中离子强度以及离子组成成分等[4]。胶原蛋白热稳定性的降低主要原

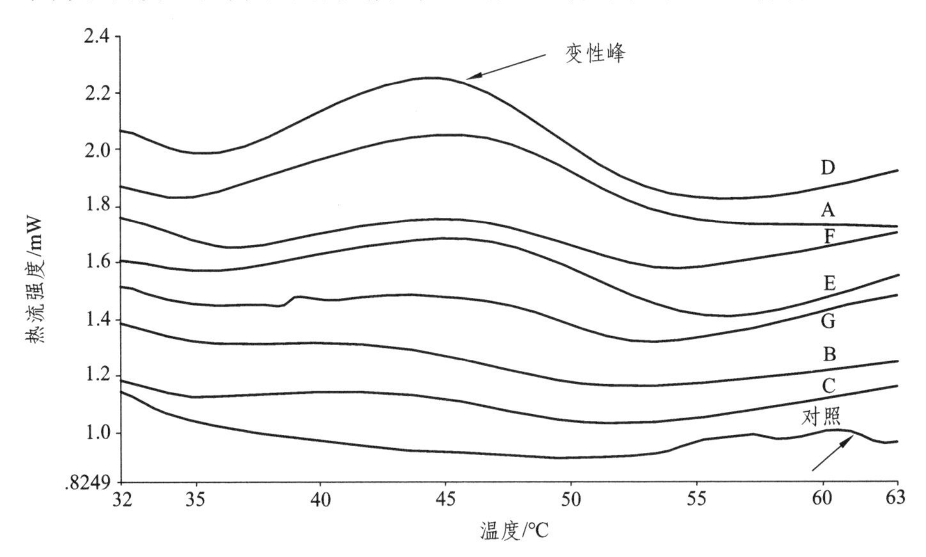

图 6-12　弱有机酸结合 NaCl 腌制过程中牛半腱肌肌内热不溶性胶原蛋白 DSC 分析热流曲线

注：箭头表示为最大热变性温度（即变性峰温度）。

A→G 代表不同的腌制处理，下同。A—2% NaCl；B—1.5%乳酸；C—1.5%乳酸＋2% NaCl；D—1.5%醋酸；E—1.5%醋酸+2% NaCl；F—1.5%柠檬酸；G—1.5%柠檬酸＋2% NaCl。

因是腌制液体系较低的 pH 和盐的作用可能使脯氨酸构象发生了改变[28, 36]，Aktaş（2003）认为体系 pH 越低，胶原蛋白热变性温度（T_o，T_p 和 T_e）越低，且 T_o 较 T_p 更易受环境 pH 的影响[4]，因为 T_o 为胶原蛋白热变性起始温度，反映最低热稳定性，而 T_p 为最大热变性温度，反映胶原蛋白的平均热稳定性[37]，T_p 越高，蛋白质的热稳定性越好。另一方面，由于较强的离子强度，在溶液体系中会破坏一些疏水基团，造成对蛋白原有结构的影响和破坏，肌内胶原蛋白的热稳定性更大程度上决定于氢键和疏水相互作用的类型，而非静电力的作用[1]。弱有机酸结合 NaCl 腌制破坏了分子间非共价键的结合,加强了水-蛋白之间的膨胀效果，降低了胶原蛋白的热稳定性[4]，证明了酸渍处理对肌内结缔组织结构具有弱化作用。

6.2.10 组织学观察及肌纤维直径和肌束膜厚度变化

弱有机酸结合 NaCl 腌制后牛半腱肌肉组织学结构变化如图 6-13 所示。三种弱有机酸单独腌制对牛肉组织结构的影响较大[图 6-13（b）（d）（f）]，特别是用 1.5 %乳酸腌制后，牛肉表面呈现胶体状结构，黏性增强，与其他腌制处理组差别更明显[图 6-13（b）]。弱有机酸腌制后，组织学观察显示肉表面变得比较模糊，部分肌束膜和肌内膜消失，肌纤维发生融合现象。而三种有机酸中加入 2% NaCl 腌制后，与有机酸单独腌制以及对照组相比，对牛肉组织结构影响较小[图 6-13（c）（e）（g）]，主要变化表现为肌束膜裂解，部分肌纤维收缩。经腌制后，与对照组相比，肌纤维直径均发生不同程度的减小（图 6-14），这是由于腌制过程中肌原纤维结构发生显著且混杂的变化。有研究报道，当腌制液 pH 低于 4.5 时，肌原纤维细丝变成可分离状，肌原纤维会发生融合现象，可导致直径减小[9, 38]。腌制过程中，初级肌束膜厚度较对照组降低（图 6-15），这也可以从组织学观察看出，经腌制后，部分初级肌束膜发生消失[图 6-13（b）（d）（f）]，导致肌束膜厚度在统计学上降低。除醋酸结合 NaCl 腌制外，其他腌制处理组次级肌束膜厚度也减小。本研究腌制过程中，腌制液对结缔组织结构的弱化和破坏作用，导致肌束膜胶原蛋白特性变化；另外扫描电镜照片也显示，经腌制后，肌束膜发生变性和聚集，因而在外观结构上影响到肌束膜的厚度[12]。

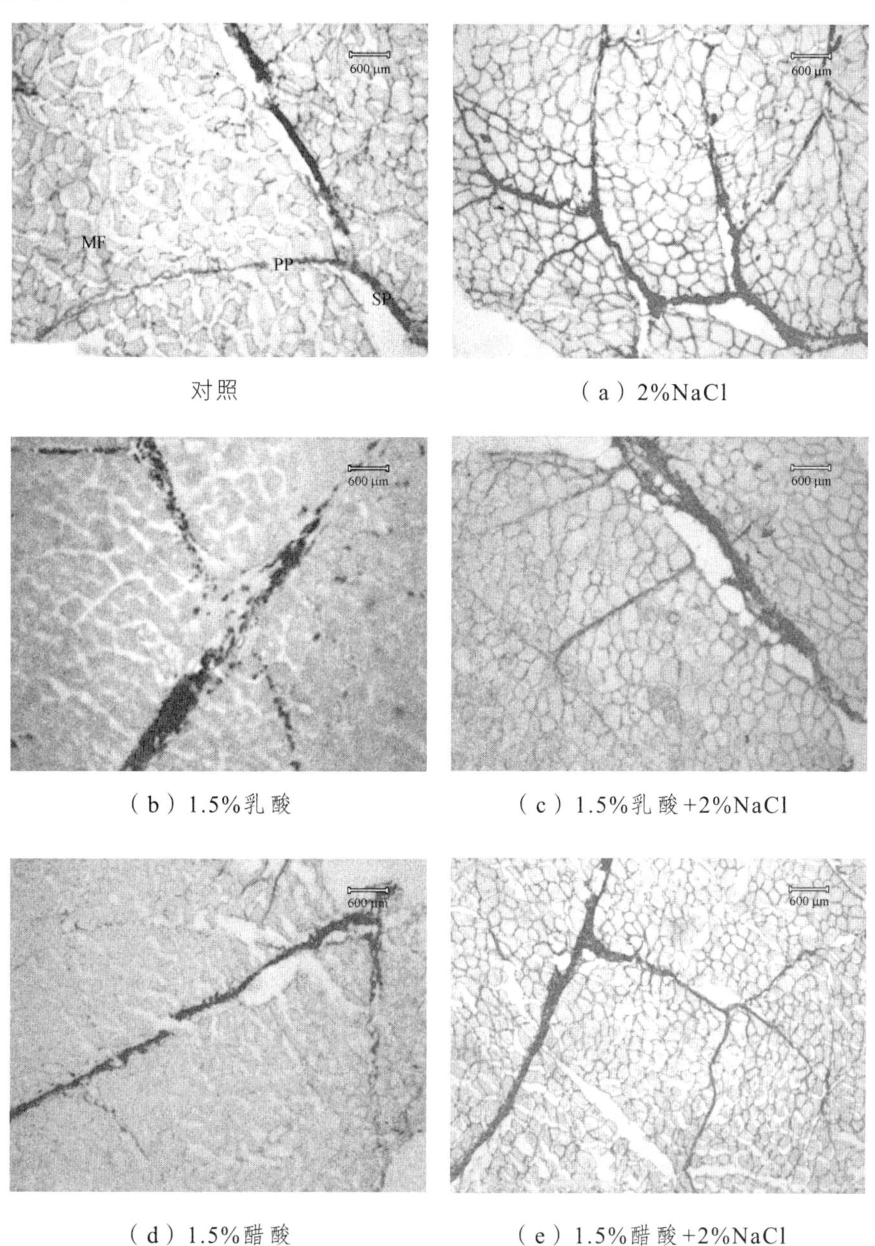

对照　　（a）2%NaCl

（b）1.5%乳酸　　（c）1.5%乳酸+2%NaCl

（d）1.5%醋酸　　（e）1.5%醋酸+2%NaCl

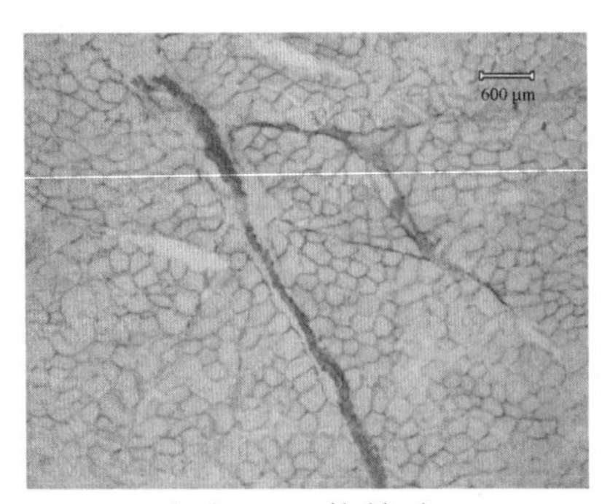

（f）1.5%柠檬酸

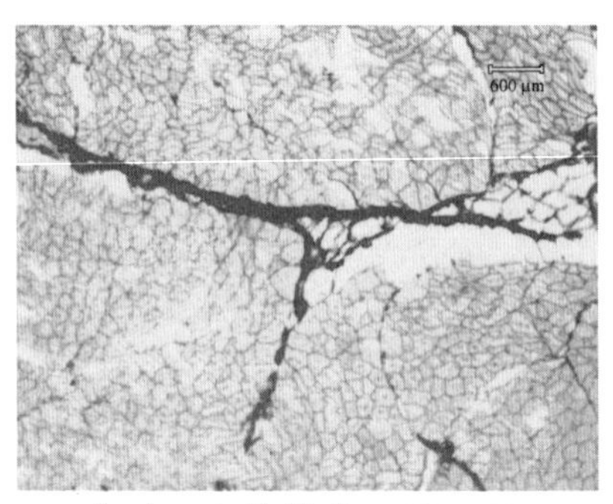

（g）1.5 柠檬酸+2%NaCl

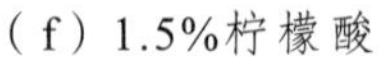

图 6-13　弱有机酸结合 NaCl 腌制过程中牛半腱肌肉组织学结构变化
（光镜观察，放大倍数 100）
PP—初级肌束膜；SP—次级肌束膜；MF—肌纤维

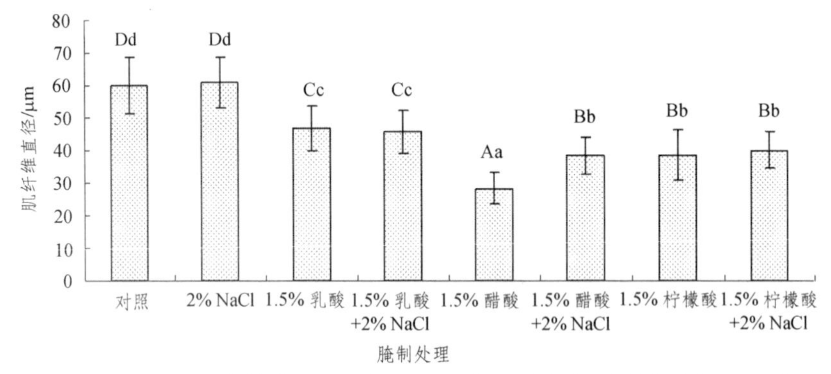

图 6-14　弱有机酸结合 NaCl 腌制过程中牛半腱肌肌纤维直径的变化
（平均值±标准差，n=100）

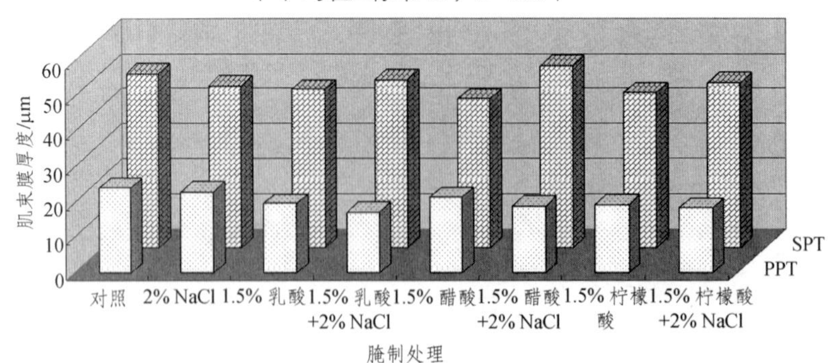

图 6-15　弱有机酸结合 NaCl 腌制过程中牛半腱肌肌束膜厚度的变化
（平均值±标准差，n=100）

PPT—初级肌束膜厚度；SPT—次级肌束膜厚度

6.2.11 扫描电镜观察

弱有机酸结合 NaCl 腌制过程中牛半腱肌肉肌束膜和肌内膜、胶原纤维微观结构变化分别如图 6-16 和图 6-17 所示。

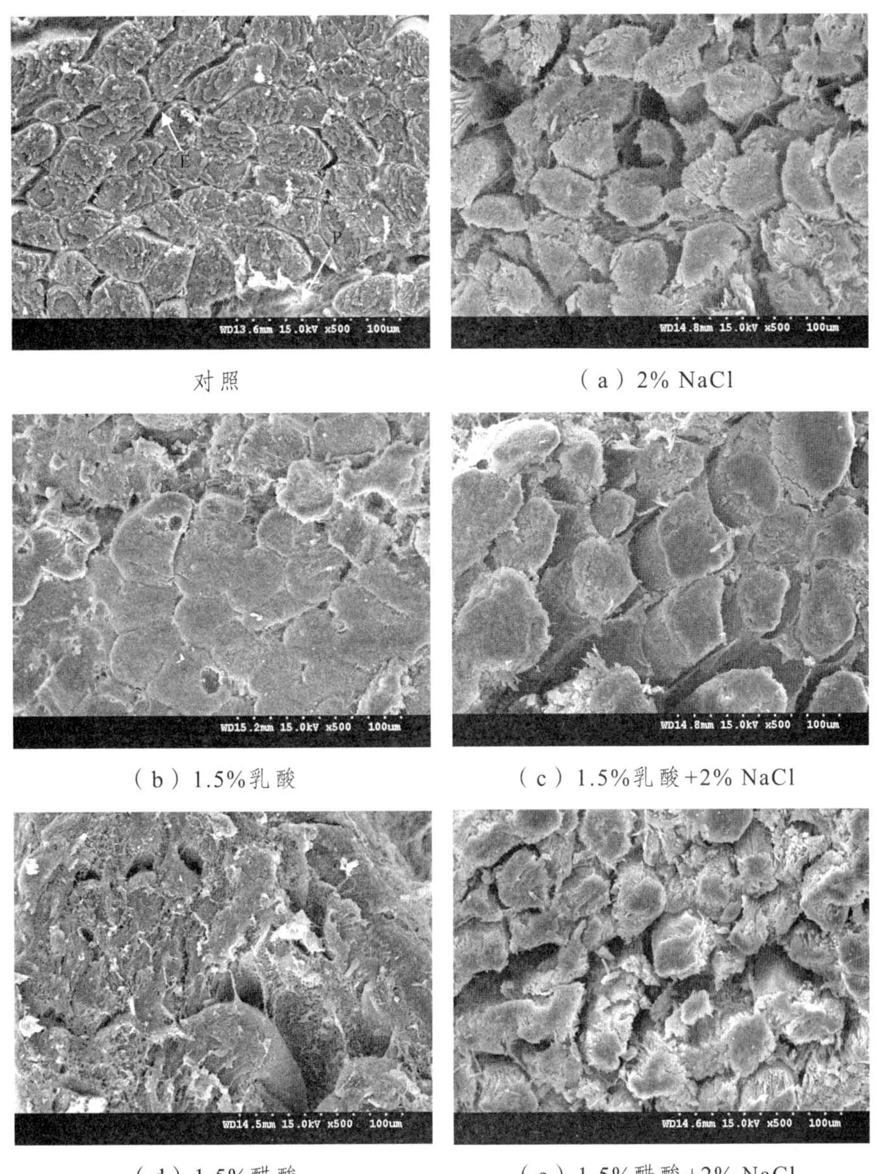

对照　　（a）2% NaCl

（b）1.5%乳酸　　（c）1.5%乳酸+2% NaCl

（d）1.5%醋酸　　（e）1.5%醋酸+2% NaCl

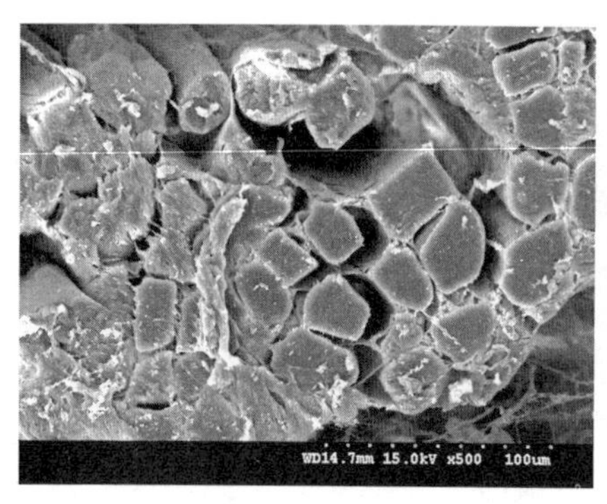

（f）1.5%柠檬酸

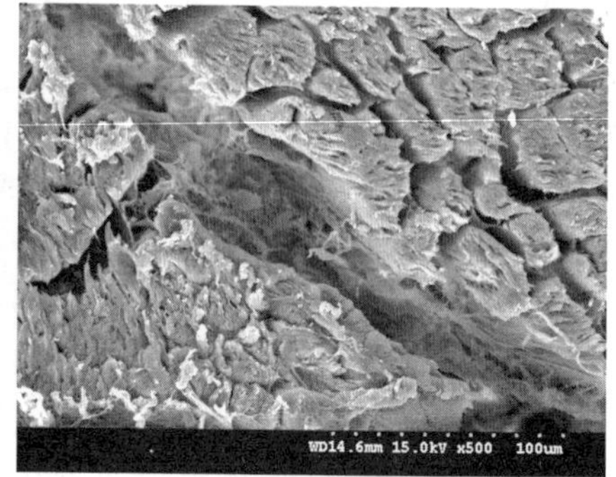

（g）1.5 柠檬酸+2% NaCl

图 6-16 弱有机酸结合 NaCl 腌制过程中牛半腱肌肌束膜和肌内膜微观结构变化（放大倍数 500）

P—肌束膜；E—肌内膜

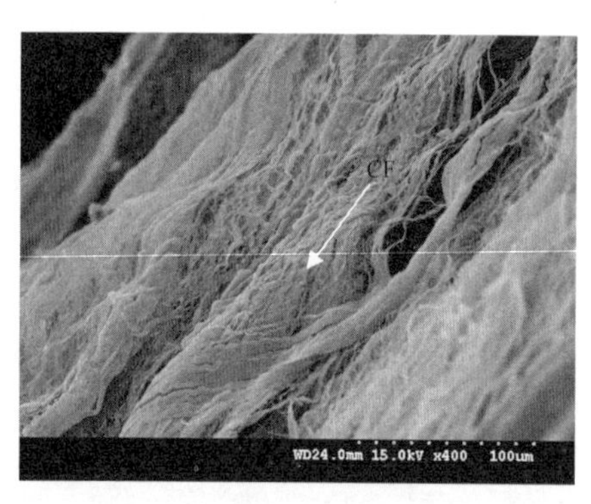

对照（×400）

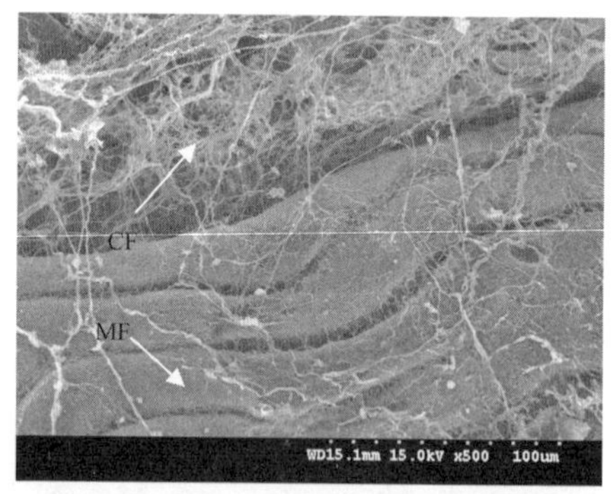

（a）2% NaCl（×500）

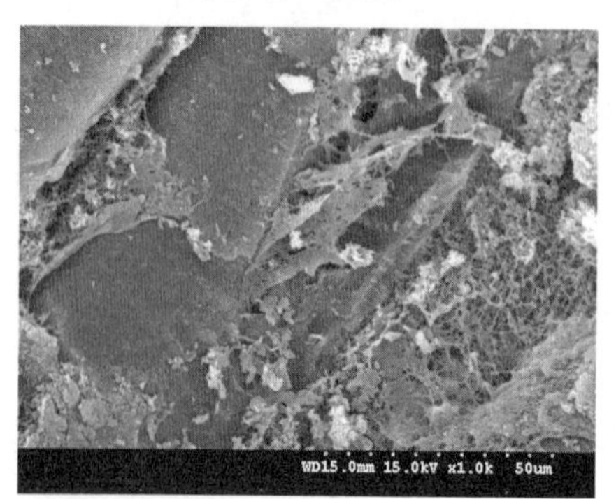

（b）1.5%乳酸（×1 000）

（c）1.5%乳酸+2% NaCl（×500）

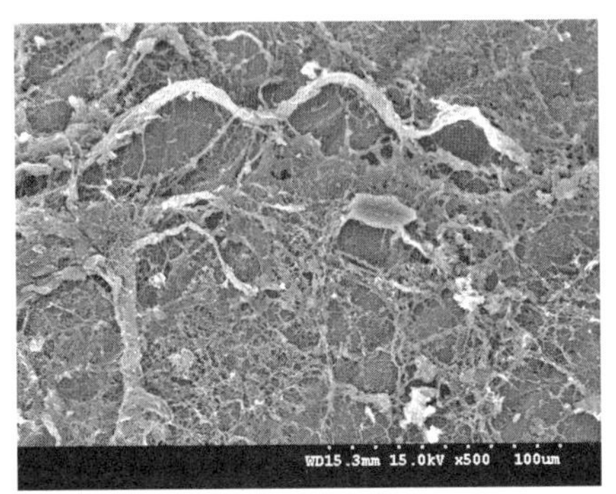

（d）1.5%醋酸（×500）

（e）1.5%醋酸+2% NaCl（×1 000）

（f）1.5%柠檬酸（×1 000）

（g）1.5 柠檬酸+2% NaCl（×500）

图 6-17 弱有机酸结合 NaCl 腌制过程中牛半腱肌胶原纤维微观结构变化

CF—胶原纤维；MF—肌纤维

由图 6-16 可见，在有机酸和 NaCl 腌制过程中，牛半腱肌肉肌束膜和肌内膜结构发生显著的变化，主要体现为肌束膜胶原蛋白发生变性和聚集，以及部分肌内膜消失。腌制会导致肌内膜的蜂窝状结构发生变形，这种变形是由肌纤维在一定程度上的收缩或胶原纤维网状结构的变化所导致。肌内膜结构的破裂与蛋白多糖的变化有关[39]，由于酶系统对肌间蛋白多糖以及胶原纤维的作用，蛋白多糖的含量降低[11, 40, 41]。Gerelt et al.（2002）用 $CaCl_2$ 处理结缔组织时也发现了与本研究相同的现象[17]。藏大存（2007）通过研究加热和盐腌对鸭肉嫩度的影响时发现，鸭肉经不同浓度的 NaCl（2%～4%）盐腌加热处理后，肌束膜出现非常明显的颗粒化，肌内膜结构也受到不同程度的破坏[42]。

对照组样品中胶原纤维排列比较整齐，形成致密且有规则的结构（图 6-17 中“对照”）。牛半腱肌肉经腌制处理后，胶原纤维排列变得交互错乱，且胶原纤维束较为松散[图 6-17（a）（e）（g）]，部分腌制组胶原纤维发生变性和聚集现象，并且变性的蛋白在表面凝聚形成片状或颗粒状[图 6-17（b）（c）（d）和（f）]。由此可见，弱有机酸结合 NaCl腌制可以显著影响肌肉肌束膜和肌内膜等肉的微观结构和胶原纤维的排列结构等。

6.2.12　胶原蛋白特性变化与肉品质相关性分析

相关性分析表明，弱有机酸结合 NaCl 腌制过程中，热不溶性胶原蛋白热力特性的变化（T_o，T_p，T_e 和ΔH）与牛半腱肌肉质构有显著或极显著相关性，腌制过程中肌束膜厚度和肌纤维直径变化也与胶原蛋白热力参数特性相关（表 6-3）。另外，本研究发现，牛肉剪切力值与可溶性胶原蛋白含量、肌束膜含量以及次级肌束膜厚度都呈显著正相关（$P<0.05$）（表 6-4）。由此可见，弱有机酸结合 NaCl 腌制过程中肌内结缔组织及胶原蛋白特性变化对牛半腱肌肉品质和质构特性有显著影响。

表 6-3 弱有机酸结合 NaCl 腌制处理中热不溶性胶原蛋白特性变化与肉质相关性分析（n=24）

	MS	HISCC	FD	PPT	SPT	T_o	T_p	T_e	ΔH	DSCM	Har-	Adh-	Spr-	Coh-	Gum-	Che-	Res-
MS	1	0.348	0.458*	0.455*	0.118	0.258	0.325	0.346	0.206	0.379	−0.299	−0.421*	−0.095	−0.059	−0.337	−0.359	−0.196
HISCC		1	−0.119	−0.079	0.055	0.236	0.330	0.381	−0.071	0.557**	−0.291	0.052	−0.104	0.279	−0.226	−0.269	0.105
FD			1	0.592**	0.329	0.553**	0.410*	0.242	−0.306	−0.021	0.107	−0.377	−0.029	−0.702**	−0.036	−0.032	−0.235
PPT				1	0.061	0.505*	0.575**	0.580**	0.238	−0.081	−0.157	−0.799**	0.203	−0.349	−0.248	−0.189	0.100
SPT					1	0.418*	0.293	0.111	−0.348	0.312	0.352	0.022	−0.440*	−0.116	0.231	0.246	−0.309
T_o						1	0.892**	0.650**	−0.414*	0.516**	0.088	−0.563**	−0.251	−0.309	−0.003	−0.007	−0.049
T_p							1	0.907**	−0.106	0.408*	−0.201	−0.630**	−0.121	−0.228	−0.232	−0.229	0.038
T_e								1	0.247	0.214	−0.427*	−0.633**	0.040	−0.112	−0.404*	−0.397	0.178
ΔH									1	−0.338	−0.409*	−0.362	0.182	0.252	−0.346	−0.338	0.141
DSCM										1	0.133	−0.038	−0.338	0.127	0.114	0.089	−0.251
Har-											1	0.135	−0.323	−0.127	0.875**	0.887**	−0.240
Adh-												1	−0.002	0.107	0.167	0.179	−0.072
Spr-													1	−0.182	−0.286	−0.256	0.421*
Coh-														1	0.009	−0.043	0.141
Gum-															1	0.984**	−0.040
Che-																1	−0.050
Res-																	1

MS—结缔组织机械强度；HISCC—热不溶性胶原蛋白含量；FD—肌纤维直径；PPT—初级肌束膜厚度；SPT—次级肌束膜厚度；T_o—热变性起始温度；T_p—最大热变性温度；T_e—热变性终止温度；ΔH—焓值；DSCM—DSC 分析样品水分含量；Har—硬度；Adh—黏着性；Spr—弹性，；Coh—凝聚性；Gum—胶黏性；Che—咀嚼性；Res—回弹性

注：* 表示显著相关（$P<0.05$），** 表示极显著相关（$P<0.01$）。

表 6-4 弱有机酸结合 NaCl 腌制处理中结缔组织胶原蛋白特性变化与肉质相关性分析（n=24）

	L^*	a^*	b^*	EY	WLR	CL	WBSF	SCC	ISCC	TCC	CS	MS	PC	EC	P-T_p	E-T_p	PPT	SPT
L^*	1	−0.022	0.790*	−0.755*	0.472	0.385	0.061	0.142	0.106	0.135	0.059	0.552	0.161	0.147	0.011	0.519	−0.203	0.166
a^*		1	0.390	−0.810*	−0.661	−0.202	0.457	0.610	0.672	0.709*	0.061	0.494	0.445	−0.010	−0.404	−0.709*	0.598	0.625
b^*			1	−0.814*	0.198	0.167	0.321	0.596	0.603	0.660	0.075	0.696	0.527	−0.286	−0.336	0.085	−0.153	0.468
EY				1	−0.228	−0.542	−0.746	−0.739	−0.393	−0.623	−0.439	−0.311	−0.828*	−0.043	0.021	0.066	0.435	−0.807*
WLR					1	0.227	−0.076	−0.337	−0.235	−0.309	−0.186	−0.129	−0.198	0.042	0.134	0.901**	−0.561	−0.071
CL						1	0.517	0.281	−0.475	−0.147	0.880**	−0.138	0.308	0.489	0.069	0.166	−0.396	0.052
WBSF							1	0.751*	0.299	0.553	0.617	0.046	0.773*	0.213	−0.132	−0.393	−0.106	0.750*
SCC								1	0.648	0.888**	0.535	0.478	0.812*	−0.282	−0.464	−0.623	−0.004	0.525
ISCC									1	0.926**	−0.293	0.676	0.475	−0.547	−0.457	−0.456	0.272	0.523
TCC										1	0.089	0.645	0.690	−0.470	−0.507	−0.584	0.163	0.576
CS											1	−0.123	0.461	0.294	−0.118	−0.290	−0.240	0.079
MS												1	0.094	−0.155	−0.554	−0.162	0.476	0.084
PC													1	−0.240	0.072	−0.455	−0.375	0.761*
EC														1	0.302	0.177	0.311	0.055
P-T_p															1	0.262	−0.403	0.102
E-T_p																1	−0.436	−0.277
PPT																	1	−0.060
SPT																		1

L^*—亮度；a^*—红度；b^*—黄度；EY—渗出液量；WLR—失水率；CL—蒸煮损失；WBSF—剪切力值；SCC—可溶性胶原蛋白含量；ISCC—不溶性胶原蛋白含量；TCC—总胶原蛋白含量；CS—胶原蛋白溶解性；MS—结缔组织机械强度；PC—肌束膜含量；EC—肌内膜含量；P-T_p—肌束膜最大热变性温度；E-T_p—肌内膜最大热变性温度；PPT—初级肌束膜厚度；SPT—次级肌束膜厚度。

注：* 表示显著相关（P<0.05），** 表示极显著相关（P<0.01）。

参考文献

[1] AKTAŞ N, KAYA M. Influence of weak organic acids and salts on the denaturation characteristics of intramuscular connective tissue. A differential scanning calorimetry study [J]. Meat Science, 2001, 58(4): 413-419.

[2] BORG T K, CAULFIELD J B. Morphology of connective tissue in skeletal muscle [J]. Tissue Cell, 1980, 12(2): 197-207.

[3] VELLEMAN S G. The role of the extracellular matrix in skeletal muscle development [J]. Poultry Science, 1999, 78: 778-784.

[4] AKTAŞ N. The effects of pH, NaCl and $CaCl_2$ on thermal denaturation characteristics of intramuscular connective tissue [J]. Thermochimica Acta, 2003, 407(1-2): 105-112.

[5] BURKE R M, MONAHAN F J. The tenderization of shin beef using a citrus juice marinade [J]. Meat Science, 2003, 63(1): 161-168.

[6] KIJOWSKI J, MAST G. Tenderization of spent fowl drumsticks by marination in weak organic solutions [J]. International Journal of Food Science and Technology, 1993, 28(4): 337-342.

[7] KIJOWSKI J. Thermal transition temperature of connective tissues from marinated spent hen drumsticks [J]. International Journal of Food Science and Technology, 1993, 28(6): 587-594.

[8] ARGANOSA G C, MARRIOTT N G. Organic acids as tenderizers of collagen in restructured beef [J]. Journal of Food Science, 1989, 54(5): 1173-1176.

[9] RAO M V, GAULT N F S. Acetic acid marinating-the rheological characteristics of some raw and cooked beef muscles which contribute to changes in meat tenderness [J]. Journal of Texture Studies, 1990, 21(4): 455-477.

[10] LEWIS G J, PURSLOW P P. The effect of marination and cooking

on the mechanical properties of intramuscular connective tissue [J]. Journal of Muscle Foods, 1991, 2(3): 177-195.

[11] BERGE P, ERTBJERG P, LARSEN L M, et al. Tenderization of beef by lactic acid injected at different times post mortem [J]. Meat Science, 2001, 57(4): 347-357.

[12] CHANG H J, WANG Q, ZHOU G H, et al. Influence of weak organic acids and sodium chloride marination on characteristics of connective tissue collagen and textural properties of beef *Semitendinosus* muscle [J]. Journal of Texture Studies, 2010, 41(3): 279-301.

[13] DUTSON T R, LAWRIE R A. Release of lysosomal enzymes during postmortem conditioning and their relationship to tenderness [J]. Journal of Food Technology, 1974, 9(1): 43-50.

[14] WU J J. Characteristics of bovine intramuscular collagen under various postmortem conditions [D]. London: Texas A & M University, 1978.

[15] GOT F, CULIOLI J, BERGE P, et al. Effects of high-intensity high-frequency ultrasound on ageing rate, ultrastructure and some physico-chemical properties of beef [J]. Meat Science, 1999, 51(1): 35-42.

[16] GAULT N F S. The relationship between water-holding capacity and cooked meat tenderness in some beef muscles as influenced by acidic conditions below the ultimate pH [J]. Meat Science, 1985, 15(1): 15-30.

[17] GERELT B, IKEUCHI Y, NISHIUMI T, et al. Meat tenderization by calcium chloride after osmotic dehydration [J]. Meat Science, 2002, 60(2): 237-244.

[18] OBLINGER J L, JANKY D M, KOBURGER J A. Effect of brining and cooking procedure on tenderness of spent hens [J]. Journal of Food Science, 1977, 42(5): 1347-1348.

[19] DUTSON T R. The relationship of pH and temperature to disruption of specific muscle proteins and activity of lysosomal proteases [J].

Journal of Food Biochemistry, 1983, 7(2): 223-245.

[20] YU L P, LEE Y B. Effects of post mortem pH and temperature on bovine muscle structure and meat tenderness [J]. Journal of Food Science, 1986, 51(3): 774-780.

[21] LEE S, STEVENSON-Barry J M, KUAFFMAN R G, et al. Effect of ion fuid injection on beef tenderness in association with calpain activity [J]. Meat Science, 2000, 56(3): 301-310.

[22] WENHAM L M, LOCKER R H. The effect of marinading on beef [J]. Journal of the Science of Food and Agriculture, 1976, 27(12): 1079-1084.

[23] LAWRIE R A. Lawrie's meat science [M]. 7th edition. Cambridge: Woodhead Publishing Limited, 2006.

[24] HAN J, MORTON J D, BEKHIT A E D, et al. Pre-rigor infusion with kiwifruit juice improves lamb tenderness [J]. Meat Science, 2009, 82(3): 324-330.

[25] TEIXEIRA A, BATISTA S, DELFA R, et al. Lamb meat quality of two breeds with protected origin designation. Influence of breed, sex and live weight [J]. Meat Science, 2005, 71(4): 530-536.

[26] FAROUK M M, PRICE J F. The effect of post-exsanguination infusion on the composition, exudation, colour and post-mortem metabolic changes in lamb [J]. Meat Science, 1994, 38(4): 477-496.

[27] BEKHIT A E D, ILIAN M A, MORTON J D, et al. Effect of calcium chloride, zinc chloride, and water infusion on metmyoglobin reducing activity and fresh lamb colour [J]. Journal of Animal Science, 2005, 83: 2189-2204.

[28] RUSSELL A E. Effect of alcohols and neutral salt on the thermal stability of soluble and precipitated acid-soluble collagen [J]. Journal of Biochemistry, 1973, 131(4): 335-342.

[29] EILERS J D, MORGAN J B, MARTIN A M, et al. Evaluation of calcium chloride and lactic acid injection on chemical, microbiological and descriptive attributes of mature cow beef [J]. Meat Science,

1994, 38(4): 443-451.
[30] ERTBJERG P, LARSEN L M, MØLLER A J. Effect of prerigor lactic acid treatment on lysosomal enzyme release in bovine muscle [J]. Journal of the Science of Food and Agriculture, 1999, 79(1): 95-100.
[31] ERTBJERG P, MIELCHE M M, LARSEN L M, et al. Relationship between proteolytic changes and tenderness in prerigor lactic acid marinated beef [J]. Journal of the Science of Food and Agriculture, 1999, 79(7): 970-978.
[32] STANTON C, LIGHT N D. The effects of conditioning on meat collagen: Part 4. The use of pre-rigor lactic acid injection to accelerate conditioning in bovine meat [J]. Meat Science, 1990, 27(2): 141-159.
[33] ORESKOVICH D C, BECHTEL P J, MCKEITH F K, et al. Marinade pH affects textural properties of beef [J]. Journal of Food Science, 1992, 57(2): 305-311.
[34] WILLIAMS J R, HARRISON D L. Relationship of hydroxyproline to tenderness of bovine muscle [J]. Journal of Food Science, 1978, 43(2): 464-466.
[35] MCCORMICK R J. The flexibility of the collagen compartment of muscle [J]. Meat Science, 1994, 36(1-2): 79-91.
[36] HORGAN D J, KURTH L B, KUYPERS R. pH effect on thermal transition temperature of collagen [J]. Journal of Food Science, 1991, 56(5): 1203-1204, 1208.
[37] BAILEY A J, LIGHT N D. Connective Tissue in Meat and Meat Products [M]. London: Elsevier Applied Science, 1989: 114.
[38] KE S, HUANG Y, DECKER E A, et al. Impact of citric acid on the tenderness, microstructure and oxidative stability of beef muscle [J]. Meat Science, 2009, 82(1): 113-118.
[39] NISHIMURA T, HATTORI A, TAKAHASHI K. Relationship between degradation of proteoglycans and weakening of the

intramuscular connective tissue during post-mortem ageing of beef [J]. Meat Science, 1996, 42(3): 251-260.

[40] WU J J, DUTSON T R, CARPENTER Z L. Effect of post-mortem time and temperature on bovine intramuscular collagen [J]. Meat Science, 1982, 7(2): 161-168.

[41] SUZUKI K, SHIMIZU K, HAMAMOTO T, et al. Characterization of proteoglycan degradation by calpain [J]. Biochemical Journal, 1992, 285: 855-862.

[42] 藏大存. 鸭肉嫩度影响因素及变化机制的研究 [D]. 南京: 南京农业大学, 2007: 73.

7　超高压处理对牛肉肌内胶原蛋白及肉品质的影响

食品超高压技术（Ultra-high pressure processing，UHP），可简称为高压技术（High pressure processing，HPP）或液态静高压技术（Hydrostatic high pressure，HHP），是目前新兴的食品加工高新技术之一。一般是指用 100 MPa 以上（100 ~ 1 000 MPa）的静水压力在常温下或较低温度下对食品物料进行处理，达到灭菌、物料改性和改变食品的某些理化反应速度的效果[1]。食品超高压技术是当前最具有应用前景的非热杀菌技术，超高压作用于鲜肉可以极大地延长肉品保质期[2, 3]，改善肉品嫩度[4-7]，但也导致鲜肉产生熟肉颜色[8-10]和蒸煮风味[11-12]，pH 值改变[13-14]以及脂肪氧化加剧[15]等肉品理化性质的变化。

肉的嫩度按不同的组成成分被分为“肌动球蛋白嫩度”和“背景嫩度”[16, 17]。“肌动球蛋白硬度”起作用的主要成分为肌动球蛋白，而“背景嫩度”起作用的则为肌内结缔组织和其他基质蛋白成分[18]。肉的嫩度可通过物理和化学的方法提高和改善，而超高压技术则为其中一种方法[18]。有许多研究报道了高压技术对肉的嫩化效果是由于高压处理可以改变肉中肌原纤维蛋白结构而加速肉的成熟[19-23]，而高压对肌内结缔组织的影响研究报道较少。Ratcliff et al.（1977）研究发现尽管高压处理可以有效地降低肌原纤维蛋白嫩度，但所处理肉的嫩度受结缔组织硬度（背景嫩度）的影响[24]。Macfarlane et al.（1981）研究发现经高压处理后，肌肉的温谱图热收缩峰的变化是由 F-肌动蛋白所致，而结缔组织未受影响[25]。Beilken et al.（1990）通过研究压力和热结合处理对牛肉剪切力的影响中报道，当温度在 40 ~ 80 °C 内，压力和热结合处理对肌肉“背景嫩度”无显著影响[26]。Suzuki et al.（1993）研究发现对所分离的胶原蛋白经高压处理后，其超微结构、电泳图谱和热溶解性等与对照组相比均无显著差异[27]。

不同的处理压力、处理时间和温度以及肌肉类型都会对肉品质产生不同的影响。很多研究者认为高压处理对肉的嫩化效果主要是对肉中肌原纤维蛋白成分的作用，而对肌内结缔组织以及胶原蛋白的影响研究结论存在分歧和争论，未见有关高压处理过程中胶原蛋白特性变化对肉品质的影响以及与之相关性的分析，其影响机理仍需更进一步的研究和探讨。

本书拟在探讨不同压力和时间超高压处理对牛肉肌内维持胶原蛋白机械强度的蛋白多糖和相关酶活性的作用，分析其对胶原蛋白特性及其相关肉品质的影响，从而为肉类高压嫩化提供理论依据。

7.1 研究材料与方法概论

7.1.1 试验材料和仪器

7.1.1.1 试验材料

本研究试验材料为牛半腱肌（*Semitendinosus*），购于河南绿旗肥牛有限公司。其具体要求见第 4 章。

7.1.1.2 仪器设备与试剂

UHPF-750MPa 超高压食品处理装置（包头科发新型高技术食品机械有限公司）；Minolta Chroma Meter CR-400 色差仪（日本美能达公司）；BX41 相差光学显微镜（日本 Olympus）；MC-DSC 差示扫描量热仪（Multi cell Differential Scanning Calometer，TA instrument，美国）；S-3000N 型扫描电镜（日本 Hitachi High-Technologies Corporation）；TA-XT2i 物性测试仪（英国 Stable Micro Systems）；Heto Power Dry LL3000 冷冻干燥系统（Thermo Scientific，美国）；CM1900 冷冻切片机（德国 Leica）；Allegra TM 64R Centrifuge 台式高速冷冻离心机（美国 Beckman-Coulter 公司）；直插式 pH 计（Thermo scientific，英国）；UV-2450 紫外分光光度计（日本岛津公司）；ZKSY-600 智能恒温水箱

（南京科尔仪器设备有限公司）；GZX-9076 MBE 数显鼓风干燥箱（上海博讯实业有限公司医疗设备厂）；C-LM3 数显式肌肉嫩度仪（东北农业大学工程学院）；晟声自动消化装置（上海晟声自动化分析仪器有限公司）；YYW-2 型应变控制式无侧限压力仪（江苏南京土壤仪器有限公司）；Shimadzu AUY120 电子天平（日本岛津公司）；Ultra-Turrax T25 BASIC 高速匀浆器（德国 IKA-WERKE）。

L（-）-羟脯氨酸（L-4-hydroxyproline）（$C_5H_9NO_3$，MW：31.13），邻硝基苯-β-D-半乳糖苷（2-nitrophenyl-β-D-galactopyranoside）（$C_{12}H_{15}NO_8$，MW：301.25）和对硝基苯-β-D-葡糖醛酸苷（4-nitrophenyl-β-D-glucuronide）（$C_{12}H_{13}NO_9$，MW：315.20）均购于法国 Sigma- Aldrich（Fluka Analytical）公司。其他所用化学试剂均为分析纯。

7.1.2 试验设计与超高压处理

将牛半腱肌肉（pH 在 5.6～5.8）分割成 2.5 cm×5.0 cm×5.0 cm 大小的肉块[（100±5）g 重]若干，随即分组并真空包装，其中不经超高压处理的作为对照组，其余各组肉块置于超高压食品处理装置进行不同压力和时间的高压处理。在室温（20 °C）条件下，压力为 200、300、400、500 和 600 MPa 下分别处理 10 min 和 20 min（待压力上升到所需压力水平后进行保压，保压期间压力波动≤5%，达到保压时间后卸压）。超高压处理所用传压介质为水，每个压力处理组共 6 小块肉样，处理完毕后，打开包装，用吸水纸吸干肉块表面水分，进行二次真空包装，于 4 °C 贮藏，待分析。

7.1.3 研究方法

7.1.3.1 失水率测定

超高压处理过程中肉样失水率测定同第 5 章中所述方法。

7.1.3.2 蒸煮损失和剪切力测定

牛半腱肌肉超高压处理过程中蒸煮损失测定同第 5 章中所述方法，

剪切力值测定同第 4 章中方法。

7.1.3.3 色泽 L^*、a^*和 b^*值测定

用色差仪分别测定对照组以及经超高压处理后肉样色泽 L^*、a^*和 b^*值的变化。

7.1.3.4 pH 变化分析

用直插式 pH 计测定超高压处理前后肉样 pH 的变化。

7.1.3.5 样品质构特性分析

肉样质构分析同第 5 章中所述方法。

7.1.3.6 β-半乳糖苷酶和 β-葡糖醛酸酶活力测定

牛半腱肌肉中 β-半乳糖苷酶和 β-葡糖醛酸酶酶活测定其酶液提取参照 Dutson 和 Lawrie（1974）[28]，Wu（1978）[29] 方法进行，酶活力测定参照 Got et al.（1999）[30] 方法，具体方法同第 5 章中所述。

7.1.3.7 肌间蛋白多糖降解变化分析

牛半腱肌肉中蛋白多糖的提取参考 Parthasarathy 和 Tanzer(1987)[31]，Ueno et al.（1999）[18] 方法，具体方法见第 5 章中所述。蛋白多糖含量测定参照 Bitter 和 Muir（1962）方法进行[32]。超高压处理过程中牛半腱肌肌内蛋白多糖的提取率以各个处理压力点蛋白多糖的含量与未处理组（对照组）蛋白多糖含量之比表示。

7.1.3.8 肌内结缔组织机械强度测定

超高压处理前后肉样结缔组织机械强度测定样品制备参照 Nishimura et al.（1999）方法[33]（见第 4 章）。采用质构仪 HDP/BSW（Blade set with Warner Bratzle）探头剪切分析法，仪器工作参数设置如下：

Pre-test speed：2.00 mm/s　　Test speed：1.00 mm/s
Post-test speed：2.00 mm/s　　Distance：30.00 mm
Time between two compressions：5.0 s　　Trigger force：5.0 g
Data acquisition rate：200 PPS（point per second）　　Temperature：20 °C

7.1.3.9 胶原蛋白含量及溶解性分析

胶原蛋白含量及溶解性分析采用 Ringer's 试剂溶解法，方法同第 4 章中所述。

7.1.3.10 热不溶性胶原蛋白提取及差示扫描量热分析

牛半腱肌肌内热不溶性胶原蛋白的分离与纯化参照 Wu（1978）方法进行[29]，并做了部分修改，其具体分离纯化方法同第 5 章中图 5-1 所述。经分离纯化后的胶原蛋白用 MC-DSC（Multi cell Differential Scanning Calometer）分析其热量变化，温度扫描范围为 20 ~ 100 °C，升温速率 2 °C/min，用 TA instrument 自带分析软件（Universal Analysis 2000）对热流变化曲线进行分析，计算样品热变性温度和变性焓值。

7.1.3.11 组织学观察及肌纤维直径和肌束膜厚度测定

超高压处理过程中牛半腱肌肉组织学观察，其样品制备方法以及肌纤维直径和肌束膜厚度测定方法同第 4 章。

7.1.3.12 扫描电镜观察

牛半腱肌肌内膜和肌束膜微观结构变化，以及胶原纤维微观结构观察样品制备方法同第 4 章。

7.1.3.13 统计分析

运用 SPSS16.0 一般线性模型（GLM）对试验所得数据进行单因素方差（ANOVA）分析、LSD 多重比较以及相关性分析。

7.2 超高压处理对牛肉肌内胶原蛋白及肉品质的影响

7.2.1 失水率变化

超高压处理过程中牛半腱肌肉失水率变化如图 7-1 所示。

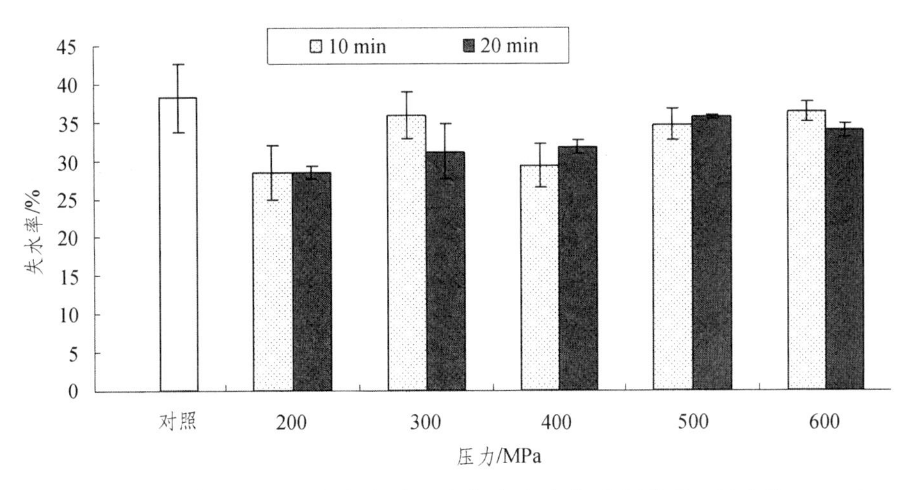

图 7-1 超高压处理过程中牛半腱肌肉失水率变化（平均值±标准差，n=3）

由图 7-1 可见，与对照组相比，牛肉经超高压处理后失水率降低。由于高压对肉结构具有一定的破坏作用，因而肉经超高压处理后其中部分汁液会流出，肉本身的水分含量减少，导致失水率降低。王志江等（2008）也报道了不同压力处理熟制鸡肉时，水分含量显著下降[2]。肉中的水分以三种形式存在：自由水（15%）、不易流动水（80%）和结合水（5%）[34]，其中绝大部分水存在于肌原纤维中，主要是粗丝和细丝的间隙中，肌肉水分的损失主要来源于肌原纤维体积的变化[35]。超高压处理过程中肌纤维直径下降（图 7-10），表明肌纤维收缩造成了水分流失。另外，高压也可能会影响蛋白质的水合作用，而促使一部分水从组织中游离出来[36]。

7.2.2 蒸煮损失和剪切力值的变化

由图 7-2 可见，200 ~ 600 MPa 处理 10 min 或 20 min 后，与对照组相比，牛肉蒸煮损失均增加，且高压处理 20 min 后牛肉蒸煮损失大于处理 10 min 时的情况。

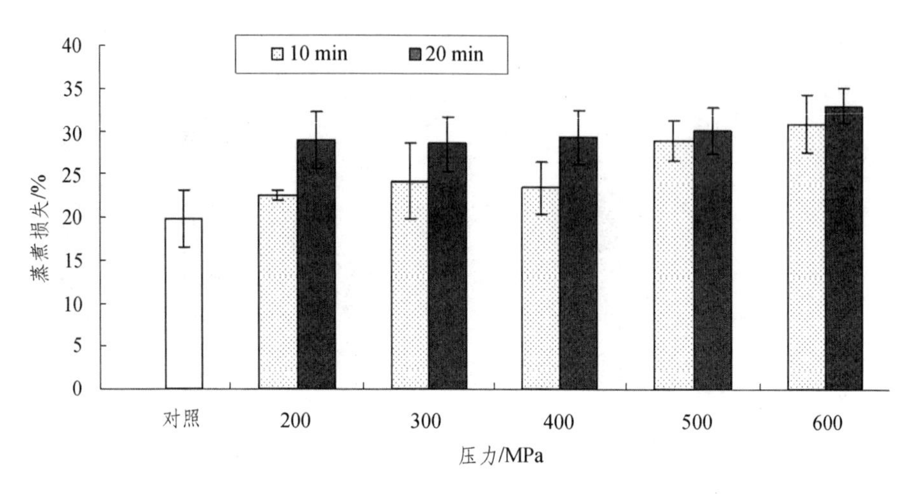

图 7-2 超高压处理过程中牛半腱肌肉蒸煮损失的变化（平均值±标准差，n=3）

随着压力的升高，牛半腱肌肉的剪切力值均呈下降趋势，高压处理 20 min 剪切力值下降更显著（图 7-3）。宰后的牛肉在低温条件下贮存，自然完成僵直和成熟等一系列变化，肉的嫩度和风味得以改善，这一过程包括肌动蛋白和肌球蛋白交联作用的改变、Z 线崩解导致肌原纤维小片化和肌原纤维中的一种弹性蛋白——交联弹性蛋白（Connectin）的网状结构被破坏，后者使对热不敏感的交联弹性蛋白变为能被加热明胶化的结缔组织，这样肉在加热后的嫩度增加[37]。高压处理可以加速以上的一些变化[19]，处理后的牛肉中肌动蛋白和肌球蛋白的交联发生改变，肌原纤维小片化较为明显[26]。研究表明牛肉高压嫩化的作用主要是通过处理过程的机械作用和内源酶的作用实现的，而后者起着决定性的作用[38]，主要机理是压力处理的机械作用破坏了肌肉细胞膜的完整性，Ca^{2+}释放出来进入肌浆中，存在于肌浆中的钙激活酶受 Ca^{2+} 的激活后开始水解蛋白质，肌纤维结构中的 Z 盘崩解直至消失，从而使细丝稳定的状态遭到破坏，最后导致肌节断裂，肌原纤维出现小片化，肌肉嫩化[25, 39]。压力处理后牛肉剪切力值的下降，一方面由于压力处理导致肌肉显微结构发生变化，肌节收缩，肌纤维断裂，肌原纤维小片化；另一方面由于高压处理使肌浆网和线粒体中的钙离子被释放出来，提高了钙离子浓度，钙激活酶活性提高，钙激活酶能够水解肌纤维中起连接和支架作用的蛋白质，引起细胞结构的弱化[5]。剪切力值的下降在一定程度上说明了压力处理发挥了使肌肉嫩化的作用。

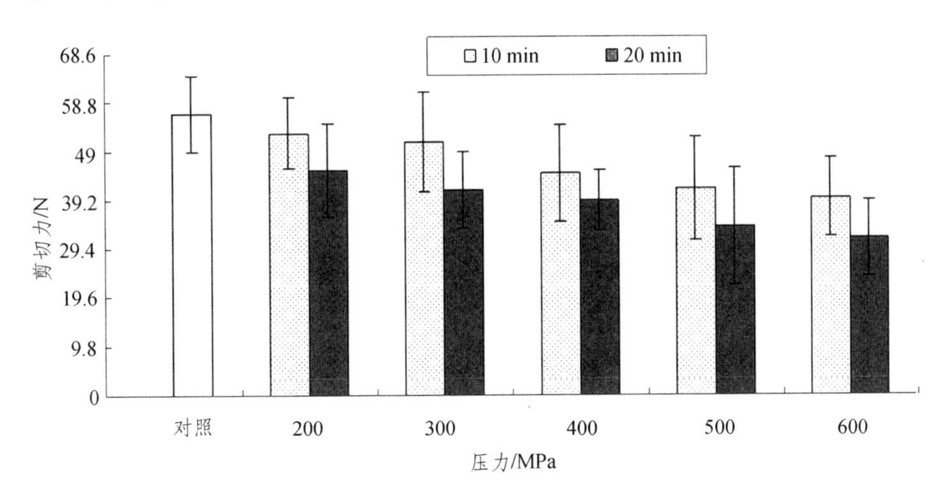

图 7-3 超高压处理过程中牛半腱肌肉剪切力值的变化（平均值±标准差，n=5）

7.2.3 色泽和 pH 值的变化

超高压处理过程中牛半腱肌肉色泽和 pH 值变化如表 7-1 所示。

由表 7-1 可见，超高压处理过程中，肉的亮度 L^*和黄色度 b^*增加，而红色度 a^*降低，这与前人的报道一致[40, 41]。已有很多研究表明，过高的压力对鲜肉的色泽有破坏作用，压力使牛肉的鲜红色褪去，变为让人难以接受的灰白色[42, 43]。不过在一定的压力范围内（<300 MPa），牛肉的亮度虽然有所上升，但对牛肉的色泽稳定性有一定的益处，尤其是对真空包装牛肉的变褐有一定的延缓作用，Koohmaraie（1983）研究表明，一定压力范围的处理可以显著改善牛瘦肉宰后 4 d 内的色泽，并可明显延缓贮存 5 d 以上牛肉的色泽劣化的速度[44]。

表 7-1 超高压处理过程中牛半腱肌肉色泽和 pH 的变化（平均值±标准差，n=3）

压力/MPa	时间/min	L^*	a^*	b^*	pH
对照	—	38.20 ± 1.888 ^{Aa}	21.95 ± 1.674 ^{ABbcd}	7.71 ± 1.208 ^{ABCbcd}	5.91 ± 0.020 ^{abcde}
200	10	43.45 ± 1.306 ^{ABa}	18.62 ± 2.716 ^{Aab}	7.01 ± 0.745 ^{ABCabc}	5.78 ± 0.070 ^{ab}
300	10	40.10 ± 4.631 ^{Aa}	21.05 ± 0.222 ^{ABabcd}	5.29 ± 0.235 ^{Aa}	5.96 ± 0.020 ^{cde}
400	10	49.12 ± 4.584 ^{BCb}	21.65 ± 2.235 ^{ABbcd}	8.23 ± 1.046 ^{BCDbc}	5.95 ± 0.063 ^{bcde}
500	10	56.83 ± 5.657 ^{Cc}	18.10 ± 0.908 ^{Aa}	10.53 ± 0.519 ^{DEe}	5.96 ± 0.032 ^{cde}
600	10	52.79 ± 1.902 ^{Cbc}	19.59 ± 1.815 ^{ABabc}	9.24 ± 1.726 ^{CDEde}	5.88 ± 0.047 ^{abcde}
200	20	40.42 ± 2.063 ^{Aa}	21.85 ± 0.634 ^{ABbcd}	6.02 ± 0.313 ^{ABab}	5.79 ± 0.027 ^{abc}
300	20	40.88 ± 3.054 ^{Aa}	23.68 ± 1.805 ^{Bd}	7.23 ± 1.603 ^{ABCbc}	5.81 ± 0.040 ^{abcd}
400	20	49.21 ± 2.717 ^{BCb}	22.22 ± 0.203 ^{ABcd}	9.36 ± 0.650 ^{CDEde}	6.02 ± 0.051 ^{e}
500	20	56.11 ± 1.949 ^{Cc}	19.53 ± 1.926 ^{ABabc}	10.83 ± 1.125 ^{Ee}	5.97 ± 0.026 ^{de}
600	20	51.79 ± 1.102 ^{Cbc}	19.01 ± 2.502 ^{Aabc}	10.65 ± 0.604 ^{DEe}	5.77 ± 0.023 ^{a}

注：表中同一列数值中，肩注不同大写字母表示差异极显著（P<0.01）；不同小写字母表示差异显著（P<0.05）。

本试验结果表明，随着压力的增加牛肉的亮度 L^*增加，当压力超过 300 MPa 以上时，牛肉的色泽明显劣化，牛肉由鲜红色变为浅白色，表面有轻微的胶凝现象，这主要是由于压力使肌红蛋白解离和部分蛋白变性[12]。肉的颜色的强度决定于其总的肌红蛋白的含量，肉的不同颜色是与肉中氧合肌红蛋白（鲜红色）、肌红蛋白（紫红色）和高铁肌红蛋白（褐色）相互之间的比例有关[34]。有研究称，碎牛肉在 10 °C 经高压处理，200 MPa 以上的压力处理后肉颜色变灰白（L^*值增加），400 MPa 以上的压力处理后肉颜色变褐色（a^*值减少），在 20 °C 高压处理肉样也得到类似的结果[43]。另一项研究表明，压力在 100 ~ 200 MPa，猪肉糜颜色的 L^*值开始增加，在 300 ~ 400 MPa 时，L^*值达到最大值，之后随着压力进一步升高达到 600 MPa，L^*值不再变化[45]。

超高压处理对肉颜色的影响主要是：① 压力处理后 L^*值升高，可能是肌红蛋白中的珠蛋白变性或者亚铁血红素被取代或失去所造成的；② a^*值减小，是由于亚铁肌红蛋白氧化而变成高铁肌红蛋白[12, 21]。在无氧状态下进行超高压处理，肉的红色的丧失（即亚铁肌红蛋白的氧化）不发生，但是肉色的变白不能防止[10]。此外，变白和颜色褐变在低脂肪或高脂肪的肉糜中也被观察到，加压处理都造成了亮度提高，且亮度提高随着压力增加而增加[21]。

在超高压处理过程中，压力达到 300 MPa 前，牛肉 pH 较对照组降低，而当压力高于 300 MPa，牛肉 pH 较对照组升高。在 300 MPa 处理 10 min 时，pH 达到最大；另外，在 400 MPa 处理 20 min 时，pH 也达到最大。Angsupanich 和 Ledward（1998）通过对鱼和火鸡肌肉高压处理后发现，200 ~ 800 MPa 的压力处理能导致肌肉 pH 上升，这可能与压力破坏稳定蛋白质结构的化学键，如氢键和疏水作用等，从而使蛋白质的立体结构遭受破坏有关[13]，另外，超高压处理过程中 pH 的上升还可能是蛋白质构象变化使蛋白质肽链中酸性基团受到包埋造成的[46]。

7.2.4 肉样质构分析

超高压处理过程中牛半腱肌肉质构特性变化如表 7-2 所示。

表 7-2 超高压处理过程中牛半腱肌肉质构特性变化（平均值±标准差，n=3）

高压处理		质构参数 TPA parameters						
压力/MPa	时间/min	硬度/g	黏着性	弹性	凝聚性	胶黏性	咀嚼性	回弹性
对照	—	2008.53 ± 639.24 ^{a}	−30.962 ± 11.967 ^{ab}	0.265 ± 0.049 ^{ab}	0.210 ± 0.050	427.964 ± 173.573 ^{a}	115.314 ± 59.496 ^{a}	0.095 ± 0.027 ^{a}
200	10	4362.94 ± 339.99 ^{a}	−23.212 ± 8.118 ^{b}	0.257 ± 0.030 ^{ab}	0.239 ± 0.031	1067.730 ± 549.274 ^{a}	279.254 ± 147.909 ^{ab}	0.133 ± 0.020 ^{ab}
300	10	25061.75 ± 308.54 ^{b}	−101.844 ± 12.024 ^{a}	0.415 ± 0.057 ^{abc}	0.352 ± 0.036	7492.940 ± 527.475 ^{ab}	2885.410 ± 200.663 ^{b}	0.205 ± 0.013 ^{ab}
400	10	9314.06 ± 742.20 ^{ab}	−101.611 ± 9.661 ^{a}	0.487 ± 0.067 ^{c}	0.364 ± 0.043	3274.700 ± 352.496 ^{ab}	1156.500 ± 171.972 ^{ab}	0.196 ± 0.011 ^{ab}
500	10	14017.00 ± 134.33 ^{ab}	−67.049 ± 14.259 ^{ab}	0.390 ± 0.020 ^{abc}	0.313 ± 0.054	4872.470 ± 588.429 ^{ab}	1453.610 ± 330.499 ^{ab}	0.181 ± 0.024 ^{ab}
600	10	5281.85 ± 416.32 ^{a}	−71.725 ± 15.810 ^{ab}	0.389 ± 0.099 ^{abc}	0.272 ± 0.057	1418.450 ± 730.404 ^{a}	541.125 ± 278.456 ^{ab}	0.138 ± 0.034 ^{ab}
200	20	1463.78 ± 202.47 ^{a}	−38.670 ± 8.6247 ^{ab}	0.369 ± 0.091 ^{abc}	0.236 ± 0.017	335.550 ± 159.842 ^{a}	114.370 ± 29.771 ^{a}	0.103 ± 0.036 ^{ab}
300	20	18507.20 ± 594.44 ^{ab}	−99.970 ± 12.794 ^{ab}	0.233 ± 0.017 ^{a}	0.340 ± 0.018	21357.100 ± 396.610 ^{b}	1647.070 ± 119.192 ^{ab}	0.205 ± 0.033 ^{ab}
400	20	2282.40 ± 234.46 ^{a}	−107.126 ± 11.583 ^{a}	0.443 ± 0.049 ^{bc}	0.259 ± 0.024	714.288 ± 874.642 ^{a}	324.239 ± 203.615 ^{ab}	0.095 ± 0.022 ^{a}
500	20	10157.20 ± 477.88 ^{ab}	−41.379 ± 12.240 ^{ab}	0.308 ± 0.053 ^{abc}	0.369 ± 0.036	3645.700 ± 301.014 ^{ab}	1076.730 ± 254.661 ^{ab}	0.204 ± 0.018 ^{ab}
600	20	19938.30 ± 632.95 ^{ab}	−104.415 ± 12.814 ^{a}	0.312 ± 0.073 ^{abc}	0.333 ± 0.036	8056.740 ± 359.778 ^{ab}	2109.570 ± 127.728 ^{ab}	0.216 ± 0.030 ^{b}

注：表中同一列数值中，肩注不同大写字母表示差异极显著（P<0.01）；不同小写字母表示差异显著（P<0.05）。

压力的升高导致肌肉硬度增加，当压力为 300 MPa，高压处理 10 min 和 20 min 硬度都达到最大，与对照组差异显著（$P<0.05$）。当压力在 300 MPa 以上时硬度又呈下降趋势。该结果与 Angsupanich 和 Ledward（1998）的研究结论相似，他们在试验过程中发现，鳕鱼肌肉在 400 MPa 以下压力处理时，硬度随压力的上升而增加，尔后则随压力的上升有所下降[13]。Ma 和 Ledward（2004）研究也发现，牛肉在室温（20 °C）条件下高压处理，压力在 400 MPa 以下肌肉硬度随压力升高而增加，400 MPa 以上硬度又降低[47]。压力处理过程中，硬度、胶黏性和咀嚼性变化趋势一致,在压力处理 10 min 和 20 min 后,300 MPa 是关键变化处理压力值。

凝聚性在各压力处理组之间差异不显著（$P>0.05$），而其他质构参数在各压力处理组之间存在显著差异（$P<0.05$）。凝聚性和回弹性变化趋势一致，在 300 MPa 压力处理 10 min 时，肌肉凝聚性和回弹性都达到最大值,尔后随着压力的升高凝聚性和回弹性都降低。马汉军（2004）通过高压和热结合处理僵直后牛肉时发现，在 60 °C 和 70 °C 下，胶黏性和咀嚼性的变化趋势和硬度的变化完全相同，200 MPa 压力处理时两者都显著下降。20 °C 和 40 °C 温度下的压力处理，压力的上升导致弹性、凝聚性和黏着性的增加，但在 60 °C 和 70 °C 时，压力处理导致黏着性的变化完全不同于低温（20 ~ 40 °C）时的压力处理[46]。Yagiz et al.（2009）研究了高压（150 MPa 和 300 MPa，15 min）和蒸煮处理对大麻哈鱼肉品质的影响，研究发现，压力升高可使肉硬度、胶黏性和咀嚼性增加，黏着性降低[10]。

高压处理过程中，肌肉质构的变化一方面与肉中蛋白的结构和特性有关，特别是一些易于水解的蛋白和一些骨架蛋白[48]，高压处理过程中，肌球蛋白结构的变化可影响肌肉的黏着性、胶黏性和凝聚性，另外，也受肌动蛋白和肌浆蛋白结构的折叠变化以及在高压处理过程中氢键网络结构的形成[13]；另一方面，质构特性在一定程度上与样品中的水分含量有关，压力处理后，肌肉含水量降低，Angsupanich 和 Ledward（1998）也报道了相似的结论[13]。Cheng et al.（1979）研究发现肌肉硬度和弹性与肉保水性之间具有一定的相关性[49]。

7.2.5 酶活力分析与肌间蛋白多糖降解变化

超高压处理过程中牛半腱肌肉肌内 β-半乳糖苷酶和 β-葡糖醛酸酶活力变化以及肌间蛋白多糖的降解分别如图 7-4 和图 7-5 所示。

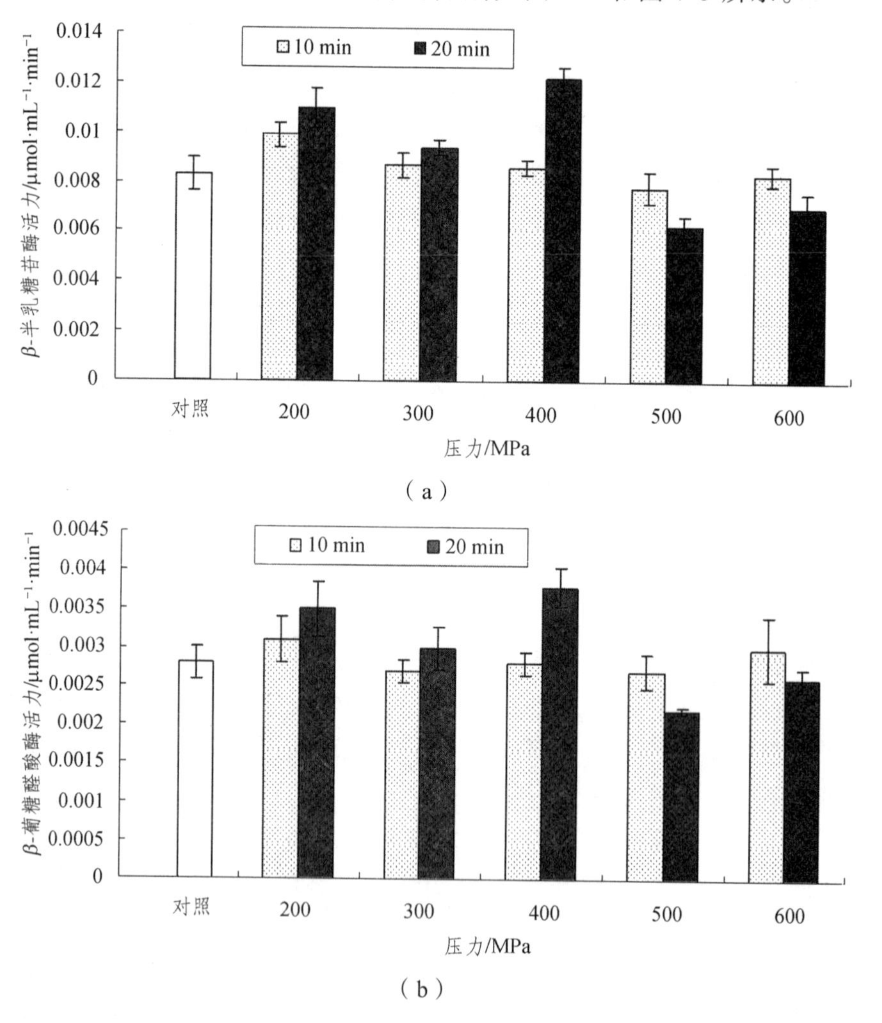

图 7-4 超高压处理过程中牛半腱肌肌内 β-半乳糖苷酶（a）和 β-葡糖醛酸酶（b）活力的变化（平均值±标准差，$n=3$）

由图 7-4 可见，超高压处理过程中，牛肉肌内 β-半乳糖苷酶和 β-葡糖醛酸酶活力变化趋势一致。两种酶的活力随压力的升高呈先增加后降低的变化。压力低于 400 MPa 时，压力处理 20 min 两种酶的活力比处理 10 min 酶活性高，而当压力高于 400 MPa 时，处理 20 min 酶活力反而低于处理 10 min 时的活力，且活力低于对照组中酶活力，500 MPa 和 600 MPa 基本导致酶丧失活力。

β-半乳糖苷酶和 β-葡糖醛酸酶为两种可降解肌内胶原蛋白基质多糖（蛋白多糖）的蛋白酶[30]，而肌内基质蛋白多糖的降解有助于提高和改善肉的“背景嫩度”[28, 29]。超高压处理可在一定程度上破坏细胞结构，因此，溶酶体中 β-半乳糖苷酶和 β-葡糖醛酸酶的活力可得到提高。本研究发现，当压力在 400 MPa 以上时，长时间高压处理使酶活力反而下降，其原因可能是高压力和长时间处理对酶本身的破坏性影响使酶失活，活力下降。众多研究表明，压力对溶酶体膜的破坏，能使溶酶体中更多的酶释放出来[50-52]，综合结果就使酶的相对活力有所上升[53]或维持稳定[13]。而随着压力的进一步升高，越来越多的酶失去活性，酶的综合活力就持续下降，直至完全钝化。

超高压处理过程中，牛肉肌内蛋白多糖的提取率表示为各个处理组蛋白多糖的含量与对照组蛋白多糖的含量之比。由图 7-5 可见，高压可使牛肉肌内蛋白多糖提取率降低，且在相同压力下处理 20 min 较处理 10 min 蛋白多糖含量下降更显著。Ueno et al.（1999）结合成熟和高压处理（100 ~ 400 MPa，5 min，4 °C）研究了牛肉肌内蛋白多糖含量的变化，研究发现，高压处理对蛋白多糖的含量影响不显著，而成熟过程中，蛋白多糖会发生降解，生成小分子物质和片段[18]，与本研究结论存在差别，可能原因是高压处理时所用压力的大小、处理时间以及温度的不同。Dutson et al.（1974）[28] 和 Nishimura et al.（1995）[54] 认为，蛋白多糖可降解为小分子物质是由于肌内 β-葡糖醛酸酶和其他一些溶酶体的作用。本研究中发现，当处理压力低于 400 MPa 时，β-半乳糖苷酶和 β-葡糖醛酸酶的活力较高，可以水解肌内蛋白多糖，导致含量降低；当处理压力高于 400 MPa 时，酶活力因钝化失活，而肌内蛋白多糖含量仍然降低，其可能原因是更高的压力对肉组织结构的破坏更严重，以及对蛋白多糖含量本身的影响导致提取率降低。

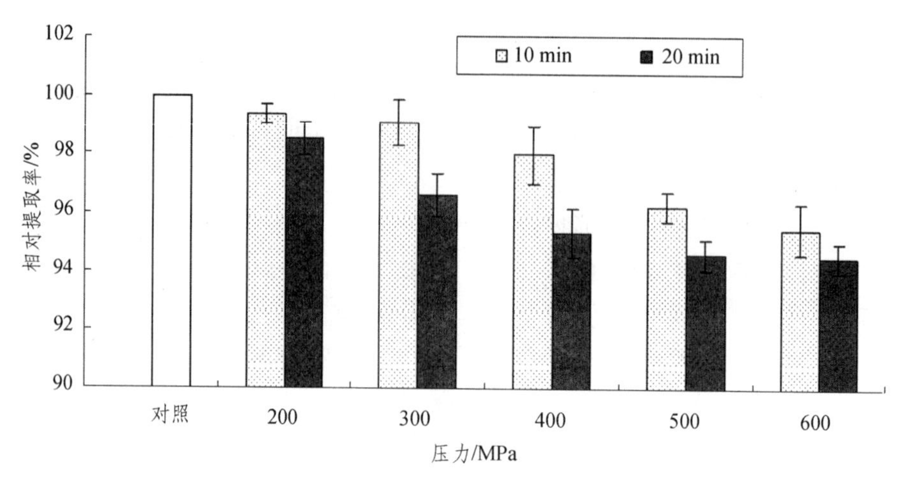

图 7-5 超高压处理过程中牛半腱肌肌内蛋白多糖相对提取率变化
（平均值±标准差，n=3）

7.2.6 肌内结缔组织机械强度变化

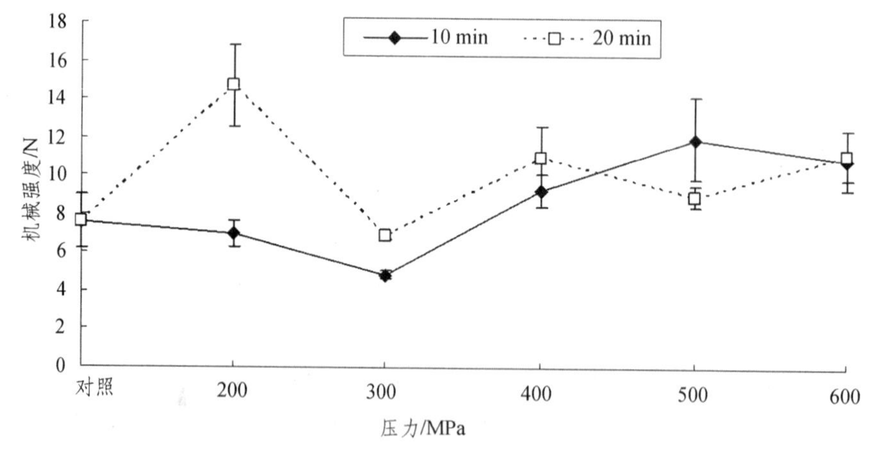

图 7-6 超高压处理过程中牛半腱肌肌内结缔组织机械强度的变化
（平均值±标准差，n=3）

由图 7-6 可见，在高压处理 10 min 过程中，压力低于 300 MPa 时，结缔组织机械强度降低，压力高于 300 MPa 时，机械强度随处理压力的升高而增加。在高压处理 20 min 过程中，200 MPa 时机械强度最大，300 MPa 以后机械强度变化同压力处理 10 min 时的情况。肌内结缔组织的机械强度主要由肌束膜胶原蛋白的特性决定，结缔组织强度的变化与肉中蛋白质的结构以及溶解性变化有关[55]。另外，结缔组织和胶原蛋白的机械强度部分地与肌原纤维的收缩有关，肌束膜和肌内膜结缔组织的机械强度取决于单个胶原纤维的排列方式和方向，以及一些非胶原蛋白成分的作用[33]。本研究中，由相关性分析表明（表 7-5），肌内结缔组织的机械强度与热不溶性胶原蛋白含量呈极显著正相关（$P<0.01$），相关系数为 0.487，而与肌纤维直径呈显著负相关（$P<0.05$），相关系数为-0.352。

7.2.7 胶原蛋白含量及溶解性变化分析

超高压处理过程中牛半腱肌肉胶原蛋白含量和溶解性变化如表 7-3 所示。总胶原蛋白和可溶性胶原蛋白的含量随着处理压力的升高而增加，且变化趋势一致；高压处理 10 min，牛半腱肌肉总胶原蛋白和可溶性胶原蛋白的含量都低于压力处理 20 min 时的含量值。而不溶性胶原蛋白含量的变化情况刚好相反，随着处理压力的升高含量降低，压力处理 10 min 时的含量值高于处理 20 min 时的含量，但各处理组之间差异不显著（$P>0.05$）。

牛半腱肌肉胶原蛋白的溶解性也随着处理压力的升高而增加，并且在高压处理过程中，处理 20 min 时胶原蛋白的溶解性均高于处理 10 min 时的溶解性，不同压力和时间处理组之间存在显著（$P<0.05$）或极显著（$P<0.01$）差异（表 7-3）。Suzuki et al.（1993）研究发现，高压处理（100 ~ 300 MPa，5 min）对牛肉肌内胶原蛋白的溶解性无显著影响[27]。而在本研究中，当压力高于 300 MPa，处理时间为 20 min 时，经高压处理后牛肉可溶性胶原蛋白含量以及胶原蛋白的溶解性都极显著高于对照组（$P<0.01$），与 Suzuki et al.（1993）的报道不一致，可能原因是所用压力和处理时间的不同（本研究中压力高，处理时间较长）。

牛肉经高压处理后，胶原蛋白溶解性提高，其原因可能是：高压处理使得肉中水分含量降低[13]，从而可使得胶原蛋白溶解性提高，另外，由于高压对溶酶体酶的作用，促进了胶原蛋白的水解，从而可以提高胶原蛋白的溶解性[56]。由相关性分析得出（表 7-6），高压处理后，

表 7-3 超高压处理过程中牛半腱肌肉胶原蛋白含量及溶解性变化（占样品湿重的百分比，平均值±标准差，n=3）

高压处理		胶原蛋白含量及溶解性			
压力/MPa	时间/min	总胶原蛋白含量/%	可溶性胶原蛋白含量/%	不溶性胶原蛋白含量/%	胶原蛋白溶解性/%
对照	—	0.550 ± 0.007^{Aa}	0.152 ± 0.014^{Aa}	0.398 ± 0.003	27.64 ± 1.138^{Aa}
200	10	0.560 ± 0.006^{Aab}	0.164 ± 0.008^{ABab}	0.396 ± 0.004	29.28 ± 1.255^{ABab}
300	10	0.561 ± 0.013^{Aab}	0.166 ± 0.005^{ABab}	0.395 ± 0.004	29.59 ± 0.483^{ABabc}
400	10	0.565 ± 0.007^{Aab}	0.172 ± 0.009^{ABCbc}	0.393 ± 0.003	30.44 ± 0.089^{ABCabc}
500	10	0.598 ± 0.024^{ABabc}	0.212 ± 0.021^{DEe}	0.386 ± 0.003	35.40 ± 2.045^{CDde}
600	10	0.620 ± 0.023^{ABbc}	0.236 ± 0.017^{Ff}	0.384 ± 0.002	38.07 ± 1.504^{EFef}
200	20	0.581 ± 0.006^{ABab}	0.186 ± 0.009^{BCcd}	0.395 ± 0.003	32.01 ± 0.663^{ABCbcd}
300	20	0.585 ± 0.025^{ABab}	0.191 ± 0.009^{CDd}	0.394 ± 0.004	33.37 ± 2.231^{BCDcd}
400	20	0.580 ± 0.015^{ABab}	0.194 ± 0.007^{CDEd}	0.386 ± 0.001	33.45 ± 0.895^{BCDcd}
500	20	0.600 ± 0.013^{ABabc}	0.215 ± 0.004^{EFe}	0.385 ± 0.003	35.83 ± 0.183^{CDde}
600	20	0.660 ± 0.017^{Bc}	0.275 ± 0.006^{Gg}	0.385 ± 0.003	41.67 ± 0.665^{Ff}

注：表中同一列数值中，肩注不同大写字母表示差异极显著（$P<0.01$）；不同小写字母表示差异显著（$P<0.05$）。

可溶性胶原蛋白的含量和胶原蛋白的溶解性都与蒸煮损失呈极显著正相关（$P<0.05$），相关系数分别为 0.460 和 0.490，进一步说明压力处理后，牛肉中水分含量以及蒸煮损失的变化对胶原蛋白含量和溶解性有显著影响。另外，牛肉经高压处理后，肉剪切力值与总胶原蛋白含量呈显著正相关（$P<0.05$）。由此可见，超高压处理后，结缔组织胶原蛋白中热溶性成分增多，溶解性提高，对肉嫩度提高和质构改善具有促进作用。

7.2.8 热不溶性胶原蛋白提取及差示扫描量热分析

超高压处理过程中热不溶性胶原蛋白提取率如图 7-7 所示，胶原蛋白热力学参数 DSC 分析结果如表 7-4 所示，DSC 温谱图热流曲线如图 7-8 所示。

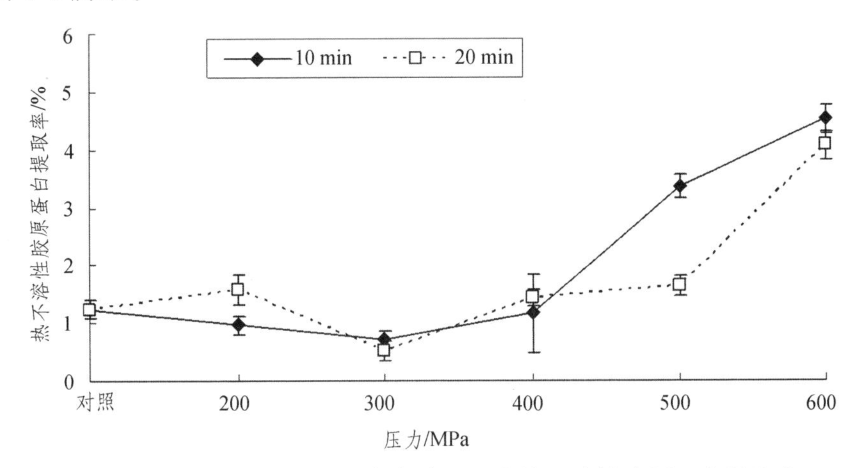

图 7-7 超高压处理过程中牛半腱肌肌内热不溶性胶原蛋白提取率
（占样品湿重的百分比，平均值±标准差，$n=3$）

由图 7-7 可见，超高压处理过程中，随着处理压力的升高（400 MPa 以上），肌内热不溶性胶原蛋白的提取率极显著增加（$P<0.01$），而当压力低于 400 MPa 时，变化不显著。肌内结缔组织的机械强度主要由肉中热不溶性胶原蛋白的含量以及热力特性决定，由表 7-5 相关性分析可见，在高压处理过程中，结缔组织机械强度和热不溶性胶原蛋白提取率呈极显著正相关（$P<0.01$），相关系数为 0.487。

表 7-4 超高压处理过程中热不溶性胶原蛋白热力学参数 DSC 分析结果（平均值±标准差，n=3）

高压处理		热力特性				
压力/MPa	时间/min	T_o/ °C	T_p/ °C	T_e/ °C	ΔH/（J/g）	样品水分含量/（mg/g）
对照	—	31.27 ± 2.849^{a}	42.67 ± 0.000	46.10 ± 2.636^{ab}	3.454 ± 1.828^{Bb}	63.739 ± 2.301^{Aa}
200	10	38.25 ± 0.637^{ab}	43.73 ± 0.495	48.32 ± 0.495^{b}	0.982 ± 0.192^{Aa}	63.244 ± 2.790^{Aa}
300	10	37.97 ± 1.075^{ab}	43.29 ± 0.240	45.59 ± 1.305^{ab}	0.300 ± 0.081^{Aa}	75.677 ± 2.215^{Cc}
400	10	40.31 ± 6.407^{ab}	42.28 ± 4.525	43.59 ± 3.154^{a}	0.173 ± 0.065^{Aa}	69.468 ± 0.822^{Bb}
500	10	37.74 ± 1.443^{ab}	43.26 ± 0.740	45.78 ± 1.614^{ab}	0.681 ± 0.447^{Aa}	80.660 ± 2.407^{Dd}
600	10	37.64 ± 0.189^{ab}	44.09 ± 0.495	47.21 ± 1.846^{ab}	0.495 ± 0.176^{Aa}	80.567 ± 1.314^{Dd}
200	20	40.03 ± 2.935^{ab}	41.78 ± 2.270	44.01 ± 0.141^{ab}	0.170 ± 0.063^{Aa}	69.220 ± 1.732^{Bb}
300	20	38.16 ± 0.445^{ab}	43.57 ± 0.248	44.54 ± 1.131^{ab}	0.592 ± 0.127^{Aa}	82.614 ± 2.308^{Dd}
400	20	41.20 ± 3.227^{b}	44.55 ± 0.535	45.62 ± 0.504^{ab}	0.149 ± 0.055^{Aa}	70.653 ± 0.708^{Bb}
500	20	39.94 ± 3.285^{ab}	43.97 ± 0.820	46.49 ± 3.105^{ab}	0.704 ± 0.275^{Aa}	68.406 ± 2.098^{Bb}
600	20	35.63 ± 8.486^{ab}	39.72 ± 6.350	45.75 ± 2.875^{ab}	0.301 ± 0.082^{Aa}	79.461 ± 1.062^{CDd}

T_o—热不溶性胶原蛋白热变性起始温度；T_p—最大热变性温度；T_e—热变性终止温度；ΔH—胶原蛋白热变性焓值。

注：表中同一列数值中，肩注不同大写字母表示差异极显著（P<0.01）；不同小写字母表示差异显著（P<0.05）。

由表 7-4 可见，高压处理过程中，不同压力和时间处理对热不溶性胶原蛋白的最大热变性温度影响不显著（$P>0.05$），而对变性起始温度和终止温度有显著影响（$P<0.05$），热不溶性胶原蛋白变性热焓值在各压力处理组之间差异不显著（$P>0.05$），但极显著小于对照组（$P<0.01$）。牛肉肌内热不溶性胶原蛋白的变性起始温度随压力的升高而增加，最大热变性温度（变性峰温度）和终止温度在高压处理过程中变化趋势一致。T_o 为热不溶性胶原蛋白热变性起始温度，反映胶原蛋白的最低热稳定性，T_p 为最大热变性温度，反映胶原蛋白的一般热稳定性，通常用最大热变性温度的大小来反映胶原蛋白的热稳定特性[57]。本研究表明，高压处理对胶原蛋白的热稳定性无显著影响，结论与前人报道的相一致[24, 27, 58]。

图 7-8 显示了高压处理不同时间过程中，热不溶性胶原蛋白变性热焓值的大小，即所对应的温谱图热流曲线中变性峰的高低。Bouton et al.（1978）报道了高压处理可使肌腱胶原蛋白的热变性温度趋于更加稳定[58]。Macfarlane et al.（1981）研究发现经高压处理后，肌肉的温谱图热收缩峰的变化是由 F-肌动蛋白所致，而结缔组织未受影响[25]。因此，研究者们认为，单独高压处理对肉嫩度无影响，主要是由于高压对肌内结缔组织和胶原蛋白的热稳定特性无显著影响。部分学者建

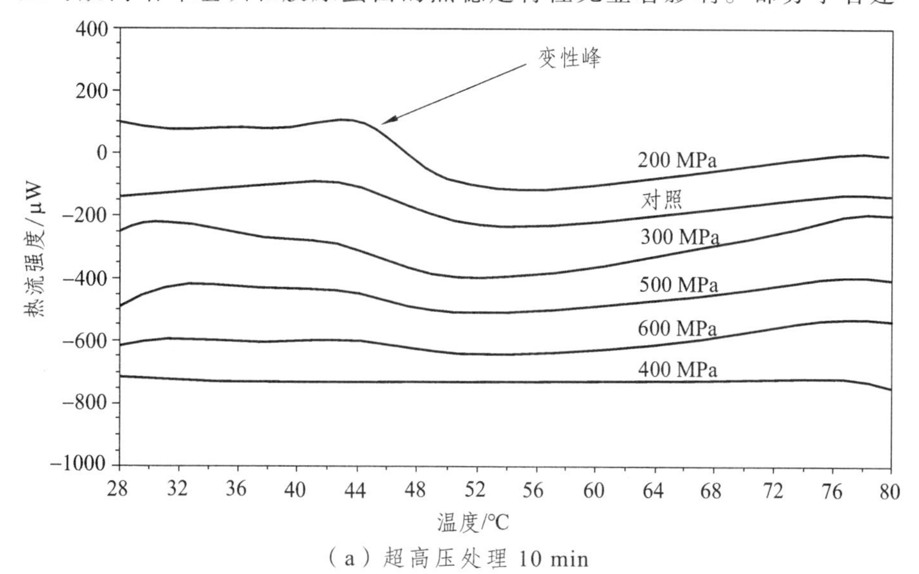

（a）超高压处理 10 min

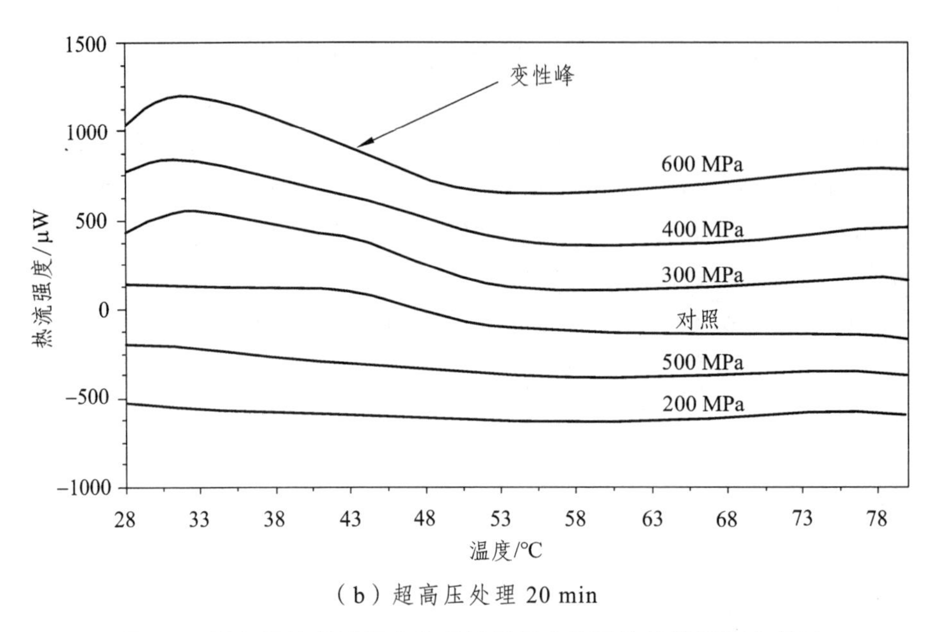

（b）超高压处理 20 min

图 7-8　超高压处理过程中牛半腱肌肌内热不溶性胶原蛋白差示扫描量热分析热流曲线

注：箭头表示最大热变性温度（即变性峰温度）。

议将高压和热结合处理可以提高肉的嫩度[20, 23]。而本研究发现，高压结合较长时间的处理对肉嫩度有改善作用，主要是对肌原纤维蛋白的影响，另外对肌内结缔组织中肌束膜和肌内膜以及胶原纤维结构的破坏等作用造成。

7.2.9　组织学观察及肌纤维直径和肌束膜厚度变化

超高压处理后牛半腱肌肉组织学结构变化如图 7-9 所示。随着压力的升高，肌肉组织结构破坏越严重，200 MPa 和 300 MPa 处理对肉的结构影响基本相同[图（a）和（c),（b）和（d）]，当压力高于 400 MPa 后，肉组织结构会发生显著的变化，主要变化表现为肌纤维收缩变形，且与肌内膜发生分离，肌纤维间空隙增大[图（e）和（f）]，肌束膜和肌内膜发生断裂[图（g）和（h）]。当压力达 600 MPa 时，肌束膜内部出现空洞且部分肌束膜消失，而肌内膜已完全消失，肌内膜结构更易受压力的影响。压力较高时，肌肉表面结构变得较为模糊[图（i）和（j）]。另外，高压处理 20 min 对肉结构的破坏明显较处理 10 min 严重。

超高压处理 10 min　　　　超高压处理 20 min

对照

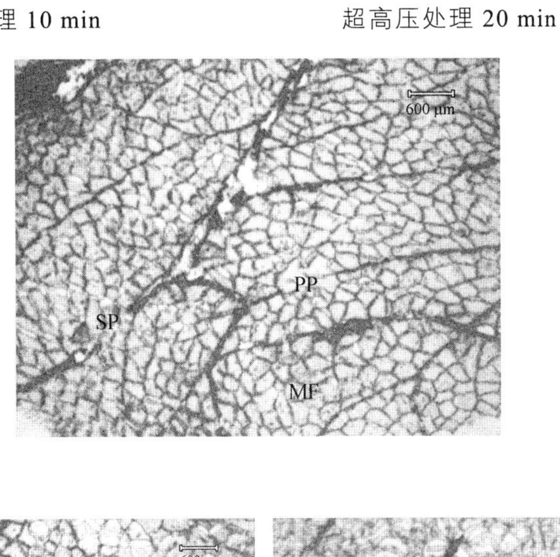

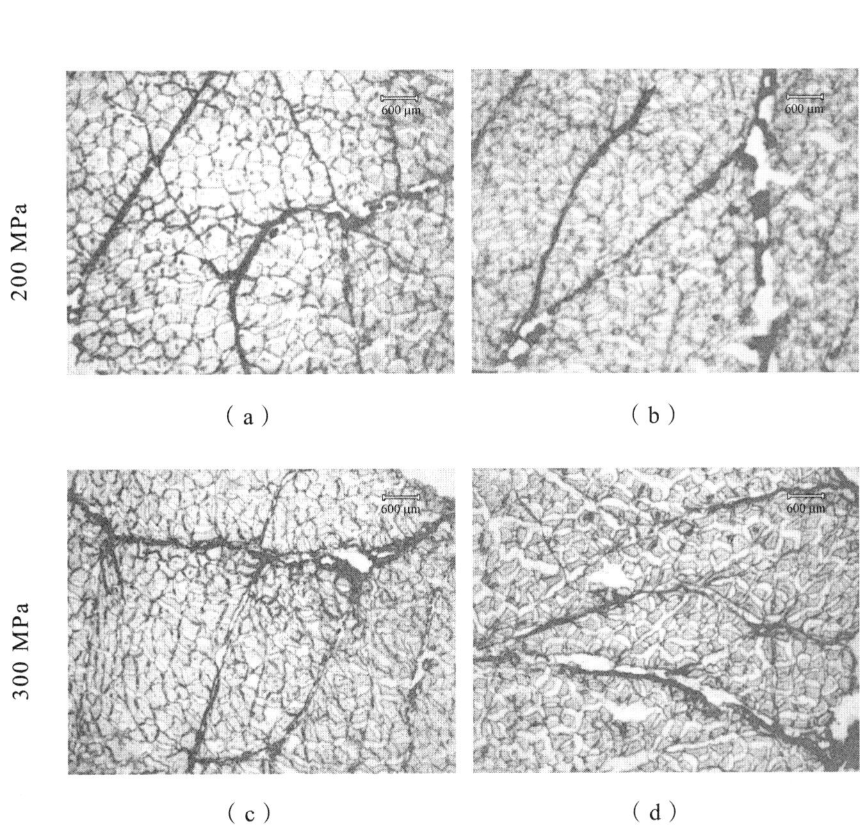

（a）　（b）

（c）　（d）

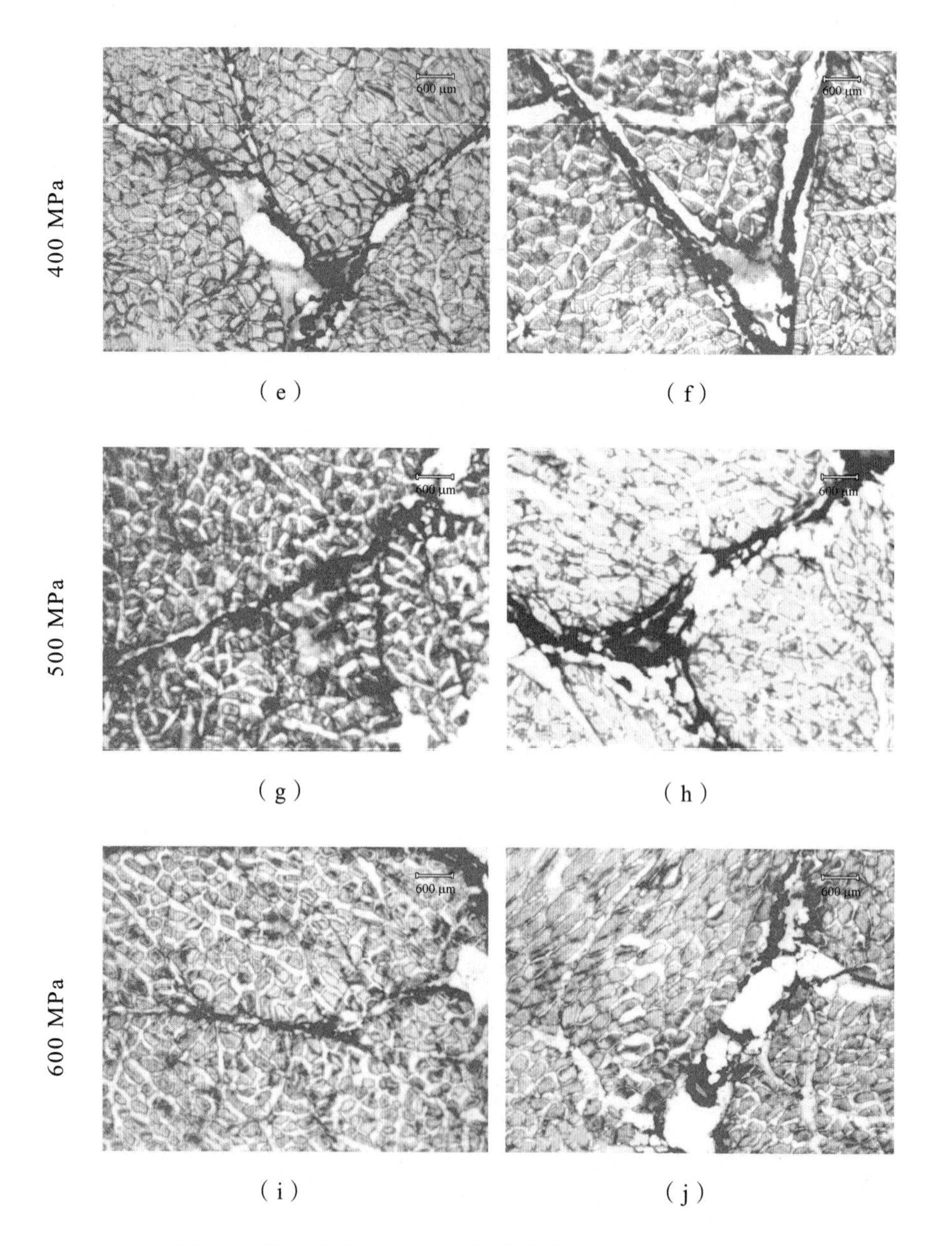

图 7-9 超高压处理过程中牛半腱肌组织学结构变化（光镜观察，放大倍数 100）

PP—初级肌束膜；SP—次级肌束膜；MF—肌纤维。

由图 7-10 可见，牛半腱肌肉经高压处理后，与对照组相比，肌纤维直径极显著降低（$P<0.01$）。200 MPa 处理 20 min 后，肌纤维直径降至最低（35 μm 左右），在后续的继续升压过程中，肌纤维直径基本保持不变；而 300 MPa 处理 10 min 后，肌纤维直径降至最低（38 μm 左右），并且后续随压力升高，直径也基本不变。肉经高压处理后，由于肌纤维明显发生了收缩，且随压力的升高，收缩现象越严重，因此肌纤维直径降低。另外，由于高压对肌原纤维结构及肉中部分蛋白成分的破坏，微观结构发生变化，使得肌原纤维蛋白易于从组织中溶出，这种结构及蛋白成分的变化使得肌纤维直径减小。

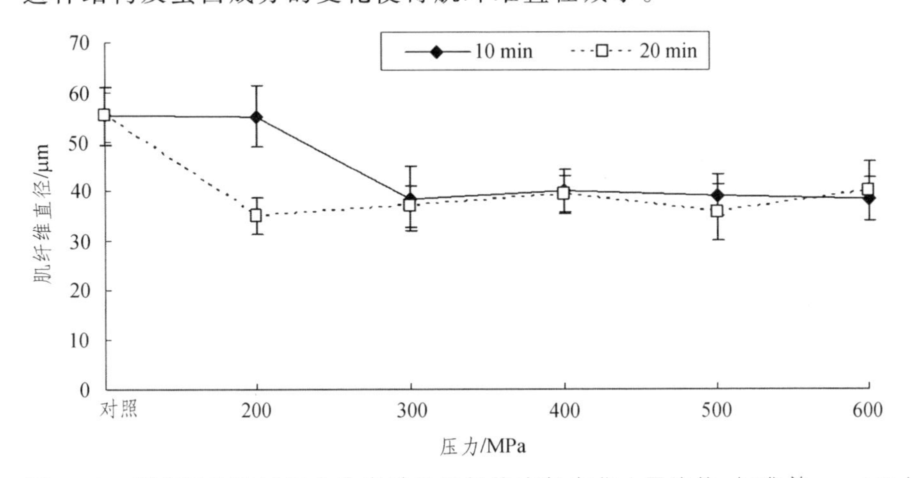

图 7-10 超高压处理过程中牛半腱肌肌纤维直径变化（平均值±标准差，$n=100$）

初级肌束膜和次级肌束膜厚度在高压处理过程中呈不规则变化（图 7-11）。200 ~ 600 MPa 处理 20 min 对初级肌束膜厚度影响不显著，可能因为高压力和长时间处理在各个压力处理组导致初级肌束膜发生最大程度的破坏。400 MPa 和 600 MPa 处理 10 min 时，初级肌束膜厚度其值大于对照组，可能原因是部分变性的肌束膜胶原蛋白导致测定过程中统计值的偏大。次级肌束膜存在于各个肌束间，且包裹肌束形成完整的肌肉组织。由组织学观察（图 7-9）可见，不同的压力和处理时间对次级肌束膜结构的影响程度不同，有些处理组由于肌束膜内部形成空洞，其厚度测定中统计值会减小。另外，也可由扫描电镜照片分析得出，不同压力和时间处理导致肌束膜胶原纤维中胶原蛋白发生不同程度的变性，而变性的胶原蛋白在表面的聚集影响肌束膜的厚度。

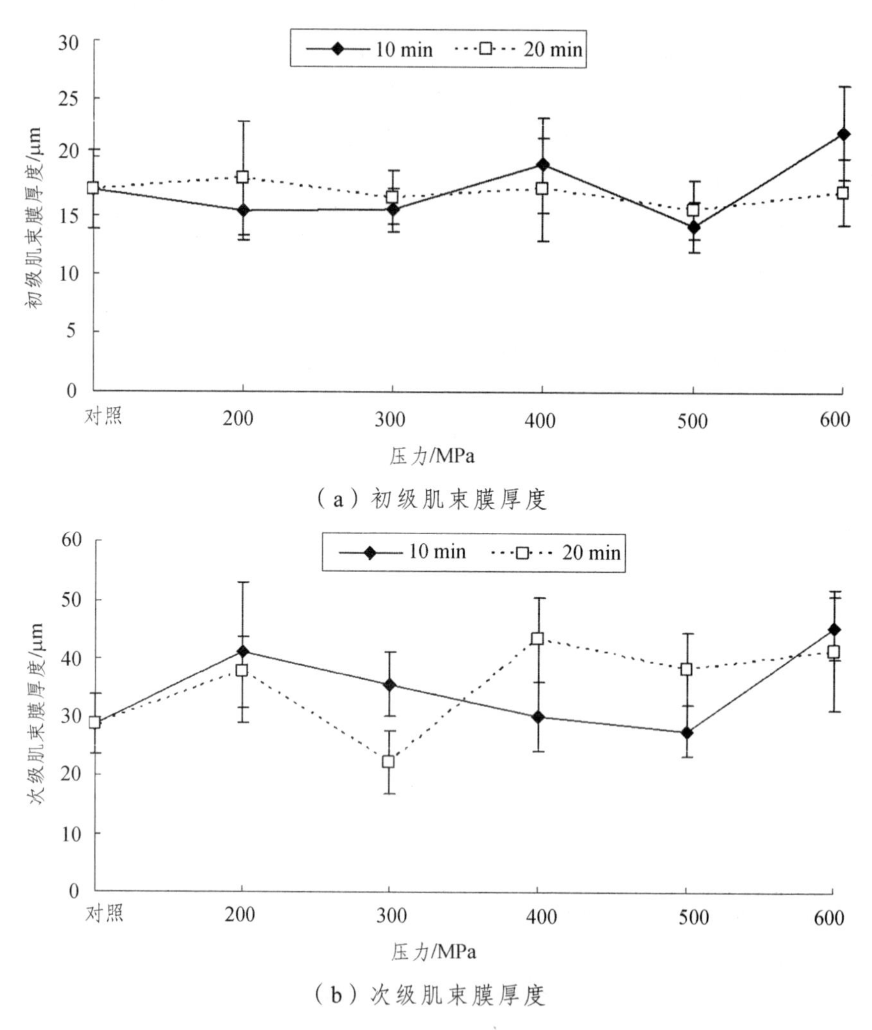

（a）初级肌束膜厚度

（b）次级肌束膜厚度

图 7-11 超高压处理过程中牛半腱肌肌束膜厚度的变化
（平均值±标准差，n=100）

7.2.10 扫描电镜观察

超高压处理过程中牛半腱肌肉肌束膜和肌内膜、胶原纤维微观结构变化分别如图 7-12 和图 7-13 所示。

超高压处理 10 min　　　　超高压处理 20 min

对照

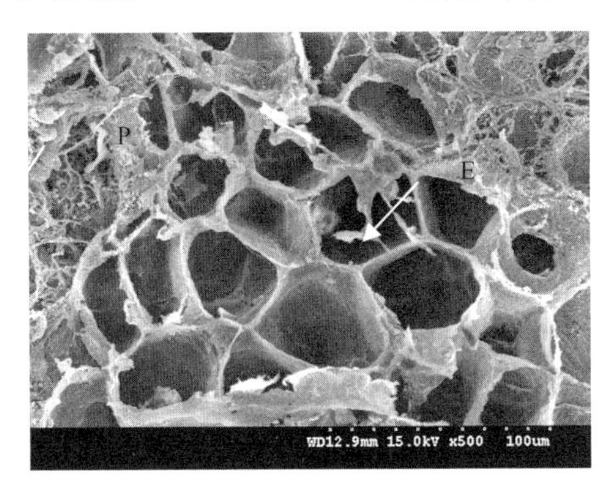

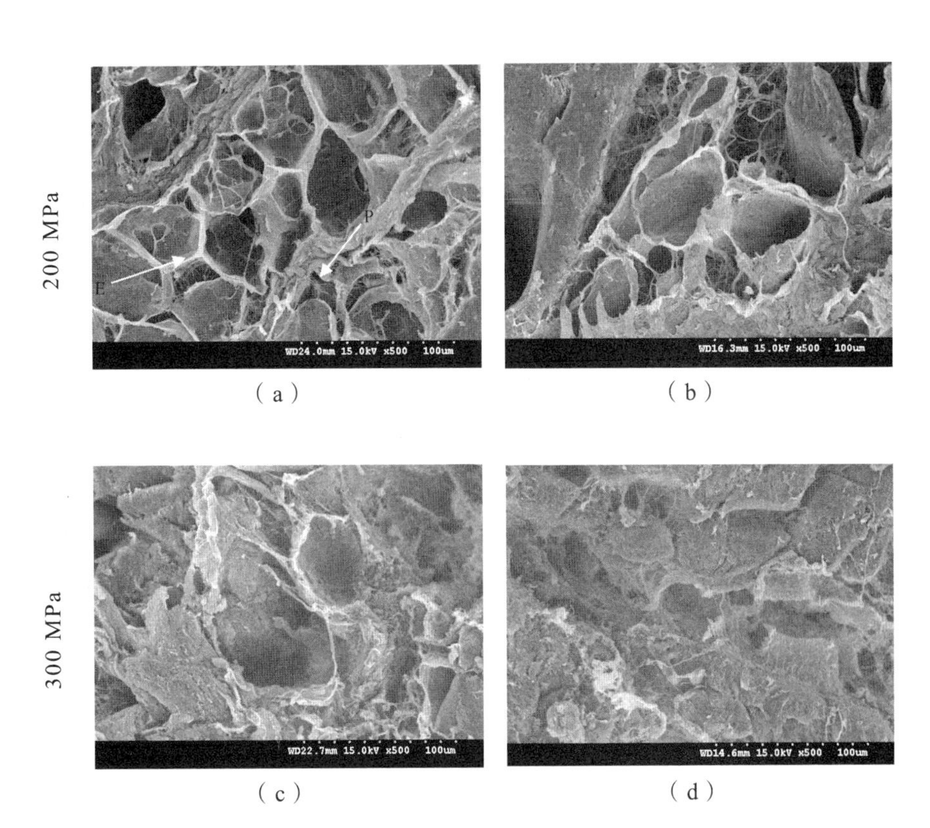

(a)　(b)

(c)　(d)

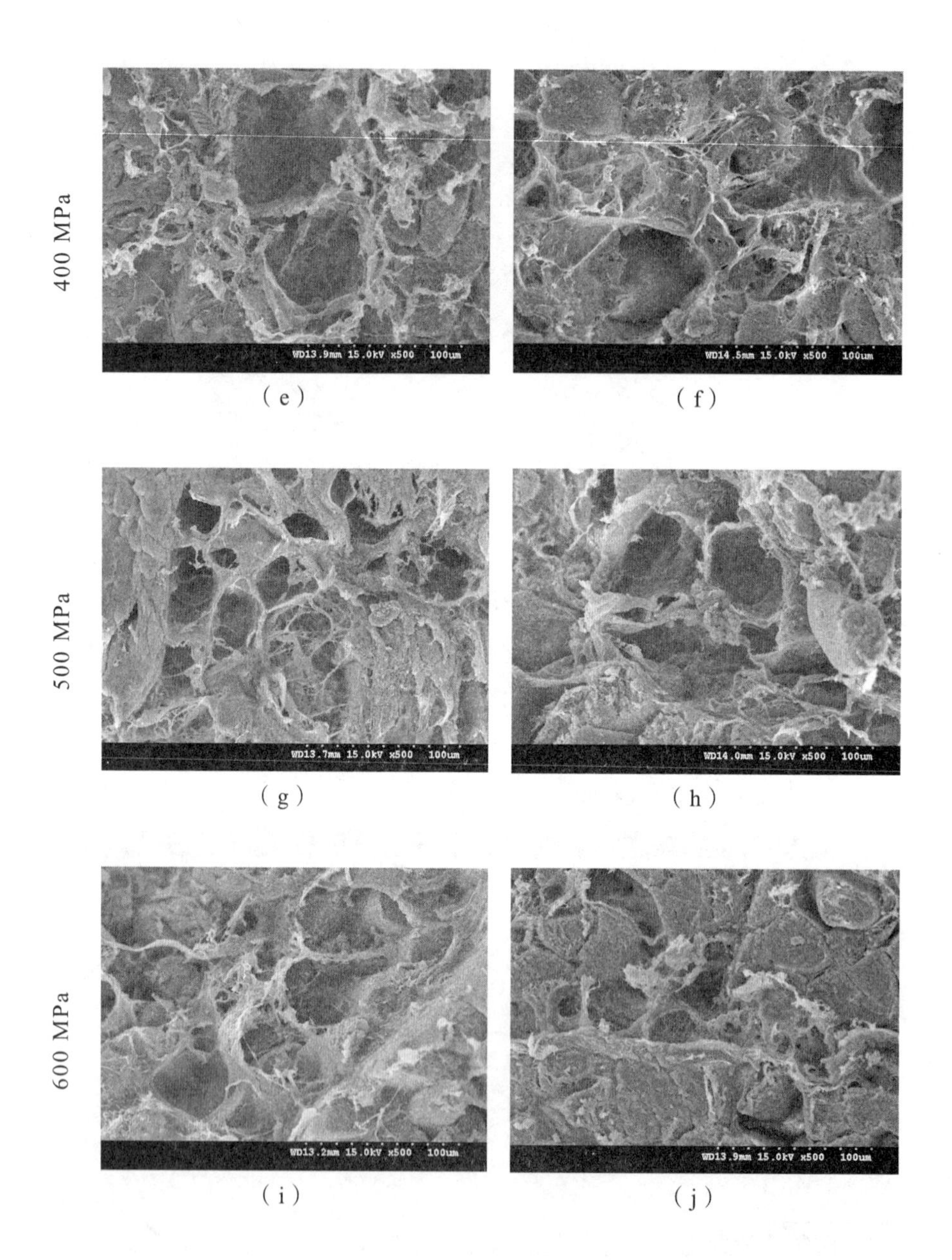

图 7-12 超高压处理过程中牛半腱肌肌束膜和肌内膜微观结构变化（放大倍数 500）

P—肌束膜；E—肌内膜

肌肉中肌内结缔组织由肌束膜和肌内膜组成，肌内膜呈蜂窝状结构（图 7-12 中“对照”），对照组中肌内膜表面结构一致，整齐，且边缘结构无破裂现象，肌纤维形成肌束，且由肌束膜分别包裹而成。胶原纤维排列整齐，形成致密且有规则的结构（图 7-13 中“对照”）。肉经过高压处理后，肌内膜结构发现显著变化。200 MPa 处理 10 min 和 20 min 对肌内膜结构的影响一致，肌内膜表面出现裂口，且厚度增加[图 7-12（a）和（b）]。300 ~ 600 MPa 的压力处理中，肌内膜结构随压力的升高破坏越严重，主要表现为肌内膜表面结构破裂，甚至蜂窝状结构消失，部分处理组中肌内膜胶原蛋白发生明显变性[图 7-12(e)]。经高压处理后，肌束膜空间结构增大，变得较为疏松。Ueno et al.(1999) 研究发现，未经高压处理肉样中肌内膜表面呈明显的波浪式蜂窝状，而经高压处理后波浪状结构消失[18]。

超高压处理 10 min　　　超高压处理 20 min

对照

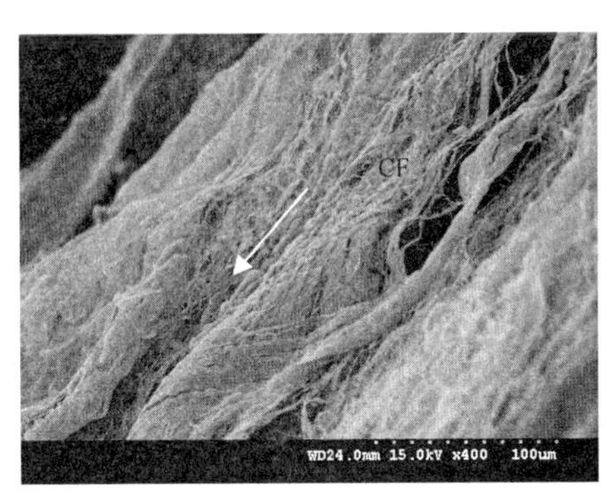

（×400）

200 MPa

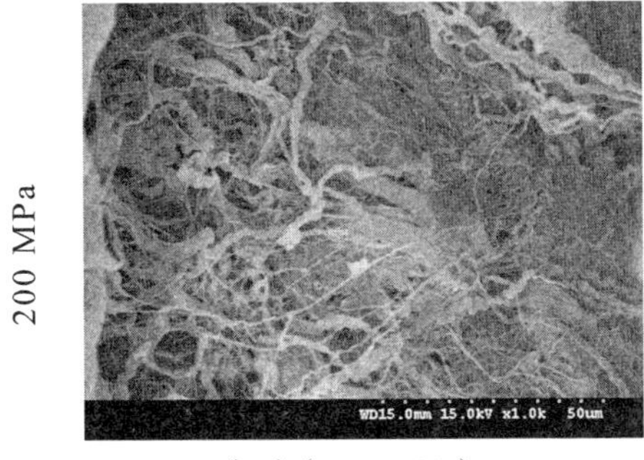

(a)(×1 000)

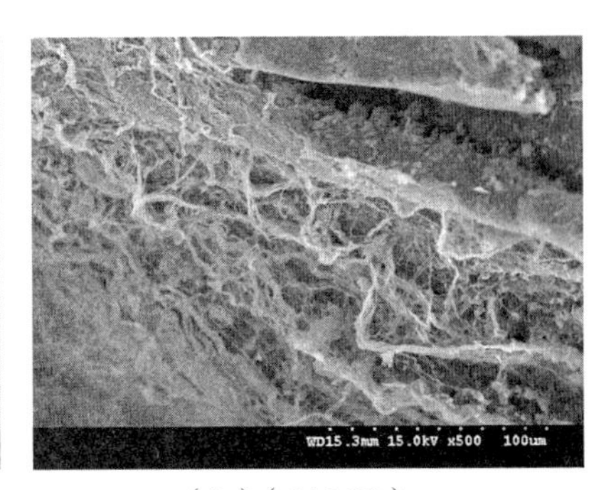

(b)(×500)

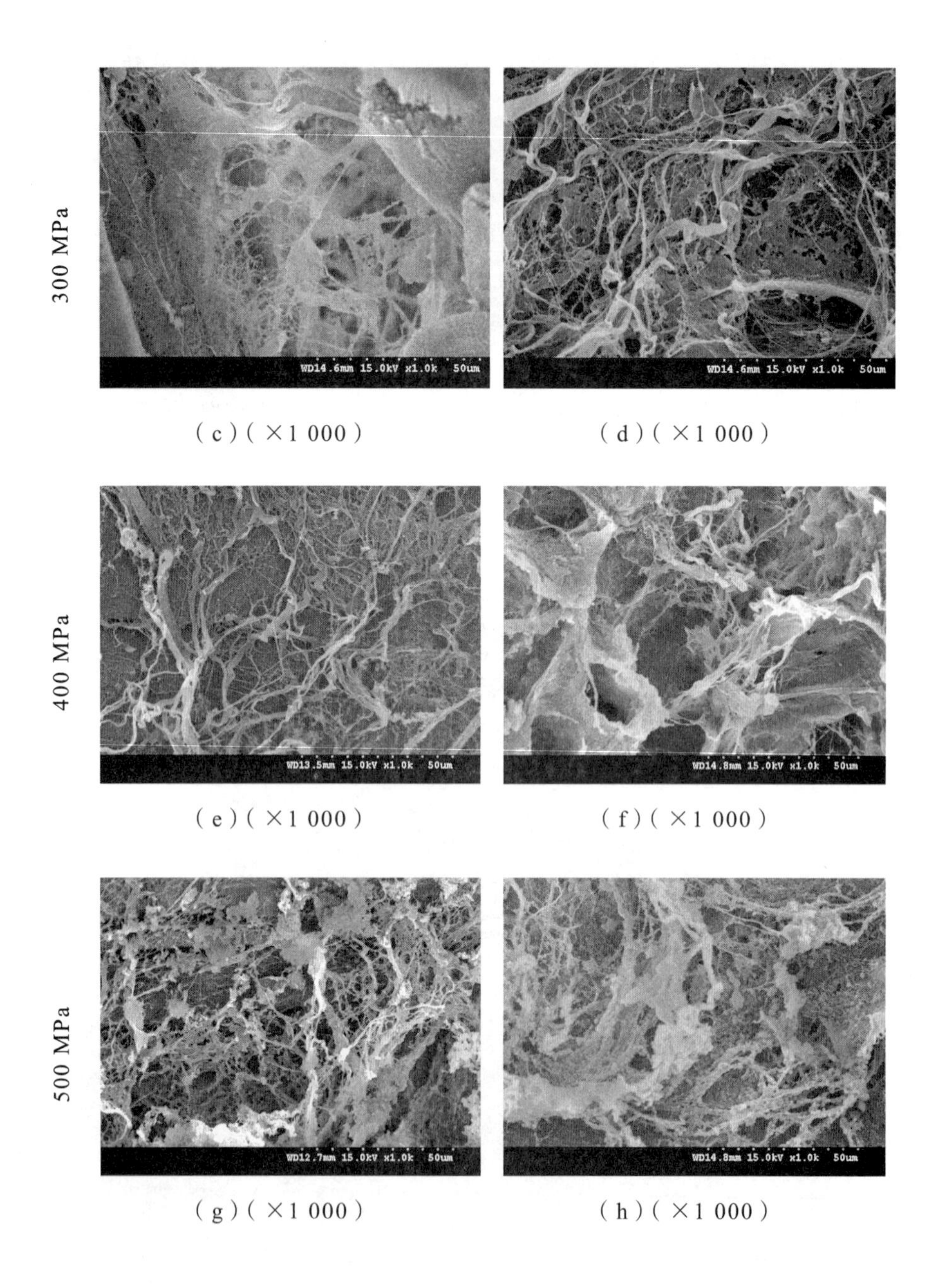

（c）（×1 000）　　（d）（×1 000）

（e）（×1 000）　　（f）（×1 000）

（g）（×1 000）　　（h）（×1 000）

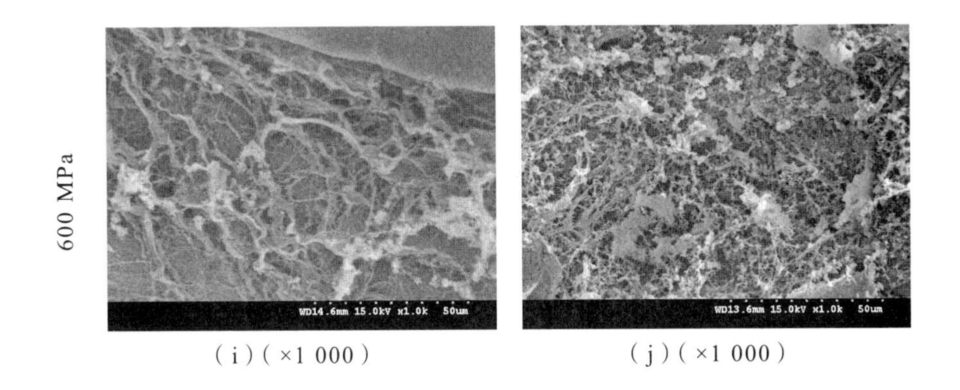

(i)(×1 000)　　(j)(×1 000)

图 7-13　超高压处理过程中牛半腱肌胶原纤维微观结构变化

CF—胶原纤维

经高压处理后，胶原纤维结构变为疏松状且呈紊乱化[图 7-13（a）至（e）]，并且 400 ~ 600 MPa 的处理中，胶原纤维发生明显的变性和聚集现象，且随压力的升高，胶原蛋白变性程度越高；另外，高压处理 20 min 比处理 10 min 引起的胶原蛋白变性更为显著[图 7-13(f)(h)和（j）]。长时间高压处理可导致胶原蛋白的明胶化转变，在一定程度上可使肉的嫩度提高。本研究中 200 ~ 600 MPa 高压处理可显著影响肌内结缔组织胶原纤维的结构以及肉的质构特性。

7.2.11　胶原蛋白特性变化与肉品质相关性分析

超高压处理过程中，热不溶性胶原蛋白、结缔组织胶原蛋白特性变化与肉质相关性分析分别见表 7-5、表 7-6。

表 7-5　超高压处理过程中热不溶性胶原蛋白特性变化与肉质相关性分析（n=33）

	MS	HISCC	FD	PPT	SPT	T_o	T_p	T_e	ΔH	DSCM	Har-	Adh-	Spr-	Coh-	Gum-	Che-	Res-
MS	1	0.487**	-0.352*	0.268	0.128	0.134	-0.170	-0.104	-0.217	0.082	-0.432	0.272	0.217	-0.293	-0.384	-0.460	-0.364
HISCC		1	-0.198	0.374	0.428	-0.110	-0.213	0.136	-0.133	0.498**	0.102	-0.092	0.147	-0.011	-0.196	0.036	0.086
FD			1	-0.156	-0.041	-0.484*	-0.042	0.262	0.722**	-0.555**	-0.370	0.515	-0.438	-0.586	-0.323	-0.390	-0.419
PPT				1	0.353	-0.225	-0.241	-0.189	-0.088	0.131	-0.362	-0.158	0.326	-0.180	-0.233	-0.335	-0.266
SPT					1	0.417	0.393	0.185	-0.270	-0.215	-0.337	0.068	0.228	-0.238	-0.572	-0.232	-0.287
T_o						1	0.686**	-0.275	-0.425*	0.041	0.068	-0.025	0.141	0.286	-0.014	0.084	0.155
T_p							1	-0.037	0.034	-0.093	0.043	0.198	-0.366	-0.204	0.037	-0.008	-0.129
T_e								1	0.005	-0.103	-0.379	0.614*	-0.553	-0.697*	-0.349	-0.398	-0.527
ΔH									1	-0.442*	-0.271	0.554	-0.561	-0.503	-0.165	-0.314	-0.351
DSCM										1	0.596	-0.593	0.123	0.368	0.605*	0.509	0.420
Har-											1	-0.587	-0.100	0.778**	0.770**	0.947**	0.906**
Adh-												1	-0.484	-0.570	-0.495	-0.629*	-0.473
Spr-													1	0.233	-0.381	0.112	-0.015
Coh-														1	0.540	0.780**	0.932**
Gum-															1	0.613*	0.643*
Che-																1	0.852**
Res-																	1

MS—结缔组织机械强度；HISCC—热不溶性胶原蛋白含量；FD—肌纤维直径；PPT—初级肌束膜厚度；SPT—次级肌束膜厚度；T_o—热变性起始温度；T_p—最大热变性温度；T_e—热变性终止温度；ΔH—焓值；DSCM—DSC 分析样品水分含量；Har—硬度；Adh—黏着性；Spr—弹性，；Coh—凝聚性；Gum—胶黏性；Che—咀嚼性；Res—回弹性

注：* 表示显著相关（P<0.05），** 表示极显著相关（P<0.01）。

表 7-6 超高压处理过程中结缔组织胶原蛋白特性变化与肉质相关性分析（n=33）

	L^*	a^*	b^*	pH	WLR	CL	WBSF	SCC	ISCC	TCC	CS	PC	EC	P-T_p	E-T_p
L^*	1	−0.502**	0.775**	0.198	0.251	0.168	−0.039	0.609**	−0.284	0.338	0.639**	−0.639**	0.270	−0.069	−0.353
a^*		1	−0.367*	0.046	−0.245	−0.039	0.208	−0.296	−0.034	−0.277	−0.224	0.169	0.095	−0.044	0.139
b^*			1	0.167	0.218	0.121	0.122	0.624**	−0.183	0.416*	0.603**	−0.391*	0.195	−0.186	−0.199
pH				1	0.312	−0.226	−0.419	−0.152	0.002	−0.129	−0.127	−0.254	0.315	−0.112	0.045
WLR					1	−0.081	−0.255	0.141	−0.248	−0.041	0.200	0.111	−0.296	−0.081	−0.123
CL						1	0.775**	0.460**	−0.224	0.249	0.490**	−0.250	−0.075	0.120	0.040
WBSF							1	0.578	−0.160	0.615*	0.558	−0.029	0.109	0.402	0.237
SCC								1	−0.150	0.761**	0.929**	−0.377*	0.056	−0.116	−0.237
ISCC									1	0.526**	−0.495**	0.102	−0.048	−0.046	−0.129
TCC										1	0.474**	−0.257	0.017	−0.129	−0.276
CS											1	−0.412*	0.084	−0.070	−0.182
PC												1	−0.526**	−0.003	0.216
EC													1	−0.326	0.262
P-T_p														1	0.030
E-T_p															1

L^*—亮度；a^*—红度；b^*—黄度；WLR—失水率；CL—蒸煮损失；WBSF—剪切力值；SCC—可溶性胶原蛋白含量；ISCC—不溶性胶原蛋白含量；TCC—总胶原蛋白含量；CS—胶原蛋白溶解性；PC—肌束膜含量；EC—肌内膜含量；P-T_p—肌束膜最大热变性温度；E-T_p—肌内膜最大热变性温度

注：* 表示显著相关（P<0.05），** 表示极显著相关（P<0.01）。

参考文献

[1] 白艳红，德力格尔桑，赵电波，等．超高压处理对绵羊肉嫩化机理的研究 [J]．农业工程学报，2004, 6(20): 6-10.

[2] 王志江，郭善广，蒋爱民，等．超高压处理对熟制鸡肉品质的影响 [J]．食品科学，2008, 29(9): 78-82.

[3] GUDBJORNSDOTTIR B, JONSSON A, HAFSTEINSSON H, et al. Effect of high-pressure processing on *Listeria* spp. and on the textural and microstructural properties of cold smoked salmon [J]. LWT-Food Science and Technology, 2010, 43(2): 366-374.

[4] 靳烨，南庆贤．牛肉高压嫩化工艺参数的研究 [J]．食品与机械，2001, 4: 23-25.

[5] 白艳红，赵电波，德力格尔桑，等．牛、羊肌肉的显微结构及剪切力在高压处理下的变化 [J]．食品科学，2004, 25(9): 27-31.

[6] 马汉军，张军合，徐幸莲，等．高压处理对不同状态下肌肉嫩度的影响 [J]．食品科技，2006, 6: 61-65.

[7] SIKES A, TORNBERG E, TUME R. A proposed mechanism of tenderising post-rigor beef using high pressure-heat treatment [J]. Meat Science, 2010, 84(3): 390-399.

[8] HUGAS M, GARRIGA M, MONFIRT J M. New mild technologies in meat processing: high pressure as a model technology [J]. Meat Science, 2002, 62(4): 359-371.

[9] 马汉军，周光宏，徐幸莲，等．高压处理对牛肉肌红蛋白及颜色变化的影响 [J]．食品科学，2004, 25(12): 36-39.

[10] YAGIZ Y, KRISTINSSON H G, BALABAN M O, et al. Effect of high pressure processing and cooking treatment on the quality of Atlantic salmon [J]. Food Chemistry, 2009, 116(4): 828-835.

[11] JUNG S, GHOUL M, LAMBALLERIE-Anton M. Influence of high pressure on the color and microbial quality of beef meat [J].

Lebensmittel Wissenschaft und Technology, 2003, 36(6): 625-631.

[12] CAMPUS M, FLORES M, MARTINEZ A, et al. Effect of high pressure treatment on colour, microbial and chemical characteristics of dry cured loin [J]. Meat Science, 2008, 80(4): 1174-1181.

[13] ANGSUPANICH K, LEDWARD D A. High pressure treatment effects on cod(*Gadus morhua*)muscle [J]. Food Chemistry, 1998, 63(1): 39-50.

[14] ANGSUPANICH K, EDDE M, LEDWARD D A. Effects of high pressure on the myofibrillar proteins of cod and turkey muscle [J]. Journal of Agricultural and Food Chemistry, 1999, 47(1): 92-99.

[15] 马汉军, 潘润淑, 周光宏. 不同温度下高压处理牛肉 TBARS 值的变化及抗氧化剂和螯合剂的抑制作用研究 [J]. 食品科技, 2006, 9: 126-130.

[16] LOCKER R H. Degree of muscular contraction as a factor in tenderness of beef [J]. Food Research, 1960, 25(2): 304-307.

[17] MARSH B B, LEET N G. Studies in meat tenderness III. The effects of cold shortening on tenderness [J]. Journal of Food Science, 1966, 31(3): 450-459.

[18] UENO Y, IKEUCHI Y, SUZUKI A. Effects of high pressure treatments on intramuscular connective tissue [J]. Meat Science, 1999, 52(2): 143-150.

[19] MACFARLANE J J. Pre-rigor pressurization of muscle: effects on pH, shear value and taste panel assessment [J]. Journal of Food Science, 1973, 38(2): 294-298.

[20] BOUTON P E, FORD A L, HARRIS P V, et al. Pressure-heat treatment of post-rigor muscle: effect on tenderness [J]. Journal of Food Science, 1977, 42(1): 132-135.

[21] CHEFTEL J C, CULIOLI J. Effects of high pressure on meat: a review [J]. Meat Science, 1997, 46(3): 211-236.

[22] KENNICK W H, ELGASIM E A, HOLMES Z A, et al. The effect of pressurization of pre-rigor muscle on post-rigor meat characteristics

[J]. Meat Science, 1980, 40(1): 33-40.

[23] LOCKER R H, WILD D J C. Tenderization of meat by pressure-heat involves weakening of the gap filaments in myofibrils [J]. Meat Science, 1984, 10(3): 207-233.

[24] RATCLIFF D, BOUTON P E, FORD A L, et al. Pressure-heat treatment of post-rigor muscle: Objective-subjective measurements [J]. Journal of Food Science, 1977, 42(4): 857-859, 865.

[25] MACFARLANE J J, MCKENZIE I J, TURNER R H, et al. Pressure treatment of meat: effects on thermal transitions and shear values [J]. Meat Science, 1981, 5(4): 307-317.

[26] BEILKEN S L, MACFARLANE J J, JONES P N. Effect of high pressure during heat treatment on the Warner-Blatzler shear force values of selected beef muscles [J]. Journal of Food Science, 1990, 55(1): 15-18, 42.

[27] SUZUKI A, WATANABE M, IKEUCHI Y, et al. Effects of high pressure treatment on the ultrastructure and thermal behaviour of beef intramuscular collagen [J]. Meat Science, 1993, 35(1): 17-25.

[28] DUTSON T R, LAWRIE R A. Release of lysosomal enzymes during postmortem conditioning and their relationship to tenderness [J]. Journal of Food Technology, 1974, 9(1): 43-50.

[29] WU J J. Characteristics of bovine intramuscular collagen under various postmortem conditions [D]. London: Texas A & M University, 1978.

[30] GOT F, CULIOLI J, BERGE P, et al. Effects of high-intensity high-frequency ultrasound on ageing rate, ultrastructure and some physico-chemical properties of beef [J]. Meat Science, 1999, 51(1): 35-42.

[31] PARTHASARATHY N, TANZER M L. Isolation and characterization of a low molecular weight chondroitin sulfate proteoglycan from rabbit skeletal muscle [J]. Biochemistry, 1987, 26: 3149-3156.

[32] BITTER T, MUIR H M. A modified uronic acid carbazole reaction

[J]. Analytical Biochemistry, 1962, 4: 330-334.

[33] NISHIMURA T, HATTORI A, TAKAHASHI K. Structural changes in intramuscular connective tissue during the fattening of Japanese Black Cattle, effect of marbling on beef tenderization [J]. Journal of Animal Science, 1999, 77(1): 93-104.

[34] 周光宏，徐幸莲．肉品学 [M]. 北京：中国农业科技出版社，1999.

[35] SEIDEMAN S C. Methods of expressing characteristics and their relationship to meat tenderness and muscle fiber types [J]. Journal of Food Science, 1986, 51(2): 273-276.

[36] RAMIREZ-SUAREZ J C, MICHAEL T M. Effects of high pressure processing on shelf life of albacore tuna(*Thunnus alalunga*)minced muscle [J]. Innovative Food Science and Emerging Technologies, 2006, 12(2): 156-165.

[37] 靳烨，南庆贤．高压处理对牛肉感官特性与食用品质的影响 [J]. 农业工程学报, 2004, 20(5): 196-199.

[38] MACFARLANE J J, MORTON D J. Effects pressure treatment on the ultrastructure of striated muscle [J]. Meat Science, 1978, 2(4): 281-288.

[39] 靳烨，南庆贤．高压处理对鲜牛肉感官性能的影响 [J]. 肉类研究, 1998, 4: 19-21.

[40] ERKAN N, ÜRetener G. The effect of high hydrostatic pressure on the microbiological, chemical and sensory quality of fresh gilthead sea bream(Sparus aurata)[J]. European Food Research and Technology, 2010, 230(4): 533-542.

[41] MARCOS B, KERRY J P, MULLEN A M. High pressure induced changes on sarcoplasmic protein fraction and quality indicators [J]. Meat Science, 2010, 85(1): 115-120.

[42] SHIGEHISA T, OHMORI T, HAYASHI R. Effects of high hydrostatic pressure on characteristics of pork slurries and inactivation of microorganisms associated with meat and meat products [J].

International Journal of Food Microbiology, 1991, 12(2): 207-210.

[43] CARLEZ A, VECIANA N T, CHEFTEL J C. Changes in color and myoglobin of minced beef meat to high pressure processing [J]. Lebensmittel Wissenschaft und Technology, 1995, 28(5): 528-538.

[44] KOOHMARAIE M, KENNICK W H, ELGASIM E A, et al. Effect of prerigor pressuization on the retail characteristics of beef [J]. Journal of Food Science, 1983, 48(3): 988-990.

[45] CHEAH P B, LEDWARD D A. Catalytic mechanism of lipid oxidation following high pressure treatment in pork fat and meat [J]. Journal of Food Science, 1997, 62(6): 1135-1138.

[46] 马汉军. 高压和热结合处理对僵直后牛肉品质的影响 [D]. 南京: 南京农业大学, 2004: 35.

[47] MA H J, LEDWARD D A. High pressure/thermal treatment effects on the texture of beef muscle [J]. Meat Science, 2004, 68(3): 347-355.

[48] PALKA K. The influence of post-mortem ageing and roasting on the microstructure, texture and collagen solubility of bovine semitendinosus muscle [J]. Meat Science, 2003, 64(1): 191-198.

[49] CHENG C S, HAMANN D D, WEBB N B. Effect of thermal processing on minced fish gel texture [J]. Journal of Food Science, 1979, 44(4): 1084-1086.

[50] ELGASIM E A, KENNICK W H. Effect of high pressure on meat micostructure [J]. Food Microstructure, 1982, 1(1): 75-82.

[51] ELGASIM E A, KENNICK W H, ANGLEMIER A F, et al. Effect of prerigor pressurization on bovine lysosomal enzyme activity [J]. Food Microstructure, 1983, 2(1): 91-97.

[52] KUBO T, GERELT B, HAN G D, et al. Changes in immunoelectron microscopic localization of cathepsin D in muscle induced by conditioning or high-pressure treatment [J]. Meat Scienee, 2002, 61(4): 415-418.

[53] HOMMA N, IKEUCHI Y, SUZUKI A. Effects of high pressure

treatment on the proteolytic enzymes in meat [J]. Meat Science, 1994, 38(2): 219-228.

[54] NISHIMURA T, HATTORI A, TAKAHASHI K. Structural weakening of intramuscular connective tissue during conditioning of beef [J]. Meat Science, 1995, 39(1): 127-133.

[55] MCCORMICK R J. The flexibility of the collagen compartment of muscle [J]. Meat Science, 1994, 36(1): 79-91.

[56] STANTON C, LIGHT N D. The effects of conditioning on meat collagen: Part 4. The use of pre-rigor lactic acid injection to accelerate conditioning in bovine meat [J]. Meat Science, 1990, 27(2): 141-159.

[57] BAILEY A J, LIGHT N D. Connective Tissue in Meat and Meat Products [M]. London, Elsevier Applied Science, 1989: 114.

[58] BOUTON P E, HARRIS P V, MACFARLANE J J, et al. Pressure-heat treatment of meat: Effect on connective tissue [J]. Journal of Food Science, 1978, 43(2): 301-303, 326.

8 研究总体讨论及结论

8.1 讨 论

本研究的总体思路是探讨肉在加工和嫩化过程中不同加工处理方式（物理或化学）对肌内胶原蛋白特性以及肉嫩度等品质的影响，从“背景嫩度”-胶原蛋白变化方面分析其相关影响机制。本研究第一章通过不同热处理方法和时间对胶原蛋白特性的影响，研究发现，在加热过程中，肌纤维会发生纵向或横向不同程度的收缩，肌肉蛋白发生聚集或变性，导致肌肉结构的破坏和一些热溶性成分的溶解，肌浆蛋白的聚集变性、凝胶的形成以及结缔组织可溶性胶原蛋白的溶解和变性作用致使肉蒸煮损失增加。加热引起的肉嫩度变化主要是肉中肌原纤维蛋白和胶原蛋白的热变性所致，热处理会给肉中不同蛋白质造成结构性的变化[1]，进而影响肉的质构特性[2]，经热处理的肉其质构主要取决于溶化的胶原蛋白形成的凝胶网络结构以及肌原纤维蛋白和肌浆蛋白的变性与聚集程度。

本研究中，由于微波和水浴加热过程中传热方式的不同以及微波加热过程的不均匀性受热[3]，不同加热方法和加热终点温度胶原蛋白含量和溶解性呈现出不同的变化趋势；不同研究中，所用试验材料的属种不同，还有加热方法、温度和时间的差别所致[4]。肉在受热过程中，结缔组织胶原蛋白机械强度的变化部分地与肌原纤维的收缩有关，肌束膜和肌内膜结缔组织的机械强度取决于单个胶原纤维的排列方式和方向，以及一些非胶原蛋白成分的作用[5]，本研究发现胶原纤维微观结构因热处理而发生的变化会影响肌内结缔组织的机械强度，这种变化是影响肉“背景嫩度”的主要原因，另外，由相关性分析表明，不溶性胶原蛋白含量的变化与结缔组织机械强度之间存在正相关性，本研究认为存在这种关系的主要原因，一方面是热处理导致的肌内胶原蛋白的变性以及凝胶化和溶化现象；另一方面可能是维持结缔组织结构的主要成分——肌间蛋白多糖在加热过程中溶解，导致肌束膜结构的变化和厚度的降低。

有研究认为，肉中 β-半乳糖苷酶和 β-葡糖醛酸酶可降解肌内胶原蛋白基质多糖（蛋白多糖），而基质蛋白多糖的降解有助于改善和提高肉的嫩度[6,7]。因此，第 2 章研究中主要利用了低频高强度超声（40 kHz，1 500 W）对肉结构的破坏作用，研究了其对牛半腱肌肉中 β-半乳糖苷酶和 β-葡糖醛酸酶两种酶活性的影响，进而分析了对蛋白多糖的降解作用以及对胶原蛋白相关特性的影响。

蛋白多糖（PGs）是组成肌肉肌内结缔组织基质的主要成分，连接胶原蛋白在维持肌肉运动过程中对力的传递起到重要作用。结合对 β-半乳糖苷酶和 β-葡糖醛酸酶活力分析可以得出，超声处理破坏了溶酶体的结构，对酶释放有促进作用，继而加速了肌间蛋白多糖的降解，使得蛋白多糖水解为小分子物质，弱化了肌内结缔组织的结构，降低剪切力值，提高了肉的嫩度。第 2 章研究发现，超声波对胶原蛋白的含量和溶解性影响不显著，特别是对热不溶性胶原蛋白的含量无明显作用，本研究认为超声处理对肉嫩度的改善作用主要是体现在超声波处理降低了胶原蛋白的热稳定性（DSC 分析结果）。超声处理对肉嫩度的影响与超声波的强度、频率以及超声处理时间的长短有关，另外，还与肉的种类、所处理肉块的大小以及肉的分割部位有关，因为不同类型肌肉中结缔组织的含量不同，而结缔组织是构成“背景嫩度”的主要成分，因而，不同的研究报道所得到的结论并不一致。

牛半腱肌肉经过超声处理后，部分肌束膜胶原蛋白发生聚集变性，并呈现一定的颗粒化状，胶原纤维组织结构变得交互错乱，且胶原纤维束较为松散，随着超声处理时间的延长，胶原纤维蛋白发生收缩、变性和聚集现象。因此，高强度超声处理可以显著影响肌肉肌束膜和肌内膜的微观结构和胶原纤维的排列结构等。另外，本研究发现低频高强度超声（40 kHz，1 500 W）处理可显著降低牛半腱肌肉胶原蛋白的热稳定性，可能原因是超声波的“空化”作用对胶原蛋白组成链中由醛胺交联和氧胺交联所形成的赖氨酰吡啶啉（LP）和羟赖氨酰吡啶啉（HP）的交联程度和热稳定性的影响[8]；除此而外，超声波处理对牛半腱肌肉结缔组织胶原蛋白胶束结构的影响也可能会导致其热稳定性的降低，今后研究中可对胶原蛋白的交联程度对肉品质的影响进行深入研究。

通过前面的研究发现，胶原蛋白的特性（含量、溶解性和热稳定性等）对肉嫩度和质构特性具有显著影响，尤其是牛肉结缔组织中热不溶性胶原蛋白的特性变化。为此，本研究第三章主要通过肉品腌制过程中采用湿腌的原理和方法，用弱有机酸（乳酸、醋酸、柠檬酸）和 NaCl 来改变环境体系 pH 值和离子强度，研究了该加工条件对牛半腱肌肉肌内胶原蛋白特性的影响，并对其相关作用机制进行了深入探讨。

动物宰后肉的 pH 与嫩度有关[9, 10]，弱有机酸结合 NaCl 腌制过程中（第 3 章），牛半腱肌肉 pH 均降低，pH 的降低会影响溶酶体酶的活性，进而影响到对蛋白的水解变化，可以提高肉的嫩度。有研究认为，酸渍处理对嫩度的影响是由 pH 值对肉系水力的影响所致，当 pH 低于蛋白的等电点时，会影响一些离子结合的稳定性，进而影响肉的系水力[11]。本研究中的腌制过程对肉嫩度的影响主要是对肌原纤维和结缔组织结构的影响所致。这一作用与两个方面有关，一是腌制液 pH 的大小，当腌制液 pH 低于胶原蛋白的等电点时，会影响其聚集和稳定性[12]；二是腌制液体系的离子强度，由于溶液中离子强度的增加，多肽链分子之间的聚合使得硬度增加，导致蛋白结构以及特性的变化[13]。酸渍液中 2% NaCl 的存在使得牛肉在腌制过程中剪切力值与有机酸单独腌制时存在差异，该结论与 Kijowski 和 Mast（1993）的研究报道相似，可能原因是加入 2% NaCl 后，改变了体系的 pH 和离子强度，而 pH 和离子强度的变化会影响到胶原蛋白的热变性温度（热稳定性）[12]，因此对结缔组织胶原蛋白组成的“背景嫩度”的作用不同。

胶原蛋白的热变性温度与诸多因素有关，包括胶原蛋白中羟脯氨酸的含量、黏多糖的量、环境 pH 和体系中离子强度以及离子组成成分等[14]。牛半腱肌肉经不同腌制剂（乳酸、醋酸、柠檬酸以及与 NaCl 的结合）处理后，胶原蛋白的热稳定性降低，与 Arganosa 和 Marriot（1989）[15]，Kijowski（1993）[16] 等学者的研究报道相一致，本研究认为胶原蛋白热稳定性降低的主要原因是腌制液体系较低的 pH 值和盐的作用可能使胶原蛋白中脯氨酸构象发生了改变[13，17]。

本研究结果表明，体系 pH 对胶原蛋白热稳定性具有显著影响作用，有研究表明，溶液体系中不同的离子浓度（强度）对胶原蛋白热稳定有不同影响，Aktaş（2003）认为体系 pH 越低，胶原蛋白热变性温度（包括 T_o，T_p 和 T_e）越低，且 T_o 较 T_p 更易受环境 pH 的影响[14]。另一方面，由于较强的离子强度，在溶液体系中会破坏一些疏水基团的结构以及稳定性，造成对胶原蛋白原有结构的影响和破坏，肌肉胶原蛋白的热稳定性更大程度上决定于氢键和疏水相互作用的类型，而非静电力的作用[12]。弱有机酸结合 NaCl 腌制破坏了分子间非共价键的结合，加强了水-蛋白之间的膨胀效果，降低了胶原蛋白的热稳定程度[14]，证明了酸渍处理对肌内结缔组织结构具有弱化作用，可以改善肉的“背景嫩度”。

前面三章研究内容表明胶原纤维的组织结构对结缔组织胶原蛋白的机械强度有重要影响，因而可影响到肉的“背景嫩度”。第 4 章研究了高压的物理作用对胶原纤维微观组织结构的影响。研究发现肉经过高压处理后，肉组织结构会发生显著的变化，肌纤维收缩变形，且与肌内膜发生分离，肌纤维间空隙增大，肌束膜和肌内膜发生断裂，肌束膜内部出现空洞且部分肌束膜消失。肌内膜结构更易受压力的影响，主要表现为肌内膜表面结构破裂，甚至蜂窝状结构消失，部分处理组中肌内膜胶原蛋白发生明显变性。经高压处理后，肌束膜空间结构增大，变得较为疏松。Ueno et al.（1999）研究发现，未经高压处理的肉样中肌内膜表面呈明显的波浪式蜂窝状，而经高压处理后波浪状结构消失 [18]。本研究中牛肉经高压处理后，胶原纤维结构变为疏松状且呈紊乱化，400 ~ 600 MPa 的处理中，胶原纤维发生明显的变性和聚集现象，且随压力的升高，胶原蛋白变性程度越高；另外，高压处理 20 min 比处理 10 min 引起的胶原蛋白变性更为显著。长时间高压处理可导致胶原蛋白的明胶化转变，在一定程度上可使肉的嫩度提高。本研究认为 200 ~ 600 MPa 高压处理可显著影响肌内结缔组织胶原纤维的结构以及肉的质构特性。

综上所述讨论，在本研究所涉及的可影响胶原蛋白特性的宰后四种加工处理方式中（加热、超声波、弱有机酸结合 NaCl 腌制和高压），由于胶原蛋白特性变化而对肉品质的影响所起作用不同，本研究认为不同加工条件分别所起的作用主要是：热处理虽然降低了肌束膜和肌内膜胶原蛋白的热稳定性，但由于胶原蛋白的受热变性和明胶化转变，不溶性胶原蛋白含量增加，结缔组织胶原蛋白的机械强度增加，导致热处理过程中肉剪切力值增加，嫩度降低。超声波处理对胶原蛋白的含量和溶解性无显著影响，但却显著降低了胶原蛋白的热稳定性，另外，由于超声对可降解肌间蛋白多糖的部分相关酶活性的作用，从而弱化了结缔组织胶原蛋白的机械强度，改善和提高了肉的“背景嫩度”。弱有机酸结合 NaCl 腌制过程中，由于体系 pH 和离子强度对胶原蛋白含量、溶解性以及热稳定性等特性的影响，肉嫩度和质构品质提高。超高压对肉品质的作用主要是对肌束膜和肌内膜中胶原纤维微观组织结构以及胶原蛋白中胶束结构的影响，使得胶原蛋白的机械强度降低。

通过本课题的研究，探讨了不同加工条件（物理或化学）对肌内胶原蛋白特性的影响以及对肉嫩度等品质的作用，另外，本研究认为胶原蛋白特性的变化对肉品质的影响一方面还与不同加工条件下胶原蛋白结构和功能特性的变化有关，另外还可能与不同处理对胶原蛋白内部交联的形成以及对交联程度的影响有关，可作为今后进一步研究的课题方向。

8.2 结　论

8.2.1 蒸煮与微波加热对牛肉肌内胶原蛋白及肉品质的影响

加热终点温度 60 °C 和 65 °C 分别是影响水浴和微波加热牛肉质构特性的关键温度。牛半腱肌肉蒸煮损失和剪切力值随着加热温度的升高而增加。胶原蛋白的含量也随加热温度呈递增趋势。微波加热对牛肉肌内膜热稳定的影响小于水浴加热，加热温度 60 °C 是影响肌束膜和肌内膜最大热变性温度的关键温度。加热过程中肌束膜厚度降低并出现颗粒化现象，微波加热对牛半腱肌肉组织结构的影响小于水浴加热。热处理导致结缔组织胶原蛋白热稳定性降低，胶原蛋白因热处理而发生的凝聚和明胶化变化对肉品质及质构特性产生重要影响。

8.2.2 低频高强度超声处理对牛肉肌内胶原蛋白及肉品质的影响

低频高强度超声处理破坏了溶酶体的结构，可促进酶的释放，加速了肌间蛋白多糖的降解和肌内结缔组织结构的弱化，降低剪切力值，提高了肉的嫩度。超声处理对胶原蛋白含量和溶解性无显著影响，而显著影响其热稳定性。高强度超声处理可以显著破坏肌束膜和肌内膜等肉的微观结构和胶原纤维的组织结构。肉经超声处理后，肌纤维直径和肌束膜厚度降低，在一定程度上反映了超声处理可降低肉剪切力值，改善肌肉“背景嫩度”。低频高强度超声处理过程中牛肉肌内胶原蛋白热力特性以及肌间蛋白多糖的降解变化对肉嫩度等品质和质构特性有显著影响。

8.2.3 弱有机酸结合 NaCl 腌制处理对牛肉肌内胶原蛋白及肉品质的影响

弱有机酸结合 NaCl 腌制对牛半腱肌肉蒸煮损失无显著影响，而肉剪切力值降低，牛肉 L^*增加，a^*减小。本研究中腌制处理对总胶原蛋白和不溶性胶原蛋白含量无显著影响，腌制后结缔组织胶原蛋白部分变为热溶性成分，溶解性提高，肉嫩度和质构改善。肌束膜胶原纤维蛋白发生变性和凝聚现象，部分肌内膜消失，肌纤维直径和肌束膜厚度减小。低 pH 和高离子强度腌制液可显著降低胶原蛋白热稳定性，且增加其溶解性，并由相关性分析表明，弱有机酸结合 NaCl 腌制过程中肌内胶原蛋白溶解性和热稳定特性的变化显著影响牛肉嫩度等食用品质。

8.2.4 超高压处理对牛肉肌内胶原蛋白及肉品质的影响

牛半腱肌肉经超高压处理后失水率降低，蒸煮损失增加，剪切力值降低。超高压处理对牛肉色泽和质构特性有显著影响。总胶原蛋白和可溶性胶原蛋白的含量随着处理压力的升高而增加，不溶性胶原蛋白含量随压力的升高而降低。高压处理对胶原蛋白的热稳定性无显著影响。牛肉经高压处理后，肌纤维直径极显著降低，肌内膜蜂窝状结构变形并消失，肌束膜空间结构增大。胶原纤维结构呈现紊乱化，且部分高压处理组胶原蛋白发生变性和聚集现象。长时间高压处理可导致胶原蛋白的明胶化转变，在一定程度上使牛肉嫩度提高。本研究中高压处理显著影响肌内结缔组织胶原纤维的组织结构和胶原蛋白的溶解性以及肉的品质特性。

综合上述结论，本研究表明肌内胶原蛋白成分在宰后不同加工条件下其特性变化对肉嫩度等品质有重要影响，这种作用主要体现在胶原蛋白的性质和状态因不同加工条件所造成的不同变化。本研究中，综合各加工条件（处理方式）考虑，肌内胶原蛋白特性变化对肉“背景嫩度”及品质的影响主要是通过胶原蛋白含量和溶解性、热稳定性、胶原纤维胶束的结构和强度以及维持胶原纤维结构的蛋白多糖等的变化而造成。

参考文献

[1] KONG F B, TANG J M, LIN M S, et al. Thermal effects on chicken and salmon muscles: Tenderness, cook loss, area shrinkage, collagen solubility and microstructure [J]. LWT-Food Science and Technology, 2008, 41(7): 1210-1222.

[2] CHANG H J, XU X L, LI C B, et al. A comparison of heat-induced changes of intramuscular connective tissue and collagen of beef *Semitendinosus* muscle during water-bath and microwave heating [J].

Journal of Food Process Engineering, 2009, doi: 10.1111/j.1745-4530.2009.00568.x.

[3] VADIVAMBAL R, JAYAS S. Non-uniform temperature distribution during microwave heating of food materials-a review [J]. Food and Bioprocess Technology, 2010, 3(1): 161-171.

[4] PALKA K. The influence of post-mortem ageing and roasting on the microstructure, texture and collagen solubility of bovine semitendinosus muscle [J]. Meat Science, 2003, 64(2): 191-198.

[5] NISHIMURA T, HATTORI A, TAKAHASHI K. Structural changes in intramuscular connective tissue during the fattening of Japanese black cattle, effect of marbling on beef tenderization [J]. Journal of Animal Science, 1999, 77(1): 93-104.

[6] DUTSON T R, LAWRIE R A. Release of lysosomal enzymes during postmortem conditioning and their relationship to tenderness [J]. Journal of Food Technology, 1974, 9(1): 43-50.

[7] WU J J. Characteristics of bovine intramuscular collagen under various postmortem conditions [D]. London: Texas A & M University, 1978.

[8] CHANG H J, XU X L, ZHOU G H, et al. Effects of characteristics changes of collagen on meat physicochemical properties of beef semitendinosus muscle during ultrasonic processing [J]. Food and Bioprocess Technology, 2009, doi: 10.1007/s11947-009-0269-9.

[9] DUTSON T R. The relationship of pH and temperature to disruption of specific muscle proteins and activity of lysosomal proteases [J]. Journal of Food Biochemistry, 1983, 7(3): 223-245.

[10] YU L P, LEE Y B. Effects of post mortem pH and temperature on bovine muscle structure and meat tenderness [J]. Journal of Food Science, 1986, 51(3): 774-780.

[11] BURKE R M, MONAHAN F J. The tenderization of shin beef using a citrus juice marinade [J]. Meat Science, 2003, 63(2): 161-168.

[12] AKTAŞ N, KAYA M. Influence of weak organic acids and salts on

the denaturation characteristics of intramuscular connective tissue. A differential scanning calorimetry study [J]. Meat Science, 2001, 58(4): 413-419.

[13] RUSSELL A E. Effect of alcohols and neutral salt on the thermal stability of soluble and precipitated acid-soluble collagen [J]. Journal of Biochemistry, 1973, 131(4): 335-342.

[14] AKTAŞ N. The effects of pH, NaCl and $CaCl_2$ on thermal denaturation characteristics of intramuscular connective tissue [J]. Thermochimica Acta, 2003, 407(1-2): 105-112.

[15] ARGANOSA G C, MARRIOTT N G. Organic acids as tenderizers of collagen in restructured beef [J]. Journal of Food Science, 1989, 54(5): 1173-1176.

[16] KIJOWSKI J. Thermal transition temperature of connective tissues from marinated spent hen drumsticks [J]. International Journal of Food Science and Technology, 1993, 28(6): 587-594.

[17] HORGAN D J, KURTH L B, KUYPERS R. pH effect on thermal transition temperature of collagen [J]. Journal of Food Science, 1991, 56(5): 1203-1204, 1208.

[18] UENO Y, IKEUCHI Y, SUZUKI A. Effects of high pressure treatments on intramuscular connective tissue [J]. Meat Science, 1999, 52(2): 143-150.

附　录

附录 A　缩写符号

缩写	英文名称	中文名称
WBSF	Warner-Bratzler shear force	沃布氏剪切力
CL	Cooking loss	蒸煮损失
WHC	Water holding capacity	系水力
WLR	Water losing rate	失水率
MFI	Myofibrillar fragmentation index	肌原纤维小片化指数
BT	Background tough	基础硬度
RT	Rigor-induced tough	尸僵硬度
IMCT	Intramuscular connective tissue	肌内结缔组织
FR	Filtering residues of connective tissue	结缔组织滤渣
MS	Mechanical strength of connective tissue	结缔组织机械强度
PC	Perimysium contents	肌束膜含量
EC	Endomysium contents	肌内膜含量
CS	Collagen solubility	胶原蛋白溶解性
ISCC	Insoluble collagen content	不溶性胶原蛋白含量
SCC	Soluble collagen content	可溶性胶原蛋白含量
TCC	Total collagen content	总胶原蛋白含量
PPE	Primary perimysium	初级肌束膜
SPE	Secondary perimysium	次级肌束膜
FD	Fiber diameter	肌纤维直径

PPT	Primary perimysium thickness	初级肌束膜厚度
SPT	Secondary perimysium thickness	次级肌束膜厚度
LP	Lysylpyridininoline	赖氨酰吡啶啉
HP	Hydroxylysylepyridinoline	羟赖氨酰吡啶啉
HLNL	Hydroxylysinolorleucine	羟赖氨酰亮氨酸
DHLNL	Dihydroxylysinolorleucine	二羟赖氨酰亮氨酸
ONPG	2-nitrophenyl-β-D-galactopyranoside	邻硝基苯-β-D-半乳糖苷
PNPG	4-nitrophenyl-β-D-glucuronide	对硝基苯-β-D-葡糖醛酸苷
ONP	o-nitrophenol	邻硝基苯酚
PNP	p-nitrophenol	对硝基苯酚
PGs	Proteoglycans	蛋白多糖
CF	Collagenous fibers	胶原纤维
MF	Muscle fiber	肌纤维
LD	*Longissimus dorsi* muscle	背最长肌
ST	*Semitendinosus* muscle	半腱肌
SM	*Semimembranous* muscle	半膜肌
BF	*Biceps femoris* muscle	股二头肌
PS	*Pectoralis superficialis* muscle	胸大肌
T_p	Peak thermal shrinkage temperature（T_{max}）	变性峰温度（最大热变性温度）
T_o	Onset thermal shrinkage temperature	变性起始温度
T_e	End thermal shrinkage temperature	变性终止温度
ΔH	Enthalpy of thermal shrinkage	热焓值
DSC	Differential scanning calorimetry	差示扫描量热
SEM	Scanning electron microscope	扫描电子显微镜
TEM	Transmission electron microscope	透射电子显微镜
TPA	Texture profile analysis	质构剖面分析
HPP	High pressure processing	高压处理

PBS	Phosphate buffer solution	磷酸盐缓冲液
SPSS	Statistical package for the social science	社会学统计软件包
ANOVA	One-way analysis of variance	方差分析
SD	Standard deviation	标准差

后　记

本书是在恩师周光宏教授的悉心指导下完成的。恩师严谨的治学态度、优良的工作作风、渊博的知识、高尚的品德使我终身受益。授人以鱼不如授人以渔，他使我不仅接受了全新的思想观念，树立了宏伟的学术目标，领会了基本的思考方式，而且还明白了许多待人接物与为人处世的道理。在此，我谨将最崇高的敬意和最真挚的感谢献给恩师。

特别感谢徐幸莲教授为我提供了大量锻炼和学习的机会，使我受益非浅，在此向徐老师表示衷心的感谢。

感谢彭增起教授、高峰教授、黄明教授、吴菊清教授、李春保教授和刘登勇教授等老师在试验设计、实验实施以及书稿撰写过程中的帮助与指导。感谢韩敏义、孙卫青、曹锦轩、江芸、卢士玲、王鹏、朱学伸、杜垒、韩衍青、陈琳、冯宪超、黄峰、戴妍、戚军、曹莹莹、夏天兰、邵俊花等同学在试验过程中的帮助和支持，在此一并表示诚挚的谢意。

感谢南京农业大学食品学院生物工程教研室田瑞锋和沈昌老师，生命科学院贺子仪老师，江南大学食品学院檀亦兵老师，江苏省农科院邵明诚老师，河南科技学院食品学院马汉军、潘润淑和余小领老师以及刘勤华研究生等在仪器使用方面的热情帮助。感谢河南（焦作）绿旗肉业有限公司在试验采样期间提供的便利。

常海军

2019 年 1 月